AF511345

GESCHICHTE
DER
ELEMENTAR-MATHEMATIK

IN SYSTEMATISCHER DARSTELLUNG

MIT BESONDERER BERÜCKSICHTIGUNG
DER FACHWÖRTER

VON

DR. JOHANNES TROPFKE
DIREKTOR DER KIRSCHNER-OBERREALSCHULE ZU BERLIN

SECHSTER BAND

ANALYSIS · ANALYTISCHE GEOMETRIE

ZWEITE, VERBESSERTE UND
SEHR VERMEHRTE AUFLAGE

BERLIN UND LEIPZIG 1924
WALTER DE GRUYTER & CO.
VORMALS G. J. GÖSCHEN'SCHE VERLAGSHANDLUNG · J. GUTTENTAG, VERLAGSBUCHHANDLUNG · GEORG REIMER · KARL J. TRÜBNER · VEIT & COMP.

Alle Rechte, einschließlich des Übersetzungsrechts, vorbehalten.

Druck von Metzger & Wittig in Leipzig.

Vorwort.

Dem vorliegenden Band VI folgt der Schlußband VII; er wird die Stereometrie und zwei eingehende Verzeichnisse über alle sieben Bände, 1. Namen und Schriften, 2. Sachliches, enthalten.

Berlin, im Januar 1924.

Der Verfasser.

Inhalt.

Analysis. Analytische Geometrie.

Seite

A. *Die Analysis* . . . . 3— 91
- 1. Die Reihen . . . . 3— 55
  - a) Die arithmetischen Reihen . . . . 3— 15
  - b) Die geometrischen Reihen . . . . 15— 20
  - c) Die arithmetischen Reihen höherer Ordnung . . . . 20— 29
  - d) Die höheren Reihen . . . . 29— 55
- 2. Die Zinseszinsrechnung . . . . 56— 62
- 3. Kombinatorik und Wahrscheinlichkeitsrechnung . . . . 63— 74
- 4. Die Kettenbrüche . . . . 74— 84
- 5. Maxima und Minima . . . . 84— 91

B. *Die analytische Geometrie* . . . . 92—169
- 1. Geschichtlicher Überblick . . . . 92—115
- 2. Die Fachausdrücke . . . . 116—120
- 3. Der Punkt, die Gerade, der Kreis . . . . 120—128
- 4. Die Kegelschnitte . . . . 128—164
  - a) Geschichtlicher Überblick . . . . 128—143
  - b) Besonderer Teil . . . . 143—164
- 5. Koordinatentransformation und Reduktion der allgemeinen Gleichung zweiten Grades . . . . 164—169

ANALYSIS. ANALYTISCHE GEOMETRIE

A. Die Analysis.

I. Die Reihen.

a) Die arithmetischen Reihen.

Unter den ältesten Funden, die man in der Geschichte der Mathematik gemacht hat, befinden sich auch Reihenaufgaben. Im ägyptischen *Papyrus Rhind*, dem sogenannten Rechenbuch des Ahmes (zwischen 2000 und 1700 v. Chr.), enthalten die Aufgaben Nr. 40 und 64[1] Beispiele aus der Reihenlehre, die nicht einmal zu den leichtesten ihrer Anwendungen gehören.

Aufgabe 40 verlangt, 100 Brote so an fünf Personen zu verteilen, daß die Anteile eine arithmetische Reihe bilden und die beiden Personen, auf die die geringeren Anteile fallen, zusammen ein Siebentel von der Summe der übrigen Anteile erhalten. Ist g_i das i^{te} Glied, d die Differenz zweier aufeinander folgender Glieder, s_i die Summe der ersten i Glieder und n die Anzahl der Glieder, so soll aus

$$n = 5, \qquad s_n = 100, \qquad \frac{g_1 + g_2 + g_3}{7} = g_4 + g_5$$

die negative Differenz d gefunden werden. Aus der letzten Beziehung schließt Ahmes — wie, ist nicht gesagt —, daß d zunächst als das $5\frac{1}{2}$fache des kleinsten Gliedes angenommen werden müsse, und setzt demnach die Reihe 23, $17\frac{1}{2}$, 12, $6\frac{1}{2}$, 1 an. Da deren Summe aber nur 60 beträgt, so ist jedes Glied noch mit $1\frac{2}{3}$ zu multiplizieren; Ahmes findet so $38\frac{1}{3}$, $29\frac{1}{6}$, 20, $10\frac{5}{6}$, $1\frac{2}{3}$ als Werte der einzelnen Anteile.

In der zweiten Aufgabe (Nr. 64) will Ahmes zehn Maß Getreide unter zehn Personen verteilen; es solle jede folgende Person aber $\frac{1}{8}$ Maß weniger empfangen als die vorhergehende. In unserer

---

[1] A. Eisenlohr, S. 90 und 159[1481].

Symbolik wäre g_i aus $n = 10$, $s_n = 10$, $d = -\frac{1}{8}$ zu berechnen, und zwar ergäbe die uns geläufige Formel $s_n = n g_1 + \frac{n(n-1)}{2} d$ sofort für den ersten Anteil den Wert:

$$g_1 = \frac{s_n}{n} + (n-1)\frac{d}{2}\,.$$

Nach der hierin enthaltenen Rechenvorschrift verfährt aber auch der ägyptische Rechner, wiederum ohne zu sagen, wie er zu ihr kommt. Man kann sich dem Eindruck nicht verschließen, daß ihm allgemeine Sätze über Summierung arithmetischer Reihen zu Gebote gestanden haben. Bestärkt wird diese Vermutung, wenn man bei seinen Herleitungen sogar einen ständig gebrauchten Fachausdruck *tunnu* (= Erhebung) für die Differenz d antrifft.

In den Fragmenten von KAHUN, die etwa aus der Zeitperiode jener Vorlagen des AHMES stammen, ist die Reihe:

$$110,\ 13\tfrac{3}{4},\ 12\tfrac{11}{12},\ 12\tfrac{1}{12},\ 11\tfrac{1}{4},\ 10\tfrac{5}{12},\ 9\tfrac{7}{12},\ 8\tfrac{3}{4},\ 7\tfrac{11}{12},\ 7\tfrac{1}{12},\ 6\tfrac{1}{4}$$

untereinander aufgezählt. Die erste Zahl 110 ist unklar; vielleicht war zwischen 100 und 10 ein Trennungszeichen, und es galt dies als Überschrift: 100 in 10 Teile zu zerlegen. In der Tat geben die übrigen 10 Zahlen die Summe 100; sie weisen die konstante Differenz $\frac{5}{6}$ auf. Weiteres fehlt.[2]

Nicht unbedeutende Spuren sind von den Kenntnissen der Babylonier über die arithmetischen Reihen vorhanden. Wir können auf eine Zahlenreihe hinweisen, die eine Keilschrifttafel, eines der ersten unter den entzifferten babylonischen Schriftdenkmälern (1854),[3] uns bietet:

5, 10, 20, 40, 1-20, 1-36, 1-52, 2-8, 2-24, 2-40, 2-56, 3-12, 3-28, 3-44, 4.

Sie soll das allmähliche Wachstum der erleuchteten Mondscheibe in den 15 Tagen vom Neumond bis zum Vollmond darstellen. Beachtet man die sexagesimale Schreibweise (1-20 $= 1 \cdot 60 + 20$; 3-44 $= 3 \cdot 60 + 44$), in der 4 die 240 Teile der vollen Scheibe ausmachen, so stellen sich die fünf ersten Zahlen als Glieder einer geometrischen, die übrigen als solche einer arithmetischen Reihe heraus. Die Zeit ihrer Abfassung steht nicht fest. Aber die Verwendung arithmetischer Reihen zur Festlegung des Verlaufes astronomischer Vorgänge ist durch weitere Funde für jüngere Zeit nachgewiesen. Umfangreiche keilschriftliche Aufzeichnungen liegen

2 M. CANTOR, Oriental. Lit.-Ztg. 1898, S. 307 III 261. — 3 E. HINCKS, Transact. R. Irish Ac. 22, Bd. 2, S. 405—422.

vom Ende des vorchristlichen zweiten Jahrhunderts, kurz nach der Blütezeit hipparchischer Astronomie, aus dem Euphratlande vor.[4] Der babylonische Beobachter will den Lauf des Mondes angeben und entwirft eine vielgliedrige auf- und absteigende Zahlenreihe, die zwischen den Umkehrstellen mit gleichbleibender Differenz verläuft. Eine mathematische Behandlung fehlt. Reine Beobachtungsreihen sind das aber auf keinen Fall; es scheint sich um theoretische Einschaltungswerte zwischen gewissen Beobachtungswerten zu handeln. Zweck wird die Bestimmung von Finsternissen gewesen sein.

Etwas besser Bescheid wissen wir über den Standpunkt, den die Griechen in der Reihentheorie einnahmen. Die Pythagoreische Schule (sechstes und fünftes Jahrh. v. Chr.) zog zahlentheoretische Untersuchungen mit Vorliebe in den Kreis ihrer Betrachtungen. Hierzu gaben ihr die Reihen reichlich Gelegenheit. THEON VON SMYRNA (um 130 n. Chr.) teilt uns mit, daß die Pythagoreer nicht nur die Reihe der ganzen Zahlen[5] zu summieren verstanden:

$$1 + 2 + 3 + \ldots + n = \tfrac{1}{2} n(n + 1),$$

sondern auch die der ungeraden[6]:

$$1 + 3 + 5 + \ldots + 2n - 1 = n^2$$

und die der geraden[7]:

$$2 + 4 + 6 + \ldots + 2n = n(n + 1)$$

für sich allein. Die Summierung der ungeraden Zahlen ist schon durch ARISTOTELES (384—322 v. Chr.) bezeugt.[8] Eine Zahl von der Form $\frac{1}{2} n(n + 1)$ hieß eine Dreieckszahl (vgl. S. 7); $n(n + 1)$ wurde heteromeke Zahl (Rechteckszahl) genannt. Auch für die Dreieckszahlen ist uns eine Erwähnung bei ARISTOTELES[9] Beweis, daß sie zur Pythagoreischen Wissenschaft gehören. Man vermutet, daß schon bei den Pythagoreern *ἔκθεσις* ein Fachausdruck für „Reihe", *ὅροι* für deren Glieder gewesen sei.[10] Tatsächliche Belege, daß den älteren Griechen die allgemeine Summationsformel bekannt war, können nicht beigebracht werden. Zur Zeit des großen Syrakusaners ARCHIMEDES (287—212 v. Chr.) war aber bestimmt eine solche vorhanden, da

[4] F. X. KUGLER, *Bab. Mondrechnung*[I 80], Kolonne F auf S. 12; vgl. auch S. 14. — [5] *Theonis Smyrnaei expositio*, ed. HILLER[I 637], S. 31. — [6] Daselbst S. 28. — [7] Daselbst S. 27 und 31. — [8] *Phys.* III, 4, nach E. HOPPE, *Math. u. Astron. im klass. Altertum*[I 189], S. 77. — [9] *Metaphys.* XIV, 5, ed. BEKKER[I 2], Sp. 1092 r., Z. 12. — [10] I. J. BIENAYMÉ, *Traduction de deux passages de Stobbée*, Comptes Rendus Ac. Paris 71, 1870, S. 460.

dieser ihre Kenntnis bei der Summierung der Quadratzahlenreihe (vgl. S. 27) voraussetzt.[11]

Hypsikles von Alexandria (um 170 v. Chr.) hat eine uns nicht erhaltene Schrift *Ὅρος* verfaßt, aus der Diophant[12] den Satz entnimmt: „Schreitet eine Reihe mit gleicher Differenz fort, so ist ihre Summe, wenn die Differenz 1 ist, eine dreieckige Zahl, wenn die Differenz 2 ist, eine viereckige, wenn die Differenz 3 ist, eine fünfeckige usw.“ Aus derselben Schrift scheinen die drei Sätze zu stammen, die in einer astrologischen Schrift *Ἀναφορικός* (*Von den Aufgängen der Gestirne*)[13] an die Spitze gestellt sind:

für $n = 2\nu$

1. $(g_{\nu+1} + g_{\nu+2} + \cdots + g_{2\nu}) - (g_1 + g_2 + \cdots + g_\nu) = d\nu^2,$

2. $s_n = \nu(g_{\nu-\mu} + g_{\nu+\mu}),$

für $n = 2\nu + 1$

3. $s_n = (2\nu + 1)g_{\nu+1},$

Sätze, die die Summation der arithmetischen Reihe klar aussprechen. Die Anführung dieser dem Hypsikles zukommenden Sätze dürfte der Grund gewesen sein, daß auch die ganze Abhandlung *Ἀναφορικός* dem Hypsikles, schon seit dem Altertum, zugeschrieben wurde; sie ist aber in der weiteren Durchführung so dürftig, ja fehlerhaft, daß ein tüchtiger Mathematiker wie Hypsikles ihr Verfasser nicht gewesen sein kann.[14] Die beiden Summationsformeln des Hypsikles faßt Diophant (zweite Hälfte des dritten Jahrh. n. Chr.) in seiner Schrift über die Polygonalzahlen[15] in einen Satz zusammen: „Wenn beliebig viele Zahlen von gleichem Unterschiede sind, so ist das Produkt aus der Summe der größten und kleinsten in die Anzahl der Zahlen gleich der doppelten Summe aller vorliegenden Zahlen.“ Der Beweis erfolgt dann aber noch getrennt für gerades und ungerades n.

Aufgaben, die auf arithmetische Reihen führen, werden auch in Herons (erstes Jahrh. v. Chr.) Schriften gelöst.[16] Sie verraten seine Vertrautheit mit der Berechnung von s_n und g_n für eine vorgegebene

[11] Archimedes, *Περὶ ἑλίκων* X, ed. Heiberg[17], Leipzig 1880—81, 2², S. 30—40 ff; Nizze, S. 125—148. — [12] Diophant, *De polygonis numeris*, ed. Tannery[1566], I, S. 468; Übersetzung von Wertheim Satz VIII, S. 307. — [13] Ed. Manitius[1204], 1888, S. XIII und XIV, XXIV—XXVI. — [14] Vgl. E. Hoppe[1189], S. 316—317. — [15] Diophant, *De polygonis numeris*[1566], ed. Tannery S. 456; Übersetzung von Wertheim S. 300. — [16] Heron, *Stereometrica*, I, cap. 42, ed. Heiberg 5[1483], S. 46—49, Berechnung der Sitze in einem Theater aus der Anzahl der Sitze auf der äußersten (g_n) und der innersten (g_1) Bank und der Zahl der Bank-

Reihe. Aus anderen Gebieten wissen wir, daß HERON in der Hauptsache ägyptische Kenntnisse wiedergibt; vielleicht hat diese Ansicht auch hier ihre Berechtigung.

Eine ausgedehnte Anwendung fand bei den griechischen Mathematikern die Lehre von den arithmetischen Reihen in der Theorie der figurierten Zahlen,[17] deren Begründung in der Schule des PYTHAGORAS, deren Ausbau in der Akademie PLATONS zu suchen ist. EUKLID schweigt über sie ganz. Hierzu gehört die schon oben angeführte Bezeichnung „Dreieckszahl" für $\frac{1}{2}n(n+1)$, die aus der Addition der in Dreiecksform regelmäßig angeordneten Punkte:

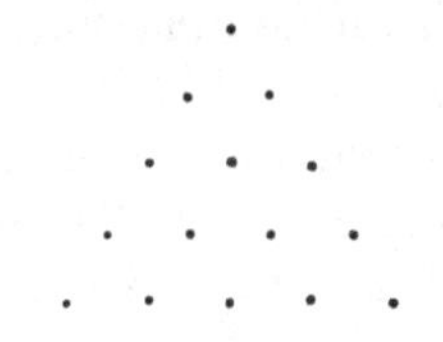

von einer Ecke aus, in Parallelreihen zur Gegenseite, zu erklären ist. Die n^{te} Dreieckszahl $s_n^{(3)}$ ist danach gleich $1 + 2 + 3 + \ldots + n$, mithin die Summe einer arithmetischen Reihe, in der $g_1 = 1$, $d = 1$ ist. Ähnlich ist die n^{te} Viereckszahl $s_n^{(4)}$ gleich der Summe einer Reihe mit $g_1 = 1$ und $d = 2$ und allgemein die n^{te} m-Eckszahl $s_n^{(m)}$ die Summe einer arithmetischen Reihe mit dem Anfangsglied 1 und der Differenz $m - 2$, also in unserer Formelsprache:

$$s_n^{(m)} = n + \frac{n(n-1)}{2}(m-2).$$

	$n = 1$	$n = 2$	$n = 3$	$n = 4$	$n = 5$	$n = 6$	
$m = 3$	1	3	6	10	15	21	Dreieckszahlen
$m = 4$	1	4	9	16	25	36	Viereckszahlen
$m = 5$	1	5	12	22	35	51	Fünfeckszahlen
$m = 6$	1	6	15	28	45	66	Sechseckszahlen
$m = 7$	1	7	18	34	55	81	Siebeneckszahlen

reihen (n), Berechnungsvorschrift $\frac{g_1 + g_n}{2}\, n$; ferner cap. 43, § 2, S. 49—51, g_n berechnet durch $g_n = g_1 + (n-1)d$; vgl. auch *Mensurae*, cap. 24, ed. HEIBERG 5 II 456, S. 180f. — 17 Der Ausdruck *numeri figurati* stammt aus der *Arithmetik* des BOËTIUS (480—524 n. Chr.), z. B. Überschrift II, 17, ed. FRIEDLEIN 1820, S. 101:

Die erweiterte Definition gab HYPSIKLES, wie oben nach DIOPHANT berichtet wurde. Aber schon lange vor ihm soll PHILIPPOS OPUNTIOS (um 375 v. Chr.),[18] ein Schüler des SOKRATES und PLATON, ferner SPEUSIPPOS (um 350 v. Chr.),[19] der Nachfolger PLATONs in der Leitung der Akademie, über Vieleckszahlen geschrieben haben. Nach HYPSIKLES ist besonders die *Εἰσαγωγὴ ἀριθμητική* des NIKOMACHOS VON GERASA (um 100 n. Chr.) zu nennen,[20] ein vielgelesenes Lehrbuch, das die griechische Zahlentheorie ebenso zusammenfaßt, wie EUKLIDs Elemente die theoretische und HERONs Schriften die praktische Geometrie. Den Polygonalzahlen widmet NIKOMACHOS breiten Raum. Seine systematische Ableitung mit Hilfe der arithmetischen Reihe war für Jahrtausende vorbildlich. Geschickt und in scharfer Gliederung hat er den überkommenen arithmetischen Stoff der Pythagoreischen und Platonischen Schule verarbeitet und wohl auch Eigenes hinzugetan. So ist die Beziehung zwischen Polygonalzahlen verschiedenen Ranges:[21]

$$s_n^{(m)} + s_{n-1}^{(3)} = s_n^{(m+1)}$$

vor ihm noch nicht nachzuweisen.

Neben dem alten *ἔκθεσις*[22] benutzt NIKOMACHOS *σύνθεσις*[23] als Fachwort sowohl für arithmetische Reihen wie für geometrische. Eine allgemeine Zahlenfolge heißt *οἱ ἐκκείμενοι ἀριθμοί.*[24] Unser Wort „natürliche Zahlenreihe" für 1, 2, 3, 4 ... klingt an in seinem *ὁ φυσικὸς στίχος.*[25]

PLUTARCH (erstes Jahrh. n. Chr.) schreibt den Pythagoreern den Satz zu, daß jede Dreieckszahl, mit 8 multipliziert und um 1 vermehrt, eine Quadratzahl ist.[26] Denselben Satz führt auch IAMBLICHOS (um 325 n. Chr.; aus Chalkis in Cölesyrien) in seiner Sammlung

---

Descriptio figuratorum numerorum in ordine. Es ist die wörtliche Übersetzung des griechischen *ἀριθμὸς σχηματογραφθείς* bei NIKOMACHOS II, 17, 1, ed. HOCHE[1515], S. 108, Z. 9. — 18 *Βιόγραφοι. Vitarum scriptores graeci minores*, ed. A. WESTERMANN, Braunschweig 1845, S. 446, Z. 12—13. — 19 Fragment dieser Abhandlung bei P. TANNERY, *Pour l'histoire de la science hellène, de Thalès à Empédocle*, Paris 1887, Appendice II, Nr. 14, S. 386—389. — 20 Buch II, ed. HOCHE[1515], S. 73 ff. — 21 CANTOR 1^3, S. 432. Dieser Satz wiederholt sich in der Literatur erst wieder bei BOËTIUS (480—524 n. Chr.; ed. FRIEDLEIN S. 103—104[1320]), der die *Einführung* des NIKOMACHOS lateinisch bearbeitete. — 22 Lib. I, cap. 8, § 12, ed. HOCHE[1515], S. 18, Z. 12 u. ö., siehe Index. — 23 II, 27, 3. S. 137, Z. 24 u. ö. — 24 II, 10, 2. S. 92, Z. 9. — 25 II, 8, 3. S. 88, Z. 21. — 26 *Platonicae quaest.*, V, 2, § 4, ed. DIDOT-DÜBNER, Moralia, II, Paris 1890, S. 1228, Z. 19—21.

Pythagoreischer Lehren an,[27] während ihn DIOPHANT VON ALEXANDRIA (zweite Hälfte des dritten Jahrh. n. Chr.) zu

$$8(m-2)\cdot s_n^{(m)} + (m-4)^2 = [(m-2)(2n-1)+2]^2$$

verallgemeinert,[28] einer Formel, die eine neue Definition der allgemeinen Vieleckszahl liefert. Diese Beziehung wurde von DIOPHANT nicht nur dazu benutzt, $s_n^{(m)}$ aus den Werten von n und m zu berechnen, sondern auch n mit Hilfe von $s_n^{(m)}$ und m zu finden.[29]

Die Kenntnisse, die die Inder[30] von arithmetischen Reihen hatten, gingen nicht über die der Griechen hinaus; die Theorie der figurierten Zahlen ist bei ihnen überhaupt nicht nachzuweisen. Wir heben nur als bemerkenswert hervor, daß ĀRYABHAṬA (geb. 476 n. Chr.) die Anzahl n der Glieder einer arithmetischen Reihe gelegentlich aus den Größen g_1, s_n und d mit Hilfe einer quadratischen Gleichung bestimmt[31] und daß bei ihm[32] zum erstenmal die sogenannte Kurieraufgabe auftritt, in der ein Bote durch eine später abgesandte, aber mit steigender Schnelligkeit vorwärtskommende zweite Person eingeholt werden soll. Sie findet sich auch im sogenannten Rechenbuch von BAKHṢĀLĪ,[33] das man früher für das dritte bis vierte Jahrhundert in Anspruch nahm, das aber sicherlich viel jünger als ĀRYABHAṬA ist.

Durch die Vermittlung der Araber gelangte das, was Griechen und Inder geleistet hatten, zum Abendland. Einiges floß unmittelbar aus griechischen Quellen in das Mittelalter durch die Übersetzung eines Auszuges aus NIKOMACHOS, die BOËTIUS (480—524) verfaßte[I 320]. Fachwort für „Reihe" ist bei diesem zumeist *progressio*, seltener *dispositio*[34] oder *ordo*.[35] *Series*[36] hat die heutige Fachbedeutung jedenfalls noch nicht. Im *Codex Arcerianus*[37] (sechstes Jahrh. n. Chr.) ist ein Bruchstück des römischen Feldmessers EPAPHRODITUS (drittes Jahrh. n. Chr.) erhalten, in dem ein Satz über

27 *In Nicomachi arithmeticam introductionem*, ed. PISTELLI[I 370], S. 90. — 28 *De polygonis numeris* IV, ed. TANNERY[I 566], I, S. 460—467; vgl. Übersetzung von WERTHEIM S. 305 Anm. — 29 Daselbst Satz 9, ed. TANNERY[I 566], I, S. 474, Z. 21 bis S. 476, Z. 3, ed. WERTHEIM, Leipzig 1890, S. 309—310. — 30 L. RODET, *Leçons de calcul d'Aryabhatta*[I 83], XIX—XX, S. 400—401, 420—421, BRAHMAGUPTA, *Gaṇita* ch. XII, S. III, ed. COLEBROOKE[I 85], S. 290—294; BHĀSKARA, *Līlāvatī* ch. V, sect. I u. II, ed. COLEBROOKE, S. 51—57. — 31 L. RODET[I 83], XX, S. 401 u. 421. — 32 RODET[I 83], S. 15, 41—42. — 33 Vgl. R. HOERNLE, *Indian Antiquary* 17[I 88], S. 42 rechts. — 34 Ed. FRIEDLEIN[I 320], S. 18, Z. 21, S. 19, Z. 1 u. ö. — 35 S. 18, Z. 8, 25 u. ö. — 36 S. 35, Z. 22, S. 36, Z. 16 u. ö. — 37 CANTOR 1³, S. 557[I 393].

Vieleckszahlen steht, den weder NIKOMACHOS noch ein anderer uns bekannter griechischer Mathematiker berichtet, ein Zeichen, daß uns wertvolle griechische Schriften über Vieleckszahlen verloren gegangen sind.

Das Verständnis, das den Reihen im Mittelalter entgegengebracht wurde, ist sehr wechselnd. In einem Sammelbande aus dem elften Jahrhundert[38] findet sich ein kurzes Schriftstück *De aggregatione naturalium numerorum*; dort tritt unsere Bezeichnung „**natürliche Zahlen**" nach BOËTIUS (Bd. II, S. 53) zum erstenmal wieder auf. Ihre Summe wird in allgemeinem Wortlaut als $\nu(2\nu+1)$ angegeben, wenn das letzte Glied gerade ist ($=2\nu$), als $(\nu+1)(2\nu+1)$, wenn das letzte Glied ungerade ist. Die Summe der ungeraden Zahlen bis $2\nu+1$ ist $(\nu+1)^2$, die der geraden bis 2ν gleich $\nu(\nu+1)$. LEONARDO VON PISA hat in seinem *Liber abaci* (1228) bessere Quellen und bringt die allgemeine Summationsvorschrift in doppelter Fassung:[39]

$$s_n = \frac{n}{2}(g_1 + g_n) \quad \text{und} \quad s_n = \frac{g_1 + g_n}{2}\,n,$$

je nachdem n gerade oder ungerade ist. Ein Vorzug beider Schriften ist, daß die Rechenvorschriften nicht nur, wie später oft, an Zahlenbeispielen vorgeführt, sondern allgemein ausgesprochen werden. Fachwörter kennt LEONARDO noch nicht; er spricht aber von *numerus primus, numerus ultimus, numerus multitudinis numerorum.*

Das Rechenbuch des SACROBOSCO († 1256, Paris), *Tractatus de arte numerandi,* nimmt zwar die *Progressio* als neue Spezies auf, deren nunmehr neun gezählt werden: *Numeratio, Additio, Subtractio, Mediatio, Duplatio, Multiplicatio, Divisio, Progressio, Extractio,* aber trotzdem enthält es aus der Lehre der arithmetischen Reihen nichts als die Summation der natürlichen Zahlenreihe und die der geraden und ungeraden Zahlen.[40] Indem SACROBOSCO ebenfalls zwischen einer geraden und ungeraden Anzahl der Glieder unterscheidet,

---

38 Cod. lat. Mon. Nr. 14836, ed. CURTZE, Abh. z. Gesch. d. math. Wiss. 7, 1895, S. 105. — 39 LEONARDO PISANO, ed. BONCOMPAGNI I[117], S. 166, Z. 9ff.: *Dimidium multitudinis cunctorum numerorum in collectione positorum per conjunctum extremis multiplica; vel dimidium sume extremorum, scilicet primi et ultimi numeri, per numerum multitudinis numerorum ducas et habebis propositum* (Die Hälfte der Anzahl aller in der Reihe stehenden Glieder multipliziere mit der Summe der äußersten; oder nimm die Hälfte der äußersten Glieder, die des ersten und letzten Gliedes, multipliziere sie mit der Anzahl der Zahlen, so erhältst du das Gewünschte). — 40 SACROBOSCO, *Algorismus vulgaris* ed. CURTZE[119], S. 2, Z. 8—6 v. u. und S. 12—13.

bringt er es fertig, vier ganz verschiedene Regeln für die Summation aufzustellen. Hier zeigt sein Kommentator PETRUS DE DACIA (1291)[I 19] wieder bessere Einsicht. Schon die Definition der arithmetischen Reihe wird allgemein gehalten: *Progressio est numerorum secundum aequales excessus augmentatorum numeratis* (Reihe ist die Zusammenfügung von Zahlen, die nach gleichem Überschuß vermehrt sind). Er zeigt, daß das Anfangsglied, die Differenz und die Anzahl der Glieder ganz beliebig sein können, und gibt dann beide Summationsregeln des LEONARDO. Beachtenswert ist sein Zusatz, daß entweder die Summe des ersten und letzten Gliedes oder die Gliederzahl, oder auch beide, gerade Zahlen sind.[41]

Als Fachwörter treten bei PETRUS DE DACIA auf: Anfangsglied *primus locus,* Endglied *ultimus locus,* Anzahl der Glieder *numerus locorum,* Glieder *loca* oder *loca positionum,* Summe *summa universorum* oder *totius progressionis.*

LEVI BEN GERSON (1288—1344, Avignon) summiert zwar im Anfange seines *Sefer Maassei Choscheb* (= Werk des Rechnens)[42] aus dem Jahre 1321 an einer Stelle die Reihe der ungeraden Zahlen, beschäftigt sich dann aber nur mit der Summe der natürlichen Zahlen. Nennen wir diese s_n, so leitet er u. a. folgende Beziehungen her:[43]

$$\begin{aligned}
s_n + s_{n+1} &= n^2,\\
2\,s_n &= n + n^2,\\
s_1 + s_2 + s_3 + \ldots + s_n &= 2^2 + 4^2 + 6^2 + \ldots + n^2 \quad (n \text{ gerade}),\\
&= 1^2 + 3^2 + 5^2 + \ldots + n^2 \quad (n \text{ ungerade}),\\
s_{n-1} &= \frac{n^2 - n}{2},\\
s_n &= n + \frac{n^2 - n}{2},\\
s_n^{\,2} &= n^3 + s_{n-1}^2,\\
s_n^{\,2} &= n^3 + (n-1)^3 + (n-2)^3 + \ldots.
\end{aligned}$$

Die oben angeführte Bemerkung des PETRUS DE DACIA ist BELDOMANDI († 1428, Padua) fremd; er muß daher in seinem *Algorismus de integris* (gedruckt 1540, Venet.) für eine ungerade Glieder-

41 Ed. CURTZE[I 19], S. 68, Z. 18—20: *Unde debes hic indubitanter scire, quod vel numerus locorum erit par vel numerus aggregatus ex primo et ultimo erit par, vel uterque.* — 42 Ed. G. LANGE[II 296], Frankf. a. M. 1909. — 43 Daselbst § 30—42.

anzahl $n = 2v + 1$ die sehr zusammengesetzte Rechenvorschrift der allgemeinen Reihe aufstellen:[44]

$$s_n = (g_1 + g_n)v + \frac{g_1 + g_n}{2} .$$

Die Fachwörter haben sich etwas geändert. Glied der Reihe, ein Begriff, für den BELDOMANDI auch eine besondere Definition gibt,[45] heißt bei ihm *portio,* selten *terminus;*[46] er spricht von dem *numerus portionum* ($= n$) aber auch von der *summa omnium illorum numerorum.* Neu ist für das Mittelalter die Unterscheidung: *Progressionum alia arithmetica, alia geometrica.* Die arithmetische Reihe teilt er in *progressio continua,* bzw. *naturalis* (d. i. 1, 2, 3, . . .) und *progressio discontinua,* bzw. *intercisa* (Differenz > 1), eine Einteilung, die übrigens SACROBOSCO schon hat. BELDOMANDI kennt aber nur Reihen mit ganzzahligen Gliedern.

In einem Schriftchen des Münchener Sammelbandes Cod. lat. Mon. 14908, geschrieben von FRATER FRIDERICUS zwischen 1455 und 1464, wird zum erstenmal eine Reihe mit Brüchen addiert und zum erstenmal seit dem Altertum wieder mit einer einzigen Regel:

$$(g_1 + g_n)\frac{n}{2}$$

gerechnet, ganz gleich, ob n gerade oder ungerade ist.[47]

Sehr dürftig ist der Inhalt des Bamberger Rechenbuchs von 1483, das sich auf die natürliche Zahlenreihe beschränkt.[48] Wirkliche Mathematiker beherrschten aber trotz des allgemeinen Niedergangs noch den vollständigen Stoff. Der französische Gelehrte CHUQUET († um 1500; Lyon, Paris) gibt in seinem *Triparty* (1484) wiederum die allgemeine Regel LEONARDOS.[49] Das Rechenbuch von WIDMANN (Leipzig 1489) wendet sie auf die Reihe der ganzen Zahlen 1, 2, 3, . . . an, die einmal bis zu einem geraden, bei einem anderen Beispiel bis zu einem ungeraden Schlußglied steigt, dann werden auch noch die Zahlen 2, 4, 8, . . . und 1, 3, 5, 7, . . . summiert.[50] Auch seine Definition des „Progredirens“, wie es schon im deutschen Text heißt, bezieht sich nur auf die Differenzen

---

[44] Bl. $\mathfrak{C}_{IIII}$ v.[I 264a]. — [45] Bl. $\mathfrak{C}_{IIII}$. — [46] Bl. $\mathfrak{C}_{VI}$, Z. 15. — [47] Bibl. math. 9_2, 1895, S. 113; Archiv Math. Phys. 13_2, 1895, S. 397. — [48] CANTOR 2^2, S. 223. — [49] *Le Triparty*, ed. BONCOMPAGNI[I 12], S. 618, Z. 1—3: *Si laddition du premier avec le derrenier est multipliee par la moittie du nombre des nombres la multiplication est egale a tous les nombres progressionez ensemble.* — [50] Teil I, cap. 8, Blatt $\mathfrak{D}$ 3[I 145].

1 oder 2.[51] Erst das sechzehnte Jahrhundert arbeitete selbständig weiter. CARDANO (1501—1576; Padua, Mailand, Bologna) lehrte in seiner *Practica arithmetica* von 1539,[52] wie man allgemein ein beliebiges Glied einer arithmetischen Reihe bilden kann, ohne die dazwischenliegenden zu berechnen. Dasselbe zeigte auch CLAVIUS (1537, Bamberg — 1612, Rom) in der *Epitome arithmeticae practicae* (1584).[53] Bei beiden wurde ferner die Aufgabe gelöst, aus g_1, d und g_n die Anzahl der Glieder n zu berechnen.[54]

Der erste, der nach dem FRATER FRIDERICUS (vgl. oben) die beiden Formeln LEONARDOs wieder vereinigte, war 1544 STIFEL,[55] indem er die Vorschrift $s_n = n\,\frac{g_1 + g_n}{2}$ befolgte, die dann CLAVIUS zu $s_n = \frac{n(g_1 + g_n)}{2}$ vervollkommnete.[56] Bei CARDANO, STIFEL und CLAVIUS wird schon ständig von der *differentia progressionis* gesprochen; das Wort *terminus* für Glied ist seit BELDOMANDI[46] fest geworden. STIFEL (1544) löst auch die Umkehrung, g_n zu finden aus s_n, d, g_1.[57] Unter *progressiones intercisae* versteht STIFEL arithmetische Reihen mit wechselnden Differenzen wie 4, 5, 7, 8, 10, 11, 13, 14 usw. (Differenzen 1, 2, 1, 2, . . .).[58]

Die meisten mathematischen Lehrbücher des siebzehnten und achtzehnten Jahrhunderts fassen sich bei der Behandlung der Reihen sehr kurz; größtenteils bringen sie nur so viel, wie nötig ist, um die Theorie der Logarithmen (vgl. Bd. II, S. 169f.) einzuleiten. Eine Ausnahme macht OUGHTRED, der in den Anhängen der dritten Auflage (1652) seiner *Clavis mathematicae* sämtliche nur möglichen Aufgaben unter Anwendung der Buchstabenrechnung durchführte, die zugehörigen algebraischen Schlußformeln bildete und übersichtlich zusammenstellte.[59] Die Proportionsform ist dabei völlig durch Gleichungen ersetzt. Hieraus schöpfte J. WALLIS und brachte 1657 in der *Mathesis universalis sive arithmeticum opus integrum* eine ähnliche Tabellenanordnung.[60] W. JONES (1706, *Synopsis palmariorum*

---

[51] Progrediren. Nu soltu wissen das progressio nicht anders ist den eyn gesampte zal nach gleicher vbertretung von einem oder zweyen. — [52] Cap. XXVII, Nr. 2 [II 419], *Opera* IV, S. 34 [II 48]. Vgl. P. TREUTLEIN, *Das Rechnen im sechzehnten Jahrhundert*, Abh. Gesch. Math. I, Leipzig 1877, S. 61—62. — [53] *Epitome* [I 13], Neue Aufl. v. 1584, S. 282, regula II. — [54] Bei CLAVIUS (S. 272—273) nur für die Reihe der geraden und ungeraden Zahlen. — [55] *Arithmetica integra* [I 14], 1544, Bl. 19 r⁰—19 v⁰. — [56] *Epitome* S. 268f. [I 13], regula I. — [57] Für $d = 4$, *Arithm. integra* [I 14], Bl. 24 r⁰, Z. 13ff.; für allgemeines n in den *Errata* am Schluß des Buches. Vgl. J. GIESING, *Stifels Arithmetica integra*, Döbeln 1679, S. 53—54. — [58] *Arithmetica integra*, Bl. 20 v⁰. — [59] 4. Aufl. 1767 [I 476a], S. 78—80; wörtlicher Abdruck der 3. Aufl. — [60] *Opera* I [II 430], Oxoniae 1695, S. 148.

matheseos)[61] gibt eine Darstellung, die in den Beweisen, ja in der Wahl der Buchstaben kaum mehr von der modernen abweicht. Seine Bezeichnungen sind, wie jetzt noch, a, d, n, s; nur statt g_n nimmt er l (= *last term*). Seine Formeln lauten buchstäblich:

$$s = \frac{n \times \overline{a + l}}{2},$$

$$l = a + \overline{n - 1}\, d,$$

$$s = na + \frac{nnd - nd}{2}.$$

Für den Beweis der ersten Summenformel hat JONES die anschauliche Anordnung:

$$\begin{array}{lccccc} \textit{For} & \left\{\begin{array}{l} a \\ a + d \\ a + 2d \\ a + 3d \\ \&c. \end{array}\right\} & + & \left\{\begin{array}{l} l \\ l - d \\ l - 2d \\ l - 3d \\ \&c. \end{array}\right\} & = & \left\{\begin{array}{l} a + l \\ a + l \\ a + l \\ a + l \\ \&c. \end{array}\right\} \\ \textit{Therefore} & s & + & s & = & \overline{a + l} \times n \\ \textit{That is} & 2s & = & \overline{a + l} \times n. & & \end{array}$$

Sämtliche 20 Fälle werden eingehend vorgerechnet.[62]

So vollständig war nicht einmal EULER (1707—1783) in der *Algebra* (1770), da er alle die Fälle, in der s_n als bekannt angenommen wird, ausließ.[63]

Eine methodische Durchführung des Stoffes und die Einfügung in das Schulpensum ist erst im neunzehnten Jahrhundert erfolgt.

Das Wort Reihe ist eine wörtliche Übersetzung des lateinischen *series*; es fängt erst am Ende des achtzehnten Jahrhunderts an, sich in unserem Sinne zu spezialisieren. Wenn J. CH. STURM 1670 das Wort in seiner Archimedesübersetzung[64] verwendet, so meint er damit nur eine zusammengehörige Gruppe von Zahlen. KÄSTNER (1758) spricht schon von der „geometrischen Reihe“[65] und den Reihen an sich.[66] Im *Mathematischen Lexicon* von WOLFF (1716), wie in der neuen Bearbeitung von 1747 ist das Fachwort noch *progressio*, mehrfach kommt aber auch Reihe schon vor, besonders bei Fortsetzung in das Unendliche.[67] Bei MICHELSEN (1780)[68]

61 Daselbst S. 154 ff.[II 57]. — 62 Daselbst S. 156—160. — 63 *Algebra*[I 707], S. 202. — 64 Z. B. S. 427, Z. 39[II 535]. — 65 *Anfangsgründe* I, S. 142 (Ausgabe von 1764)[I 259a]. — 66 Daselbst Überschrift I, 140: Von den Reihen. — 67 1716, S. 1100; 1747, S. 1039, 1369[I 63, II 141]. — 68 *Anfangsgründe*[IV 493].

schwankt der Gebrauch noch; § 260 sagt er allgemein: ... *auch sind folgende Reihen Progressionen,* aber § 254: *Eine Reihe ... Größen wird schlechtweg eine Reihe oder auch eine Progression genannt.* Das alte Wort Progression, das in einem deutschen Text zuerst das Bamberger Rechenbuch 1483 brachte,[69] verschwindet im neunzehnten Jahrhundert allmählich. Kästner (1760) kennt bereits den Terminus „allgemeines Glied“,[70] Meinert (1789)[71] und Leonhardi (1810)[72] das „n^{te} Glied“. Thibaut (1809)[73] scheint erstmalig eine scharfe Trennung zwischen dem Wort *Summation* bei Reihen und dem allgemeinen *Addition* zu machen. Die Bezeichnung *harmonische Reihe* für die Reihe der reziproken natürlichen Zahlen und allgemeiner der reziproken figurierten Zahlen führt um 1673 Leibniz (1646—1716) ein.[74]

b) Die geometrischen Reihen.

Neben den beiden erwähnten Aufgaben (S. 3), die arithmetische Reihen betreffen, hat der Ägypter Ahmes auch ein Beispiel (Nr. 79), das auf eine geometrische Reihe führt.[75] Ihres Wortlauts entkleidet, fordert diese Aufgabe, die ersten fünf Potenzen von 7: 7, 49, 343, 2401, 16807 zu addieren. Die Lösung wird in zweifacher Weise erhalten; erstens findet Ahmes durch unmittelbare Addition die Zahl 19607, zweitens rechnet er das Produkt $7 \cdot 2801$ aus und gelangt zu derselben Zahl 19607. Vielleicht liegt der letzteren Lösung die Kenntnis einer allgemeinen Summationsformel zugrunde, da $2801 = \frac{16807 - 1}{7 - 1} = \frac{g_1{}^n - 1}{g_1 - 1}$ ist; über dieses Vielleicht kommt aber der Geschichtsforscher nicht hinaus. Durchaus merkwürdig infolge Fehlens jedes Bindegliedes ist das Auftreten derselben Aufgabe, in ähnlicher Einkleidung mit denselben Zahlen, im *Liber abaci* (1202) Leonardos.[76]

Wie weit die Babylonier mit geometrischen Reihen bekannt waren, wissen wir nicht; die auf S. 4 mitgeteilte Inschrift, ebenso

69 Kap. V: Von etlichen progression. — 70 *Anfangsgründe* III, 1. *Analysis der endl. Größen*[IV 255], Ausg. v. 1794, S. 27. — 71 *Lehrb. d. Math.*[I 34], I, S. 241. — 72 *Vorlesung*[IV 110], II. 4. Abschn. § 172, S. 290. — 73 *Grundriß*[II 84], 2. Aufl. (1809) S. 158. — 74 Schriftlicher Nachlaß von Leibniz, D. Mahnke, Bibl. math. 13_3, 1912—1913, S. 36. — 75 Eisenlohr[I 481], S. 202. — 76 Leonardo Pisano I[I 17], S. 311 unten bis 312 oben. Danach häufiger, z. B. 14. Jahrh., Münchener Manuskriptenband Nr. 14684, ed. Curtze, Bibl. math. 9_2, 1895, S. 83, Nr. XXXI mit der Zahl 12.

wie neuere Entzifferungen von HILPRECHT[77] beweisen nur, daß sie Kenntnis davon besaßen.

Die allgemeine Summation finden wir bei den Griechen. Aus der Erweiterung der Erklärung für das geometrische Mittel ($a:x = x:c$ oder auch $a:ab = ab:ab^2$) gelangten sie zu Reihen, in denen jedes Glied die mittlere Proportionale zwischen den beiden benachbarten ist: $a, ab, ab^2, ab^3, ab^4, \ldots$ EUKLID (um 325 v. Chr., Alexandria) leitete für solche Größen eine Proportion ab, die wir in der Form schreiben können:

$$(g_2 - g_1):g_1 = (g_{n+1} - g_1):s_n,$$

wo g_1 das Anfangsglied, g_2 das zweite, s_n die Summe der ersten n Glieder darstellt.[78] Es liegt auf der Hand, daß hiermit die allgemeine Summation geleistet ist. EUKLID wendete auch seinen Satz unmittelbar hinterher[79] auf die Summation der Potenzen von 2 an.

Wie bei den arithmetischen Reihen, so haben auch bei den geometrischen weder die Inder[80] noch die Araber eigene Leistungen zu verzeichnen. Erst im neunten Jahrhundert n. Chr. werden von einem Inder (MAHĀVĪRA) geometrische Reihen erwähnt.[81] Der arabische Historiker JA'QŪBĪ (um 880) berichtet, unserer Kenntnis nach als der erste, über die bekannte Schachbrettaufgabe mit den Weizenkörnern unter Angabe von Zahlenwerten; ALBĪRŪNĪ († 1083) stellt schon Betrachtungen über die Darstellbarkeit der ungeheuren Endsummen an, deren Wert er als damals wohlbekannte Zahlen anführt.[82] Die interessante Aufgabe gelangte durch den *Liber abaci* (1228) des LEONARDO VON PISA[83] zur Kenntnis des Abendlandes. LEONARDO behandelte die geometrischen Reihen nicht in derselben Allgemeinheit wie die arithmetischen, obgleich gerade hierin die Alten ihm ein Vorbild hätten sein können, sondern begnügte sich, das einzuschlagende Rechenverfahren an besonderen Zahlenreihen zu zeigen.

---

77 H. V. HILPRECHT, *The Babylonian Expedition*, A, S. 20[11]: 125, 250, 500 . . . 16000 und 103680, 51840, 25920 . . .'. — 78 *El.* IX, 35. *Opera*, ed. HEIBERG, 2, S. 404 f. — 79 *El.* IX, 36. *Opera* 2, S. 408 f. — 80 COLEBROOKE[185], S. 55 u. 291 Note. — 81 Vgl. KAYE, *Indian Mathematics*[195], S. 23, V, 20. — 82 Vgl. die Geschichte der Aufgabe bei J. RUSKA, Z. math. nat. Unterr. 47, 1916, S. 275 ff. Die Stelle aus ALBĪRŪNĪ ist übersetzt und erläutert von E. SACHAU, Ztschr. d. Deutsch. Morgenländ. Ges. 29, 1875, S. 148—156. — 83 LEONARDO PISANO, I[117], S. 309 u. Die Endzahl 18446744073709551615 findet sich ferner im Münchener Manuskriptenband Nr. 14908; vgl. CURTZE, Bibl. math. 9_2, 1895, S. 113. Hier noch ähnliche Aufgaben. Auch der Dresdener Manuskriptenband C. 80 enthält fol. 303b die Schachbrettaufgabe mit derselben Endzahl.

Die moderne Summationsformel erscheint zum erstenmal in dem *Algorithmus de integris* (1410; gedruckt 1483 Padua, 1540 Venedig) des italienischen Mathematikers PROSDOCIMO DE' BELDOMANDI aus Padua († 1428), der natürlich ohne Benutzung algebraischer Symbole die Rechenvorschrift:

$$a + aq + aq^2 + \ldots + aq^{n-1} = aq^{n-1} + \frac{aq^{n-1} - a}{q - 1}$$

an mehreren speziellen Beispielen durchführte.[84] Er teilt die geometrischen Reihen in solche ein, bei denen q eine ganze Zahl (*progressiones multiplices*), und in solche, bei denen $q = \frac{p}{p-1}$ (*progressiones superparticulares* ist, (Bd. III, S. 14); andere kennt er nicht. Für die zweite Gruppe rechnet er nach der Sonderformel:

$$p\left(\frac{p}{p-1}\right)^{n-1} - a - (p - 1)a\,.$$

Beide Formeln gibt er nicht allgemein, sondern nur für $q = 2, 3, 4, 5$ und $p = 2, 3, 4$, *et sic consequenter* (= und so weiter). Die Regel:

$$s_n = \frac{g_n - g_1}{q - 1} + g_n$$

läßt sich im Rechenbuche PEURBACHS (1423—1461, Wien) nachweisen,[85] ebenso im Bamberger Rechenbuche von 1483, hier wenigstens für den Fall $a = 1$,[86] ferner in zwei nur handschriftlich erhaltenen Abhandlungen aus den Jahren 1455—1464, bzw. 1488,[87] dann bei CLAVIUS (*Epitome*, 1583).[88] CHUQUET (*Le Triparty*, 1484) benutzte die Fassung:[89]

$$s_n = \frac{q g_n - a}{q - 1}\,.$$

84 *Algorismi tractatus*, 1540 I 264a, Bl. $\mathfrak{C}_{VI}$. — 85 Im *Algorithmus* von 1522 I 246a, Bl. B_{II}, Rückseite; nicht enthalten in einer Ausgabe von 1533. — 86 CANTOR, 2^2, S. 223. — 87 Cod. lat. Mon. 14908, ed. CURTZE, Bibl. math. 9_2, 1895, S. 113 (im Text irrtümlich $\frac{g_n}{q-1} + g_n$ gegeben; die Rechnung erfolgt aber richtig mit dem Zähler $g_n - g_1$). Vgl. ferner E. RATH, Bibl. math. 14_3, 1914, S. 246. — 88 Ausg. von 1584, S. 280, Regula I 113. — 89 *Triparty* I 12, S. 628, Z. 13—15 von unten: *Soit le derrenier nombre multiplie par le denomĩateur de la proporcion de laquelle multiplicacion soit oste le ꝑmier soit. 1. ou ault' nombre quel quil soit. Et le residu soit party par. 1. moins que nest le denoĩateur dicelle* (Es werde die letzte Zahl [g_n] mit dem Quotienten der Reihe [q] multipliziert. Von diesem Produkt werde das erste Glied [a], es sei 1 oder irgendeine andere beliebige Zahl, abgezogen. Der Rest werde geteilt durch den um 1 verminderten Quotienten derselben [Reihe]).

Während diese Summierungsart in den meisten Lehrbüchern des sechzehnten Jahrhunderts wiederkehrt, so bei A. Riese (Rechnung auff den Linien und Federn),[90] Clavius (*Epitome*, 1583),[91] Simon Jacob (Rechenbuch, 1565, Frankfurt)[92] u. a., verwendete Stifel 1544 die neue Form:[93]

$$s_n = \frac{(q\,g_n - a)\,a}{g_2 - a}\,.$$

Genau diese Regel führte auch Tartaglia im *General trattato* von 1556 an[94] und verriet damit seine Bekanntschaft mit Stifels Werk, die er an anderer Stelle zu seinen eigenen Gunsten verschwieg (siehe Binomialkoeffizienten, vgl. S. 36). Bei den meisten Beispielen rechnete Tartaglia nach der alten Formel:

$$s_n = \frac{g_n - a}{q - 1} + g_n,$$

wobei kleinere Zahlen in Anwendung kommen.[95] Beachtenswert in diesen Beispielen ist die rechnerische Gewandtheit, mit der er auch Beispiele in Brüchen[96] durchführte, die alle anderen Verfasser vorsichtig zu vermeiden suchten.

Stifel leitet das n^{te} Glied einer geometrischen Reihe durch Berechnen der einzelnen Glieder nacheinander bis zu dem verlangten hin ab.[97] Die unabhängige Darstellung des n^{ten} Gliedes lehrten Apian (1495—1562, Ingolstadt)[98] und Clavius (1583).[99]

Die Gleichungsaufgabe, die in fast keinem modernen Lehrbuche fehlt, aus der Summe von vier, eine geometrische Reihe bildenden Zahlen und aus der Summe ihrer Quadrate diese Reihe aufzustellen, ist zuerst von Cardano in einem Brief (vom 12. II. 1539) an seinen Gegner Tartaglia gestellt und von diesem in befriedigender Weise in der Antwort vom 18. II. gelöst worden.[100]

---

90 Nürnberg 1527 (1. Ausgabe Erfurt 1522) B ij v[I 267a]. — 91 Ausgabe von 1584[I 13], S. 281, Z. 20 f. — 92 Rechenbuch[II 962], Teil I, *Von der Progression*, Bl. 14ª. — 93 *Arithmetica integra*[I 14], Bl. 30 v⁰, Z. 8—19. — 94 *General trattato*[I 44], parte 2, S. 6ª. — 95 Vgl. daselbst die Aufgaben am Rand. — 96 Daselbst Bl. 6 r⁰: $a = 16$, $q = 1\frac{1}{2}$, $n = 5$; Bl. 6 v⁰: $a = 81$, $q = 1\frac{1}{3}$, $n = 5$ und $a = 27$, $q = 1\frac{2}{3}$, $n = 5$ und $a = 27$, $q = 2\frac{2}{3}$, $n = 5$. — 97 *Arithm. integr.* 1544[I 14], Bl. 30 v⁰—31 v⁰. — 98 Nach Treutlein[52], S. 62. Verf. hat in Apians Rechenbuch von 1532 diese Berechnung nicht gefunden. — 99 Ausgabe von 1584[I 13], S. 285. — 100 *Opere del famosissimo Nicolo Tartaglia*, Venedig 1906. *Quesiti et inventioni diverse*, lib. IX, Quesito, XXXII, S. 256, Z. 2—4 Brief Cardanos, S. 259—260 Antwort Tartaglias. Ähnliche Aufgaben enthält auch das 39. Kapitel der *Ars magna* (1545) von Cardano, fol. 72 f.

Die Berechnung der Anzahl der Glieder n aus dem ersten g_1 und dem letzten g_n führt STIFEL an einigen Beispielen, allerdings mehr tastend, durch;[101] man könnte in ihnen

$$\left(\frac{3}{2}\right)^x = \frac{729}{64} \quad \text{und} \quad \left(\frac{27}{8}\right)^x = \frac{2187}{128}$$

die ersten Exponentialgleichungen erkennen.

Eine systematische Durcharbeitung aller möglichen Aufgaben, in denen aus irgend drei der fünf auftretenden Größen, g_1, q, n, g_n, s_n, die übrigen zwei berechnet werden sollen, hat 1657 der englische Mathematiker WALLIS, soweit sie nicht auf höhere als quadratische Gleichungen führen, unternommen und seine Resultate am Schlusse seiner Untersuchungen zu einer übersichtlichen Tabelle vereinigt.[102]

Fast modern, auch in der Benutzung der Bezeichnungen, ist die eingehende Darstellung in JONES' *Synopsis palmariorum matheseos* von 1706.[103]

Die erste unendliche geometrische Reihe, $1+\frac{1}{4}+(\frac{1}{4})^2+(\frac{1}{4})^3+\dots$, hat ARCHIMEDES (287—212 v. Chr., Syrakus) bei Gelegenheit der Parabelquadratur[104] addiert. Die scholastische Schule, an ihrer Spitze ORESME (1322—1382, Bischof von Lisieux), war bei ihren eigenartigen funktionalen Betrachtungen mit der Theorie der unendlichen geometrischen Reihe durchaus vertraut; ORESME löst die Aufgabe, eine gegebene Strecke so in unendlich viele Teile zu zerlegen, daß diese in geometrischer Proportion mit vorgeschriebenem Verhältnis kleiner werden (*per partes continue proportionales*), so die Strecke 64 in die Teile 48, 12, 3, $\frac{3}{4}$ . . . . Rechnungsvorschriften werden nicht angegeben; es ist auch nicht bekannt, woher diese Wissenschaft stammt.[105] STIFEL (1544, *Arithmetica integra*)[106] betrachtet die fallende Reihe $1\frac{1}{2} + 1 + \frac{2}{3} + \frac{4}{9} + \frac{8}{27} + \frac{16}{81}$, summiert sie für endliche Gliederzahl, sagt dann aber, sie schreite *semper continue* fort, man könne nicht von einem *terminus minimus* sprechen. Eine allgemeine Formel für $q < 1$ ist erst durch VIETA (1540—1603,

101 E. HOPPE, *Stifels handschriftl. Nachlaß*$^{\text{II}\,114}$, S. 420. — 102 *Opera* $1^{\text{II}\,430}$, cap. 31, 33, 34. — 103 Cap. IX, S. 198 ff.$^{\text{II}\,57}$. — 104 ARCHIMEDES, *Τετραγωνισμὸς παραβολῆς*, Satz XXIII und XXIV; ed. HEIBERG$^{\text{I}\,7}$, 2^2, S. 309—315; NIZZE, 24—25. — 105 H. WIELEITNER, Bibl. math. 14_3, 1914, S. 232—233. Ebenda S. 153—154 berichtet derselbe über die Darstellung des portugiesischen Scholastikers ALVARUS THOMAS in seinem *Liber de triplici motu* (Paris 1509). — 106 E. HOPPE, *Nachlaß*, S. 420$^{\text{II}\,114}$.

Paris) aufgestellt worden. Bei Betrachtung solcher unendlichen, fallenden Reihen gibt dieser 1593 der Summationsformel die Gestalt:

$$q = \frac{s_n - g_1}{s_n - g_n}$$

und setzt im Grenzübergange zu s_∞ $g_n = 0$.[107] Daraus ist unsere Formel:

$$s_\infty = \frac{g_1}{1 - q}$$

abzuleiten. In der Propositionsform:

$$(g_1 - g_1 q) : g_1 q = g_1 : (s_\infty - g_1)$$

erscheint dann dieselbe Regel noch einmal gefunden bei Fermat (1601—1665, Toulouse).[108] Wir treffen sie bei Tacquet (1656)[109] in der Umordnung:

$$s_\infty = \frac{g_1}{\frac{1}{q} - 1} + g_1 .$$

Schwenter (1585—1626, Altdorf) betrachtete in seinen Erquickstunden[110] die unendliche Reihe $1 + \frac{1}{2} + \frac{1}{4} + \ldots$ und stellt fest, daß sie trotz ihrer unendlichen Ausdehnung nie 2 erreiche, welchs dann eine sonderbare liebliche Betrachtung.

In den Leitfäden des achtzehnten Jahrhunderts tritt die Summierung der unendlichen geometrischen Reihe selten auf, so 1793 bei J. E. Hildebrand.[111] Erst im neunzehnten Jahrhundert wird sie Elementarstoff (Tellkampf, 1829).[112]

c) Die arithmetischen Reihen höherer Ordnung.

Die S. 5 erwähnten babylonischen Beobachtungsreihen, die neuerdings auf Keilschrifttäfelchen aus dem Ende des zweiten Jahrhunderts v. Chr. entziffert wurden, haben zuweilen verwickelteren Zusammenhang zwischen den einzelnen Zahlen; bei einer gewissen Reihe ist z. B. nicht die Differenz konstant, sondern die Differenzen der aufeinander folgenden Glieder bilden selbst wieder eine arithmetische Reihe.[113] Die betreffende Reihe kann nicht durch reine Beobachtung

107 *Variorum de rebus mathematicis responsorum lib. VIII*[II 849], cap. XVII, Bl. 29 r°. — 108 *Proportionis geometricae in quadrandis infinitis parabolis et hyperbolis usus.* Fermat, *Varia opera*, 1679[I 553], S. 44, Z. 11—18 v. u. — 109 *Arithmeticae theoria et praxis*[I 270a], V, 5 publ., 7. Ausg. 1665, S. 359 f. — 110 Nürnberg 1636, I, Aufg. 85[V 649]. — 111 *Lehrb.*[III 91], Kap. IX, § 27 ff. — 112 *Vorschule*[I 295], Kap. VI, § 138. — 113 F. X. Kugler, *Babylonische Mondrechnung*[I 80], 1900, S. 15, Kolonne B auf S. 12.

gefunden sein; dazu sind die Werte der einzelnen Glieder zu genau, bis auf Tertien, angegeben. Unsere Aufmerksamkeit erregt auch, daß sich unmittelbar neben der erwähnten Zahlenreihe die zugehörige Differenzreihe auf demselben Täfelchen findet.[114] Wir haben es hier sicherlich mit nachträglichen Interpolationen zu tun, bei denen eine gleichbleibende Differenz zur Darstellung des betrachteten astronomischen Vorgangs nicht ausreichte. Mathematisch-theoretische Behandlung einer Reihe höherer Ordnung liegt ebensowenig vor wie bei der auf S. 5 angezogenen Kolumne.

Echte arithmetische Reihen zweiter Ordnung haben die Griechen in den figurierten Zahlen betrachtet, die in der Tabelle S. 7 zusammengestellt sind. Genau so wie durch Summation von Reihen erster Ordnung mit 1 als Anfangsglied die Vieleckszahlen gebildet sind ($d = 1$ die Dreieckszahlen, $d = 2$ die Viereckszahlen usw.), so werden wieder durch Summation der Vieleckszahlen neue Zahlen gebildet, die Polyedralzahlen. Im besonderen lieferte die Summe der n ersten Dreieckszahlen $s_n^{(3)}$ die n^{te} Pyramidalzahl $S_n^{(3)}$:

$$S_n^{(3)} = s_1^{(3)} + s_2^{(3)} + s_3^{(3)} + \ldots + s_n^{(3)}.$$

Ihre Werte für $n = 1$ bis $n = 7$ sind 1, 4, 10, 20, 35, 56, 84. SPEUSIPPOS (um 350 n. Chr.) soll in seiner Schrift über die Vieleckszahlen auch die Pyramidalzahlen gebracht haben; NIKOMACHOS (100 n. Chr.) erwähnt nur ihre Bildung.[115] Was bis DIOPHANT (zweite Hälfte des dritten Jahrhunderts n. Chr.) geleistet war, was DIOPHANT selbst in dem verloren gegangenen Schluß seiner Schrift von den Polygonalzahlen über die Pyramidalzahlen gefunden hat, ist uns unbekannt. An DIOPHANT aber, oder eine frühere Quelle, lehnt sich ein späterer Mathematiker, der römische Feldmesser EPAPHRODITUS (drittes Jahrh. n. Chr.), an.[116] Die auf S. 9 gegebene allgemeine Formel:

$$8(m-2)s_n^{(m)} + (m-4)^2 = [(m-2)(2n-1)+2]^2$$

war von DIOPHANT zur Berechnung von $s_n^{(m)}$ wie auch von m benutzt worden. Nach der daraus sich ergebenden Rechenregel verfährt EPAPHRODITUS bei Vieleckszahlen von $m = 3$ bis $m = 12$, ohne sie anzuführen. Hinterher beschäftigt er sich dann mit Pyramidalzahlen und rechnet nach der Formel:

$$S_n^{(m)} = \frac{m+1}{6}\left[2s_n^{(m)} + n\right].$$

[114] Daselbst Kolonne A. — [115] II, 13, ed. HOCHE[1515], S. 101. — [116] Bruchstücke einer Schrift von ihm sind in dem sogenannten *Codex Arcerianus* (sechstes Jahrh. n. Chr.)[1395] erhalten. Vgl. CANTOR, 1^3, S. 558.

Selbständig hat EPAPHRODITUS die eine wie die andere sicherlich nicht gefunden. Wo er die eine entlehnt hat, dort wird auch die andere gestanden haben. Da DIOPHANT die erstere in seiner Polygonalzahlenschrift bringt, hat man Grund anzunehmen, daß der uns nicht erhaltene Schluß dieser Abhandlung auch die zweite enthalten habe.

EPAPHRODITUS seinerseits war wiederum Vorlage zur Geometrie GERBERTS (999—1003 n. Chr.).[117]

Spuren griechischer Kenntnisse finden sich auch bei den Indern, wie ĀRYABHAṬA (geb. 476 n. Chr.) durch Berechnung der Kugelanzahl in einem dreikantigen Pyramidenhaufen verrät.[118]

Die Geschichte der Pyramidalzahlen verebbt damit. Erst im siebzehnten Jahrhundert[119] wird die Lehre der figurierten Zahlen zu weiterer Verallgemeinerung gebracht. JOH. FAULHABER (1580 bis 1635, Ulm) geht 1615[120] über die Pyramidalzahlen hinaus und bildet durch fortgesetzte Summationen die entsprechenden Reihen höherer Ordnung; er findet sogar das allgemeine Multiplikationsgesetz ihrer Bildung:[121]

$$\frac{x(x+1)}{2} \quad \text{(Trigonalzahlen)},$$

$$\frac{x(x+1)(x+2)}{1\cdot 2\cdot 3} \quad \text{(Pyramidalzahlen)},$$

$$\frac{x(x+1)(x+2)(x+3)}{1\cdot 2\cdot 3\cdot 4}$$

usw.,

das er auch in der ausgerechneten Form schreibt:

$$\frac{x^2+x^2}{2}, \quad \frac{x^3+3x^2+2x}{6}, \quad \frac{x^4+6x^3+11x^2+6x}{24} \quad \text{usw.}$$

OUGHTRED (1631, *Clavis mathematicae*)[122] weist schon auf die Übereinstimmung der Binomialkoeffizienten mit den figurierten Zahlen hin.

PASCAL (1623—1662) nimmt das Thema auch vor und deckt den Zusammenhang der allgemeinen figurierten Zahlen mit den Binomialkoeffizienten und den Kombinationszahlen vollständig auf.[123]

117 CANTOR 1^3, 865. — 118 L. RODET, S. 401, Nr. XXI a, S. 423[183]. — 119 Nur gelegentlich werden die Pyramidalzahlen erwähnt, so von STIFEL (1544, *Arithmetica integra*[119], Bl. 24 r⁰). — 120 *Mysterium arithmeticum*, s. l., 1615. — 21 Daselbst Bl. B_1 v⁰. — 122 Cap. XVIII, § 16, S. 48[1476a]. — 123 *Traité du triangle arithmétique; traité des ordres numériques*, Paris 1665. *Œuvres*, éd. BRUNSCHVICG[1583], 3, S. 466 f.

Er bezeichnet die höheren Reihen mit *Bitriangulaires, Triangulo-Pyramidaux, Bipyramidaux* usw. Den ganzen Stoff stellt dann JAKOB BERNOULLI I (1654—1705, Basel) in seiner *Ars conjectandi,*[124] die 1713 — nach seinem Tode — erschien, zusammen.

Der eigentliche Begriff der arithmetischen Reihen höherer Ordnung ist bis zum sechzehnten Jahrhundert hin unbekannt. Im Rechenbuch des SIMON JACOB (1565, Frankfurt a. M.) wird gelegentlich die Reihe $1 + 2 + 4 + 7 + 11 + 16 + 22 + 29$, d. i. die Reihe der um 1 vermehrten Dreieckszahlen, nach der Formel:

$$s_n = \tfrac{1}{3}(n + 1)(1 + 2 + 3 + 4 + 5 + 6 + 7) + n\,a$$

addiert und dabei die Klammer als „Summe der Differenzen" bezeichnet.[125] Ist bei JACOB durch diese Andeutung der Weg erkennbar, auf dem ihm eine Summation gelang, so fehlt uns jede Erläuterung zu den algebraischen Formeln, die JOHANN FAULHABER (1580—1635; Kriegsbaumeister und Lehrer der Mathematik in Ulm) für die ersten 17 Potenzsummen:[126]

$$1^m + 2^m + 3^m + 4^m + \ldots (m = 1, 2, \ldots 17)$$

aufstellte. Bei den Reihen der Quadrate, Kuben und Biquadrate hat FAULHABER wohl Differenzen gebildet; die Formeln der höheren Potenzen scheinen aber nur durch Induktion gefunden zu sein. Noch weniger wissen wir von den Untersuchungen FERMATS (1601—1665), die dasselbe Thema zum Gegenstand hatten. In einem Briefe vom 16. XII. 1636 berichtete FERMAT (an ROBERVAL),[127] daß er eine Methode zur Summierung beliebiger Potenzen der ganzen Zahlen gefunden habe, teilte seine Lösung für $m = 4$ mit und versprach, in einer späteren Mitteilung seine Ableitung auseinanderzusetzen. Die Ausführung dieser Zusage ist aber nirgends in FERMATS Schriften zu finden. Seiner eigenen Angabe nach hat er Vorarbeiten nicht gekannt. LEIBNIZ griff später dasselbe Thema auf; es ist nachgewiesen,[128] daß er 1678 im Besitz der Formeln für $m = 1$ bis 5 war. Ihren Namen tragen die Formeln nach NEWTON, der

124 Herausgeg. durch NICOLAUS I BERNOULLI, Basel 1713, Pars II, cap. 3, S. 86 f. — 125 Bl. 13 v[0 II 96 2]. — 126 Die Potenzsummen bis Σn^7 in Newer Arithmetischer Wegweyser zu der hochnützlichen freyen Rechenkunst, Ulm 1614; Σn^8 bis Σn^{12} in der *Continuatio* Seiner neuen Wunderkünsten publicirt durch Conradum Holtzhalbium, Nürnberg 1617; Σn^{13} bis Σn^{17} in der *Academia algebrae*, Ulm 1631. — 127 *Varia opera Petri de Fermat*[I 553], 1679, S. 148, Z. 8 v. u. ff. *Œuvres de Fermat*, éd. TANNERY et HENRY, 2[I 553], Paris 1894, S. 92. Vgl. auch einen Brief vom 4. XI. 1636, G. ENESTRÖM, Bibl. math. 14_3, 1914, S. 266. — 128 D. MAHNKE, Bibl. math. 13_3, 1912—1913, S. 38.

sie 1681 in seinen Vorlesungen mitteilte (veröffentlicht 1707 in der *Arithmetica universalis* I 332);[129] die allgemeine Summierung vollzog 1713 in moderner Form zuerst JACOB BERNOULLI I (1654—1705, Basel).[130] Nach Angabe der Anfangswerte:

$$s_n^{(1)} = \frac{n^2}{2} + \frac{n}{2},$$

$$s_n^{(2)} = \frac{n^3}{3} + \frac{n^2}{2} + \frac{n}{6},$$

$$s_n^{(3)} = \frac{n^4}{4} + \frac{n^3}{2} + \frac{3\,n^2}{12},$$

$$s_n^{(4)} = \frac{n^5}{5} + \frac{n^4}{2} + \frac{2\,n^3}{6} - \frac{n}{30}$$

ging BERNOULLI I zu dem allgemeinen Falle über und setzte:

$$s_n^{(m)} = \frac{n^{m+1}}{m+1} + \frac{n^m}{2} + \frac{1}{2}\,m_1\,B_1\,n^{m-1} - \frac{1}{4}\,m_3\,B_3\,n^{m-3} + \frac{1}{6}\,m_5\,B_5\,n^{m-5}\ldots,$$

wo die m_1 die Binomialkoeffizienten und die B_1 gewisse Größen sind, die von EULER „BERNOULLIsche Zahlen" genannt wurden.[131] Die ersten acht BERNOULLIschen Zahlen stehen schon in der *Academia Algebrae* (Ulm 1631) von J. FAULHABER (vgl. oben S. 22). Die ältere Geschichte für $m = 2, 3, 4$ vgl. S. 27 f.

Differenzenbildung war den Mathematikern des sechzehnten Jahrhunderts nichts Neues mehr. Wir sahen schon in den ältesten trigonometrischen Tafeln (PTOLEMÄUS) die ersten Differenzreihen gebildet, durch deren allmähliches Wachsen sicherlich eine Art Prüfung der berechneten Tabellengrößen vorgenommen wurde. Bei der Neuberechnung der trigonometrischen Tafeln durch die Araber wurden zuweilen auch die zweiten Differenzen benutzt; ALBĪRŪNĪ († 1048; Bagdad) verfährt in seinem *Qānūn Mas'ūdī* bei den Sinus- und Tangenstafeln nach der Vorschrift:

$$f(x) = f(x_0) + \Delta x(\Delta x \cdot \Delta x_2 + \Delta_1),$$

wenn er mit Hilfe der ersten Differenz Δ_1 und der zweiten Δ_2 Zwischenwerte einschalten will.[132] (Vgl. auch die babylonischen

129 Nach MAHNKE[128], S. 38. — 130 *Ars conjectandi*[124], pars II, cap. III, S. 97. — 131 EULER, *Institutiones calculi differentialis*, Ac. Petrop. 1755 II 146, II, § 122: *Ab inventore Jacobo Bernoulli vocari solent Bernoulliani.* Vgl. auch EULER, *De summis serierum numeros Bernoullianos insolventium.* Novi comm. Ac. Petrop. 14, 1769 (1770), S. 129 ff. — 132 Nach brieflicher Mitteilung von C. SCHOY (Essen) 31. I. 1922. Bei ULŪĠ BEG und NAṢĪR EDDIN wurden keine zweiten Differenzen benutzt.

Reihenberechnungen S. 20 f.) Weiter ausgebeutet hat dieses Verfahren RHAETICUS (1514—1576) bei dem Entwurf seines Riesenkanons (vgl. Bd. V, S. 180 f.). PITISCUS (1561—1613), der die Revision dieser Tafeln übernahm (vgl. B. V, S. 183), ging infolge der größeren von ihm benutzten Stellenzahl sogar bis zu den fünften Differenzen. Man vermutet, daß dieses Differenzenverfahren besonders von BÜRGI bei Berechnung von Tafeln ausgenutzt wurde.[133] Zu einer wirklichen Interpolationsmethode gelangte H. BRIGGS (1556—1630; London, Oxford), in dessen *Trigonometria Britannica*[I 995] von 1633 wir sie kennen lernen.[134] Den gleichen Zweck, tabellarisierte Zahlenreihen durch fortgesetzte Differenzenbildung zu vervollständigen, verfolgte 1670 [135] auch GABRIEL MOUTON (1618—1694), während LEIBNIZ (1646—1716), unabhängig davon, seit 1672 [136] ähnliche Betrachtungen bei den Reihen, die durch gleich hohe Potenzen der ganzen Zahlen gebildet werden (vgl. oben),

$$1^m + 2^m + 3^m + \ldots + n^m$$

anstellte;[137] die sich ihm hierbei ergebende Regelmäßigkeit in der m^{ten} Differenzenreihe ließ ihn aus den ersten Gliedern der einzelnen Differenzenreihen eine Berechnung des allgemeinen Gliedes der Hauptreihe vornehmen. Diese Bestimmung führt er an dem Beispiel der Kubikzahlenreihe durch. Die ersten Größen 0, 1, 6, 6 der Reihen:

$$\begin{array}{ccccccccccccc}
0 & & 1 & & 8 & & 27 & & 64 & & 125 & & 216 \\
& 1 & & 7 & & 19 & & 37 & & 61 & & 91 & \\
& & 6 & & 12 & & 18 & & 24 & & 30 & & \\
& & & 6 & & 6 & & 6 & & 6 & & & \\
& & & & 0 & & 0 & & 0 & & & &
\end{array}$$

nennt er *generatrices*; mit ihrer Hilfe bildet er:

$$\begin{aligned}
0^3 &= 0 \cdot \mathit{1} \\
1^3 &= 0 \cdot \mathit{1} + 1 \cdot \mathit{1} \\
2^3 &= 0 \cdot \mathit{1} + 1 \cdot \mathit{2} + 6 \cdot \mathit{1} \\
3^3 &= 0 \cdot \mathit{1} + 1 \cdot \mathit{3} + 6 \cdot \mathit{3} + 6 \cdot \mathit{1} \\
& \ldots,
\end{aligned}$$

133 VON BRAUNMÜHL, *Vorlesungen* I[II 935], S. 204—205, 210. — 134 Vgl. M. KOPPE, *Die Behandlung der Logarithmen und des Sinus im Unterricht*[II 983a], S. 30 ff.; vgl. G. ENESTRÖM, Bibl. math. 2_3, 1901, S. 86. — 135 In einem Buche: *Observationes diametrorum solis et lunae apparentium*[I 236], vgl. CANTOR, 3^2, S. 76—77. 136 Vgl. D. MAHNKE, Bibl. math. 13_3, 1913—1914, S. 35. — 137 Brief an OLDENBURG vom 3. II. 1673, *Commercium epistolicum*[II 128], S. 86—91; LEIBNIZ' Werke, ed. GERHARDT, 3. Folge, 1[II 175], Berlin 1849, S. 27 ff. Vgl. CANTOR, 3^2, S. 76—78.

wobei er die schräg gedruckten Zahlen als Binomialkoeffizienten erkannte. Er versichert, auch im allgemeinen Fall die Durchführung gefunden zu haben, so daß ihm die Kenntnis von

$$n^3 = 0 \cdot 1 + 1 \cdot n + 6 \cdot \frac{n(n-1)}{2} + 6 \cdot \frac{n(n-1)(n-2)}{2 \cdot 3},$$

also die Bestimmung des n^{ten} Gliedes einer arithmetischen Reihe dritter Ordnung, zuzuschreiben ist. Die einfache Tatsache, daß bei den Kubikzahlen die dritte Differenzenreihe konstant ist, hatte übrigens mehrere Jahrzehnte vorher schon (1619) M. Bernegger bemerkt.[138] Die Untersuchungen Leibniz' nahm Th. F. de Lagny (1660—1734, Paris) auf.[139] Neben dem von Leibniz entlehnten Ausdruck *générateur* treffen wir bei ihm die uns heute so geläufig gewordene Bezeichnung „Arithmetische Reihen höherer Ordnung" zum erstenmal an. de Lagny zeigt im Verlauf seiner Abhandlung, daß nicht nur die Reihen der Quadrat- und Kubikzahlen, überhaupt der n^{ten} Potenzen derartige Reihen sind, sondern auch der Ausdruck:

$$a_m x^m + a_{m-1} x^{m-1} + \ldots + a_1 x$$

solche liefere, wenn man für x die Zahlen 1, 2, 3 ... der Reihe nach einsetze.[140]

Endgültige Berechnungsformeln werden nicht von ihm gegeben, wenn er auch darlegt, wie man das allgemeine Glied einer Reihe höherer Ordnung finden kann. Die allgemeine Formel für das n^{te} Glied ist unter dem Namen der Newtonschen Interpolationsformel bekannt, die Newton in seinen *Principia* von 1687 angibt[141] und im *Methodus differentialis* (London, 1711 durch W. Jones herausgegeben) ausführlicher auseinandersetzt.[142] Ihre heutige Gestalt nahm sie (1713) in der *Ars conjectandi* Jacob Bernoullis I (1654—1705, Basel) an.[143]

Die Summation der allgemeinen Reihe ist zuerst durch F. C. Maier (1728) geleistet worden.[144]

In der Geschichte der allgemeinen arithmetischen Reihe höherer Ordnung hatten wir im vorstehenden nur das spätere Mittel-

[138] Im *Manuale mathematicum*, Straßburg 1619; nach Kästner, *Anfangsgründe*[I 259a], III, 1, S. 32—33. — [139] Hist. Mém. math. phys. Ac. sc. Paris 1722 (1724), S. 264—320, de Lagny, *Des progressions arithmétiques de tous les degrés à l'infini.* — [140] Daselbst S. 270ff. — [141] *Philosophiae natur. principia mathem.*[II 694], lib. III, lemma 5. — [142] *Opuscula Newtoni*, 1744[II 229], 1, S. 273ff. Vgl. Cantor 3², S. 375. — [143] *Ars conjectandi*[124], Pars secunda, cap. III, S. 98—99. — [144] Comm. Ac. Petrop. 3, 1728 (1732), S. 28—53, *De arithmetica figurata ejusque usibus aliquot.*

alter und die Neuzeit zu berücksichtigen; für besondere Fälle konnte aber bereits das Altertum eine Addition ausführen. Als ältestes Beispiel stellt sich uns die Reihe der Quadratzahlen dar. Ihre Summation erledigte ARCHIMEDES (287—212 v. Chr., Syrakus), indem er die Beziehung:

$$3[a^2+(2a)^2+(3a)^2+\ldots+(na)^2]=(n+1)(na)^2+a(a+2a+3a+\ldots+na)$$

in Form eines geometrischen Lehrsatzes ableitete.[145] NIKOMACHOS VON GERASA (um 100 n. Chr.) weiß, daß die Differenzen der Quadratzahlen die Reihe der ungeraden Zahlen geben.[146]

Hier dürften alte Kenntnisse der Pythagoreischen Schule vorliegen. Der kurze Ausdruck:

$$1^2+2^2+3^2+\ldots+n^2=\tfrac{1}{6}n(n+1)(2n+1)$$

muß spätestens zur Zeit der Abfassung der Einzelabhandlungen des *Codex Arcerianus* (fünftes bis siebentes Jahrh. n. Chr.) bekannt gewesen sein, da seine Kenntnis zur Ableitung anderer dort gegebener Formeln benutzt wird.[147] Die Summierung der Quadratzahlen kannten ferner die Inder, so ĀRYABHAṬA (geb. 476 n. Chr.),[148] und die Araber;[149] sie wird angeführt von LEONARDO VON PISA (*Liber abaci* 1228)[150] und allen besseren mittelalterlichen Autoren. Der Araber ALḤAṢṢĀR (zwölftes Jahrh.) gab auch die Summe der Quadrate der geraden wie der ungeraden Zahlen[151] allgemein an:

$$2^2+4^2+6^2+\ldots+(2n)^2 = \frac{2n(n+1)(2n+1)}{2},$$

$$1^2+3^2+5^2+\ldots+(2n+1)^2=\frac{(2n+1)(2n+2)(2n+3)}{6}.$$

LEONARDO (*Liber quadratorum* 1225) vollzieht die Addition der Quadrate der ungeraden wie der geraden Zahlen nach derselben Vorschrift, geht aber dadurch weiter, daß er auch die Quadrate der durch 3 und 4 teilbaren Zahlen aufstellt.[152] Die nämlichen Vorschriften finden sich wieder in TARTAGLIAS *General trattato* (1556 bis 1560).[153]

---

145 *Περὶ ἑλίκων*, X, ed. HEIBERG, 2^2, S. 30 ff., NIZZE, S. 125—128. — 146 II 19, ed. HOCHE[I 515], S. 115. — 147 CANTOR, 1^3, S. 558—559. — 148 RODET[I 83], S. 401, Nr. XXIIb, S. 424; COLEBROOKE[I 85], S. 52, 293. — 149 IBN ALHAITAM (965—1039, Kairo), vgl. H. SUTER, Bibl. math. 12_3, 1911—1912, S. 291—294; ALKARḪĪ (um 1010 n. Chr., Bagdad), *Fakhrî*, ed. WOEPCKE[II 302], S. 60—61. — 150 LEONARDO PISANO I, S. 167—168[I 17], unterer Abschnitt. — 151 Übers. von H. SUTER, Bibl. math. 2_3, 1901, S. 33. — 152 LEONARDO PISANO II, S. 263 u. 264[I 489]. — 153 Parte II[144], Bl. 7 r⁰ und 7 v⁰.

Die Bildung der Kubikzahlen durch Addition aufeinander folgender ungerader Zahlen:

$$\begin{aligned} 1^3 &= 1, \\ 2^3 &= 3 + 5, \\ 3^3 &= 7 + 9 + 11, \\ 4^3 &= 13 + 15 + 17 + 19, \\ &\ldots\ldots\ldots \end{aligned}$$

ist bereits von NIKOMACHOS VON GERASA (um 100 n. Chr.) vorgenommen worden,[154] in fast wörtlicher Übersetzung dann bei BOËTIUS (480—524).[155] Einen Beweis lieferte erst 1575 MAUROLICO.[156] Die Summation der Kubikzahlen nehmen beide nicht vor, sie findet sich zum erstenmal im Abendlande in dem eben erwähnten *Codex Arcerianus* (S. 27)[157] für das Beispiel:

$$1^3 + 2^3 + \ldots + 10^3 = \left(\frac{10 \cdot 11}{2}\right)^2$$

ausgeführt. Daß ältere griechische Quellen vorhanden sein müssen, schließt man daraus, daß der indische Astronom ĀRYABHAṬA (geb. 476 n. Chr.), der nachweislich aus griechischer Wissenschaft schöpfte, diese Beziehung schon kennt.[158] Die allgemeine Formel würde lauten:

$$1^3 + 2^3 + \ldots + n^3 = \left(\frac{n(n+1)}{2}\right)^2.$$

Der unbekannte Entdecker dieser Beziehung ist entweder von dem Satze des NIKOMACHOS ausgegangen oder er hat induktiv die Beobachtung, daß:

$$\begin{aligned} 1^3 + 2^3 &= 9 = 3^2, \\ 1^3 + 2^3 + 3^3 &= 36 = 6^2, \\ 1^3 + 2^3 + 3^3 + 4^3 &= 100 = 10^2, \\ 1^3 + 2^3 + 3^3 + 4^3 + 5^3 &= 225 = 15^2, \\ &\ldots\ldots\ldots \end{aligned}$$

ist, mit der Kenntnis verbunden, daß 3, 6, 10, 15, ... die Dreieckszahlen, die man durch $\frac{1}{2}n(n+1)$ schon darstellen konnte, liefern.[159]

---

[154] II, cap. XX, 5, ed. HOCHE[1515], S. 119, Z. 12—18. — [155] Ed. FRIEDLEIN[1820], S. 136. — [156] *Arithmeticorum libri duo*, Venetiis 1575[225], prop. 62; P. TANNERY, Bibl. math. 3_3, 1902, S. 257; vgl. zur späteren Geschichte BONCOMPAGNI, Bull. bibl. storia mat. 8, 1875, S. 51—62. — [157] CANTOR, 1_3, S. 558—559. — [158] L. RODET[188], S. 401, XXIIb, S. 424. — [159] G. ENESTRÖM, Bibl. math. 3_3, 1902, S. 239.

Wiederum findet sich bei den späteren Indern[160] und den Arabern[161] derselbe Satz. Die Araber machten weiterhin auch eigene Fortschritte; ABŪ ZAKARĪJJĀ ALḤAṢṢĀR (zwölftes Jahrh. n. Chr.) nimmt z. B. noch die Summation der Kuben der ungeraden Zahlen vor:[162]

$$1^3 + 3^3 + 5^3 + \ldots + (2n + 1)^3 = (n + 1)^2[2(n + 1)^2 - 1].$$

In abendländischen Schriften ist die Summierung der Kubikzahlen selten und nicht vor der *Summa* (1494) des LUCA PACIOLI[163] nachzuweisen. Auch in STIFELS *Arithmetica integra* (1544) wird sie vorgerechnet[164] und dadurch bekannter.

Die Summierung der vierten Potenzen gelang um 1000 n. Chr. dem Araber IBN ALHAIṮAM (965—1039, Kairo)[165] in einer Abhandlung über die Ausmessung des Paraboloids durch

$$1^4 + 2^4 + 3^4 + \ldots + n^4 = \frac{n(n + 1)(2n + 1)(3n^2 + 3n - 1)}{2 \cdot 3 \cdot 5}.$$

Selbständig vollzog auch ĠIJĀṮ EDDĪN ALKĀŠĪ (erste Hälfte des fünfzehnten Jahrh., Samarkand) die Summation, kam aber zu der viel weniger übersichtlichen Beziehung:[166]

$$1^4 + 2^4 + 3^4 + \ldots + n^4 =$$
$$\left[\frac{(1+2+3+\ldots+n)-1}{5} + (1+2+3+\ldots+n)\right]\left[1^2+2^2+3^2+\ldots+n^2\right],$$

die er nicht weiter zu vereinfachen imstande war.

Über die Addition der fünften bis siebzehnten Potenzen der aufsteigenden ganzen Zahlen vgl. die geschichtlichen Bemerkungen S. 22 f. über FAULHABER und FERMAT.

Um die Einführung der arithmetischen Reihen höherer Ordnung in den Lehrstoff der höheren Schule hat sich TELLKAMPF durch sein vorzügliches Lehrbuch, *Vorschule der Mathematik* (Berlin 1829)[I 295], besondere Verdienste erworben.

d) Die höheren Reihen.

Der Begriff der Reihe war, so erkannten wir in den vorhergehenden Kapiteln, bereits im griechischen Altertum entwickelt;

160 BRAHMAGUPTA, *Gaṇita*, ch. XII, Sect. III, 20; ed. COLEBROOKE[I 85], S. 293—294; BHĀSKARA, *Līlāvatī*, ch. V, Sect. I, 118, ed. COLEBROOKE[I 85], S. 52. — 161 IBN ALHAIṮAM (965—1039, Kairo) vgl. H. SUTER, Bibl. math. 12_3, 1911—1912, S. 324. ALKARḪĪ (um 1010; Bagdad), *Fakhri*[II 302], S. 61—62; ABŪ ZAKARIJJĀ, H. SUTER, Bibl. math. 2_3, 1901, S. 33. — 162 H. SUTER, Bibl. math. 2_3, 1901, S. 33. — 163 *Summa*, 1494[I 11], I, S. 44ª, Z. 29 ff. — 164 Bl. 306 v⁰ f.[I 14]. — 165 H. SUTER, Bibl. math. 12_3, 1911—1912, S. 325. — 166 F. WOEPCKE, *Passages relatifs à des sommations de la série des cubes*, Rome 1864, S. 25—26.

hatten doch die Altpythagoreer (sechstes Jahrh. v. Chr.) in ἔκϑεσις oder ὅρος sogar schon Fachausdrücke für unsere Bezeichnungen „Reihe“ und „Glied einer Reihe“. Wir sahen (S. 19), daß Archimedes (287—212 v. Chr.) die erste Summation einer unendlichen geometrischen Reihe vollzog; hinzuzufügen ist, daß auch die Exhaustionsmethode der griechischen Mathematiker (vgl. Bd. IV, S. 199, 234), die Archimedes so meisterhaft zu verwenden verstand, im Grunde genommen auf Reihenbetrachtungen hinauskam, indem sie das Unendlichgroße in der unbegrenzt aufsteigenden Anzahl der angenommenen Polygone, das Unendlichkleine in den immer geringer werdenden Zuwächsen der berechneten Flächenstücke ihren Betrachtungen unterlegte.

Erst das siebzehnte Jahrhundert unserer Zeitrechnung brachte auf dem schwierigen Gebiete, das Archimedes zu bearbeiten begonnen hatte, fortschreitende Leistungen, aus denen dann allmählich die moderne Infinitesimalrechnung emporwuchs. Diese fundamentalen Arbeiten sind die Doliometrie Keplers[167] von 1615 und die Indivisibilien Cavalieris von 1635.[168] Die in ihnen entwickelten Methoden stellen den Keim der Integralrechnung dar; auf einige Resultate ihrer Berechnungen haben wir in der Geschichte der Stereometrie einzugehen.

Nach und nach hoben sich aus diesen Unendlichkeitsbetrachtungen als besonderes Gebiet die Untersuchungen reiner unendlicher Reihen heraus, die in späterer Zeit zu einer eigenen Theorie vereinigt wurden.

Die Anfänge infinitesimaler Rechnungen waren mit der Quadratur des Kreises verbunden, demselben Thema, das auch Archimedes zu seinen Arbeiten angeregt hatte. Um Wiederholungen aus der Geschichte der Kreisberechnung zu vermeiden (vgl. Bd. IV, S. 216, 222 ff.), sei nur kurz das unendliche Produkt Vietas (1593) erwähnt:

$$\frac{2}{\pi} = \sqrt{\tfrac{1}{2}}\sqrt{\tfrac{1}{2}+\tfrac{1}{2}\sqrt{\tfrac{1}{2}}}\sqrt{\tfrac{1}{2}+\tfrac{1}{2}\sqrt{\tfrac{1}{2}+\tfrac{1}{2}\sqrt{\tfrac{1}{2}}}}\cdots$$

und der unendliche Bruch des englischen Mathematikers Wallis (1655):

$$\frac{4}{\pi} = \frac{3\cdot 3\cdot 5\cdot 5\cdot 7\cdot 7\cdot 9\cdot 9\cdot 11\cdot 11\cdot 13\cdot 13\ldots}{2\cdot 4\cdot 4\cdot 6\cdot 6\cdot 8\cdot 8\cdot 10\cdot 10\cdot 12\cdot 12\cdot 14\cdot 14},$$

167 *Stereometria doliorum*, Linz 1615 [II 329], ein deutscher Auszug [I 783] erschien 1616. *Opera Kepleri*, ed. Frisch [I 171], IV, S. 551—646. — 168 *Geometria indivisibilibus continuorum nova quadam ratione promota*, Bologna 1635; verbesserte Auflage, 1653 [II 330]. — 169 Abgedruckt in Huygens' Werken *Opera varia*, Lugd. Bat. 1724, II, S. 407—462 [IV 1441].

der durch Lord BROUNKER sofort in den Kettenbruch:

$$\frac{4}{\pi} = 1 + \cfrac{1}{2 + \cfrac{9}{2 + \cfrac{25}{2 + \cfrac{36}{2 + \cdots}}}}$$

aufgelöst wurde.

Der Berechnung der Kreislinie war auch ein Werk des englischen Schriftstellers JAMES GREGORY (1638—1675, Edinburg), *Vera circuli et hyperbolae quadratura* (Padua, 1667)[169] gewidmet, in dem das geometrische Verfahren des ARCHIMEDES in scharfsinniger Weise verfeinert wurde. Diese Schrift muß hier in der Reihenlehre Erwähnung finden, da in ihr der Begriff einer unendlichen Reihe, deren Wert sich bei immer weiter geführter Summation einer bestimmten Grenze nähert, so deutlich erfaßt wird wie noch nie zuvor. GREGORY sprach sogar von einer *Series polygonorum convergens, cuius determinatio est circulus*[170] (konvergierende Reihe von Polygonen, deren Grenze der Kreis ist) und fügte hiermit dem mathematischen Sprachschatz das Wort konvergent ein, das nicht wieder verschwinden sollte.

In dieser kurzen Skizze ist eine Nebenlinie in der Entwicklung der Reihenlehre, die aber bald wieder erlosch, nicht beachtet. In einem eigenartigen geometrisch-mechanischen Gewande behandelten die Scholastiker des christlichen Mittelalters unendliche Reihen. Es werden Längen von Strecken berechnet, die durch Bewegung eines Punktes nach bestimmten Zeitgesetzen entstehen. Bei der geometrischen Reihe (vgl. S. 19) konnte hingewiesen werden auf die Summation von

$$1 + x + x^2 + x^3 + \ldots, \qquad x < 1,$$

die ORESME († 1382) durch Einschaltung von unendlich vielen Punkten zwischen zwei gegebenen Grenzen leistete, wenn er vorschrieb, daß diese Strecke in unendlich viele, nach geometrischer Progression fallende Teile zerlegt wird. An anderer Stelle ist ebenso die Summation der Reihe:

$$1 + 2x + 3x^2 + 4x^3 + \ldots \qquad x < 1$$

herauszulesen.[171] Solche Untersuchungen führte der portugiesische Scholastiker ALVARUS THOMAS (aus Lissabon) in einem 1509, Paris,

170 Daselbst in der Vorrede, S. 407, vorletzte Zeile. — 171 H. WIELEITNER, Bibl. math. 14_3, 1914, S. 167, 232 Anm.

erschienenen Buche *De triplici motu proportionibus annexis* weiter, kombinierte die Reihen des ORESME miteinander und fand viele neue Reihen, deren Summen er bestimmen konnte, so:

$$1 + \frac{3}{2}x + \frac{5}{4}x^2 + \frac{9}{8}x^3 + \ldots,$$

$$1 + \frac{4}{5}x + \frac{7}{6}x^2 + \frac{13}{12}x^3 + \ldots.$$

Unter ihnen fallen uns zwei Reihen auf:

$$1 + \frac{2}{1}\,\frac{1}{2} + \frac{3}{2}\,\frac{1}{2^2} + \frac{4}{3}\,\frac{1}{2^3} + \ldots,$$

$$1 + \frac{2}{1}\,\frac{2}{3} + \frac{3}{2}\,\frac{2^2}{3^2} + \frac{4}{3}\,\frac{2^3}{3^3} + \ldots.$$

Wir erkennen in ihnen heute logarithmische Reihen mit den Endsummen $2 + l\,2$, bzw. $3 + l\,\frac{3}{2}$; ihr Auftreten bei THOMAS ist natürlich rein zufällig. Er vermag ihren Summenwert auch nur in Grenzen zu schließen; die erstere liege zwischen 2 und 4, die letztere zwischen 3 und 9. Konvergenzbetrachtungen kommen nicht vor.[172]

Kehren wir zur Mitte des siebzehnten Jahrhunderts zurück. 1650 erschien ein Buch, das leider bald unverdienter Vergessenheit anheimfiel: *Novae quadraturae arithmeticae seu de additione fractionum,* von PIETRO MENGOLI (1626—1686, Bologna); es enthält wichtige Sätze aus der Reihentheorie, die man bisher erst für viel spätere Zeit in Anspruch nahm.[173] MENGOLI wird durch das Studium der Archimedischen Schrift über die Quadratur der Parabel veranlaßt zu untersuchen, ob jede ins Unendliche abnehmende Reihe eine endliche Summe habe. Neu ist bei ihm der Nachweis, daß die harmonische Reihe $\frac{1}{2} + \frac{1}{3} + \frac{1}{4} + \ldots$ divergent ist; seine Herleitung ist besser als die von JAKOB BERNOULLI I (1689).[174] Ferner behandelt MENGOLI die Summation der Reihen der reziproken Dreieckszahlen, die man bisher HUYGENS und LEIBNIZ[175] zuschrieb und die sonst in einer Druckschrift erst 1689, durch JAKOB BERNOULLI I, behandelt wurden.[176]

Auch mit der Summation der Reihe der reziproken Quadratzahlen beschäftigt er sich, allerdings vergeblich, lange vor STIRLING (1730),[177] der den Wert ihrer Summe auf acht Stellen genau gab,

172 Daselbst S. 150 ff. — 173 G. ENESTRÖM, Bibl. math. 12_3, 1911—12, S. 135 ff. — 174 *Positiones arithmeticae de seriebus infinitis earumque summa finita* I, prop. 16; *Ars conjectandi*[124], 1713, Anhang, S. 251; *Opera* I, 1744[III 54], S. 393 bis 394. — 175 *Mathem. Schriften*, herausg. v. C. J. GERHARDT 5, Halle 1858, S. 404—405; 7, Halle 1863, S. 176—177. — 176 *Positiones arithmeticae* I, 15[174]. 177 *Methodus differentialis*, London 1730, S. 28.

während EULER den geschlossenen Ausdruck $\frac{\pi^2}{6}$ erst 1736 fand.[178]

Die letzte Hälfte des siebenten Jahrzehnts im siebzehnten Jahrhundert ist für die Geschichte der älteren Reihentheorie ein hochwichtiger Zeitabschnitt. 1667 erschien J. GREGORYS oben erwähntes Werk; aus dem Jahre 1668 sind nicht weniger als vier Abhandlungen zu nennen. Die erste[179] hat Lord BROUNKER (um 1620—1684, erster Präsident der Royal Society) zum Verfasser; sie enthielt die Ableitung der Reihe:

$$\frac{1}{1\cdot 2}+\frac{1}{3\cdot 4}+\frac{1}{5\cdot 6}+\ldots,$$

die den Flächenraum zwischen der Hyperbel $xy = 1$, ihren Asymptoten und den Ordinaten $x = 1$ und $x = 2$ darstellt. Sogar die Konvergenz dieser Reihe wurde untersucht, ohne daß BROUNKER freilich sich der Wichtigkeit und Unerläßlichkeit solcher Untersuchungen bewußt war. Zweitens ist auf NIK. MERCATORS (1620—1687; Paris, London) *Logarithmotechnia*[II 582], London 1668, zu verweisen (vgl. Bd. II, S. 217—218), die die Entdeckung der logarithmischen Reihe:

$$l(1+a) = a - \frac{a^2}{2} + \frac{a^3}{3} + \frac{a^4}{4} + \ldots$$

enthielt und damit eine völlige Umwälzung in der Berechnung logarithmischer Tafeln anbahnte. Auch hier war P. MENGOLI durch Aufstellung eigenartiger Reihen für die „natürlichen" Logarithmen (die er auch so nannte) der ganzen und gebrochenen Zahlen > 1 schon vorangegangen.[180] Die dritte Schrift (August 1768), die eine Ergänzung der *Logarithmotechnia* MERCATORS sein sollte, stammt von JOHN WALLIS (1616—1703, Oxford). Dieser stattete in ihr zunächst der Royal Society einen Bericht über die wichtige literarische Neuigkeit ab und stellte dann eine Entwicklung für $l(1-a)$ auf[II 1141]. An vierter Stelle nahm JAMES GREGORY in einer selbständig erschienenen kleinen Schrift *Exercitationes geometricae* noch einmal

178 Vgl. P. STÄCKEL, Bibl. math. 8_3, 1907—08, S. 42, 54 f. — 179 Phil. Trans. 3, 1768, 13. April, S. 645 ff.: *The squaring of the hyperbola by an infinite series of rational numbers.* Vgl. CANTOR, 3^2, S. 58 ff.; R. REIFF, *Geschichte der unendlichen Reihen*, 1889[II 1149], S. 14 ff. — 180 In dem Buche *Geometria speciosa* (Bologna 1659). Vgl. G. VACCA im *Napier tercentenary Memorial Volume* (Edinb. 1915)[II 948], S. 165—167, auch Rend. Acc. Lincei (class. sc. fis. mat. e nat.) 24_5, 1916, S. 619/20; genauer A. AGOSTINI, Periodico di mat. 2_4, 1922, S. 430 bis 435.

das Wort, um weitere Transformationen der MERCATORschen Reihe behufs praktischer Logarithmenberechnung zu geben (vgl. Bd. II, S. 219).

Aus diesen in rascher Folge erschienenen Abhandlungen erkennt man, wie groß die Anregung war, die das neue Thema auf die damaligen Gelehrten ausübte. Unter den Bearbeitern, die vorerst keine Berichte über den Stand ihrer Forschungen veröffentlichten, befand sich auch der junge NEWTON (1643—1727). Trotzdem waren die zu dieser Zeit von ihm bereits gefundenen Resultate die wichtigsten. NEWTON, der 1669, im jugendlichen Alter von 26 Jahren, die Professur in Cambridge erhielt, die bis dahin sein Lehrer ISAAC BARROW (1630—1677) inne gehabt hatte, war seinen eigenen Angaben nach[181] schon seit 1666 mit Reihenuntersuchungen beschäftigt gewesen und hatte seine Ergebnisse zu einer Abhandlung, *De analysi per aequationes numero terminorum infinitas*[II 1145a] zusammengestellt. 1669 teilte er sie BARROW, dieser dem Vorsitzenden der Royal Society, Lord BROUNKER, u. a. mit. Die Bedeutung des Inhalts wurde von den Lesern indes so wenig erkannt, daß nicht einmal irgendein Vermerk über die neuartigen Untersuchungen in den Philos. Transactions oder in den Protokollen der Society erschien. Zum Druck kam NEWTONs Arbeit sogar erst 1711.[182] Das Wesentliche hatte WALLIS allerdings schon 1685 in seiner *Algebra* veröffentlicht.[183] Dennoch enthielt diese seine Jugendschrift alles, was zur Begründung einer Theorie unendlicher Reihen nötig war. NEWTON sieht in den Reihen nicht nur interessante Objekte mathematischen Scharfsinns, ihm sind die Reihen bereits ein Universalmittel zur Integration vorgeschriebener Kurven und zur näherungsweisen Lösung höherer Gleichungen. Die Angelpunkte seiner Untersuchungen sind die Aufstellung der Binomialentwicklung und die Benutzung des Umkehrungsprinzips gegebener Potenzreihen.

Es ist hier die Gelegenheit, einen Rückblick auf die Geschichte der Binomialreihe einzuschalten. — Die Entwicklung von $(a + b)^n$ war für beliebig hohe Exponenten im Abendlande seit dem sechzehnten Jahrhundert bekannt (Bd. II, S. 142), die Araber scheinen sie aber bereits seit dem zwölften Jahrhundert benutzt zu

181 *Commercium epistolicum*[II 128], S. 125, Z. 8—11. Vgl. CANTOR, 3^2, S. 67f. — 182 *Analysis per quantitatum series fluxiones ac differentias: cum enumeratione linearum tertii ordinis*, herausg. von W. JONES, erste Abhandlung. Vgl. G. ENESTRÖM, Bibl. math. 9_3, 1908—1909, S. 257—258. — 183 *Algebra*[I 478], cap. 95, S. 341—347.

haben; 'Omar Alḫajjām († 1123) macht uns selbst von seiner Entdeckung der Verallgemeinerung des Euklidischen $(a + b)^2$ und $(a + b)^3$ Mitteilung (vgl. Bd. II, S. 139). Aus dem vierzehnten Jahrhundert ist eine chinesische Schrift, der *Chu Shih-Chieh* (1303, *Der kostbare Spiegel der vier Elemente*), anzuführen; in ihr ist die Berechnung der Binomialkoeffizienten nach der Anordnung:

```
                  1
                1   1
              1   2   1
            1   3   3   1
          1   4   6   4   1
        1   5  10  10   5   1
      1   6  15  20  15   6   1
    . . . . . . . . . . . . . . .,
```

die wir heute unter dem Namen des arithmetischen oder Pascalschen Dreiecks (vgl. S. 37) kennen, zum erstenmal vorgenommen.[184] Für Europa läßt sich dieses Berechnungsverfahren erst im sechzehnten Jahrhundert nachweisen, so auf dem Titelblatt von Apians Kauffmanns-Rechnung von 1527[185] in der etwas kürzeren Form:

```
            3   3
          4   6   4
        5  10  10   5
      6  15  20  15   6
    . . . . . . . . . . .;
```

dabei ist jede Verbindung mit der chinesischen Quelle ausgeschlossen. In dem deutschen Kommentar zur lateinischen Algebra des Initius Algebras (?), den, wie man annimmt, Andreas Alexander um 1524 geschrieben hat,[186] werden die Potenzen $(a + b)^n$ bis $n = 9$ entwickelt und dabei die Binomialkoeffizienten durch die Ziffern der Produkte 10001^2, 10001^3, 10001^4 usw. folgendermaßen zusammengestellt (unter Beschränkung auf $n = 1$ bis $n = 5$):

184 K. L. Biernatzki, *Die Arithmetik der Chinesen*, J. r. ang. Math. 52, 1856, S. 87. Y. Mikami, Abh. Gesch. Math. 30, 1913, S. 90. — 185 Bd. I, Anm. 289a. Vgl. auch D. E. Smith, *Rara arithmetica*, Boston and London 1908, S. 156, Faksimile. — 186 Ed. M. Curtze, Abh. Gesch. Math. 13, 1902, S. 446, 542.

ß	𝔷𝔷 𝔠𝔢 𝔷 ꝛe 1 0 0 0 5 0 0 10 0 0 10 0 0 0 5 0 0 0 1
𝔷𝔷	𝔠𝔢 𝔷 ꝛe 1 0 0 0 4 0 0 0 6 0 0 0 4 0 0 0 1
𝔠𝔢	𝔷 ꝛe 1 0 0 0 3 0 0 0 3 0 0 0 1
𝔷	1 0 0 0 2 0 0 0 1
ꝛe	1 0 0 0 1

ꝛe, 𝔷, 𝔠𝔢, 𝔷𝔷, ß sind die cossischen Symbole für die erste, zweite, dritte, vierte und fünfte Potenz der Unbekannten (vgl. Bd. II, S. 110ff.; besonders S. 120).

Die additive Bildung der Binomialkoeffizienten, die unsere moderne Formel:

$$\binom{n}{k} + \binom{n}{k+1} = \binom{n+1}{k+1}$$

ausdrückt, finden wir bei Michael Stifel (1486/87—1567, Jena) wieder. Seine Anordnung in der *Arithmetica integra* von 1544[187] weicht etwas von der chinesischen ab:

1				
2				
3	3			
4	6			
5	10	10		
6	15	20		
7	21	35	35	
8	28	56	70	
9	36	84	126	126
10	45	120	216	252.

Durch Auspotenzieren von $(a + b)^n$ wird er sie nachgeprüft haben.[188] Stifel verdankt man auch den Namen Binomialzahlen (*numeri binomiales*).[189] Apians Schema wiederholt Scheybl (1545)[190]. Tartaglia (1499—1557, Brescia) gibt in seinem *General trattato* (1556 bis 1560)[191] auch die Stifelsche Vorschrift. Es läßt sich nicht fest-

[187] *Arithmetica integra* [II 9], Bl. 44 v⁰; noch einmal in Stifels Ausgabe der Rudolffschen *Coß*, 1553[I 223], Bl. 168 r⁰. — [188] E. Hoppe, *Stifels Nachlaß*[II 114], S. 415. — [189] *Arithmetica integra*[II 9], Bl. 34 r⁰, Z. 14. — [190] *De numeris et diversis rationibus*, Lipsiae 1545, tract. 5, nach H. Staigmüller, Abh. Gesch. Math. 9, 1899, S. 414. — [191] *General trattato*[144], Parte 2, lib. II, Bl. 69 v⁰, 71 v⁰.

stellen, wie weit selbständige Entdeckung vorliegt;[192] man kann ihm freilich die Bekanntschaft mit der *Arithmetica integra* nachweisen (vgl. S. 18). Seine Anordnung der Zahlen weicht von der STIFELS ab; sie gleicht der chinesischen. Diese Dreiecksform wird in der nächsten Zeit von vielen Lehrbüchern (JACOB, 1565;[193] ADRIAN METIUS, 1626;[194] GIRARD, 1629[195] u. a.) bevorzugt und verdrängt schließlich STIFELS Form gänzlich. PIERRE FORCADEL (*L'arithmetique*, Paris 1556/57) weist auf die Darstellung der Binomialkoeffizienten durch die Potenzen von 11 hin: $11^2 = 121$; $11^3 = 1331$; $11^4 = 14641$ und führt dabei ‚zweiziffrige' Stellen ein: $11^5 = 15(10)(10)51$.[196]

Durch den englischen Mathematiker W. OUGHTRED (1574—1660) erhielten die Binomialkoeffizienten den nachher weit verbreiteten Namen *unciae*.[197]

Durchaus selbständig sind die Untersuchungen, die PASCAL (1623—1662, Paris)[198] um 1654 über das arithmetische Dreieck anstellte. Schon die Anordnung des Dreiecks ist neu:

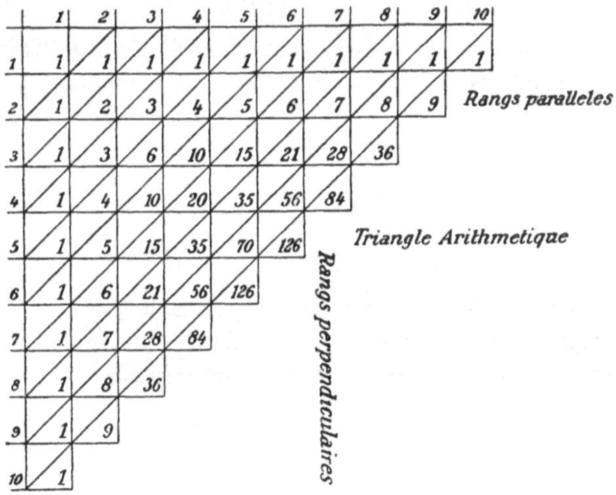

[192] G. ENESTRÖM, Bibl. math. 13_3, 1912—1913, S. 158—159. — [193] *Rechenbuch* v. 1565 II 962, Bl. 104 v⁰. — [194] *Arithm. libri II, geometriae VI* IV 266, S. 73. — [195] *Invention* I 14, 1629, Bl. $\mathfrak{E}_{IV}$ v⁰, XII, Definition unter der Benennung *triangle d'extraction*. — [196] G. ENESTRÖM, Bibl. math. 14_3, 1914, S. 264. — [197] *Clavis mathematicae* 1476a, 1631, cap. XII: *De genesi et analysi potestatum*, § 6, S. 27. — [198] *Traité du triangle arithmétique*, nach dem Tode PASCALS 1665 zum erstenmal gedruckt. *Œuvres*, éd. L. BRUNSCHVICG, 3, Paris 1908 I 583, S. 433f. —

Bezeichnet man in diesem das k^{te} Glied der r^{ten} Reihe mit $(r)_k$, so lassen sich die von PASCAL weiterhin abgeleiteten Sätze folgendermaßen als Formeln aussprechen:

1. $(r)_k = (k)_r$,[199]

2. $(r)_k = (r-1)_k + r_{k-1}$,[200]

3. $r_k = \frac{r(r+1)(r+2)\ldots(r+k-2)}{1\cdot 2\cdot 3\ldots(k-1)}$.[201]

PASCAL erkannte erstmalig, daß die Binomialkoeffizienten sich mit den figurierten Zahlen und den Kombinationszahlen decken.[202] Vergleicht man das Symbol $(r)_k$ mit dem oben benutzten $\binom{n}{p}$, so ist $n = r + k - 2$ und $p = k - 1$ oder umgekehrt $r = n - p + 1$ und $k = p + 1$ zu setzen. Formel 1. geht also über in

$$\binom{r+k-2}{k-1} = \binom{k+r-2}{r-1}$$

oder:

$$\binom{n}{p} = \binom{n}{n-p}$$

und bedeutet, daß die gleich weit von den Enden der Entwicklungsreihe für $(a+b)^n$ befindlichen Koeffizienten einander gleich sind. Formel 2. wird zu

$$\binom{r+k-2}{k-1} = \binom{r+k-3}{k-1} + \binom{r+k-3}{k-2}$$

$$\binom{n}{p} = \binom{n-1}{p} + \binom{n-1}{p-1}.$$

Beide Eigenschaften kannte bereits STIFEL (S. 36), wenn er sie auch nicht allgemein ausgesprochen hatte. Auch das multiplikative Bildungsgesetz der Binomialkoeffizienten, das in der dritten Formel:

$$\binom{n}{p} = \frac{(n-p+1)(n-p+2)(n-p+3)\ldots n}{1\cdot 2\ldots p} = \frac{n(n-1)(n-2)\ldots(n-p+1)}{1\cdot 2\ldots p}$$

gegeben wird, war schon früher, von H. BRIGGS (1556—1636), entdeckt worden. Mitgeteilt wird es von GELLIBRAND, der den Nachlaß von BRIGGS in der 1633 erschienenen *Trigonometria britannica* verarbeitete.[203] Für figurierte Zahlen war es indes bereits von FAULHABER (1615) aufgestellt worden (S. 22). Auch in FERMAT (1636) hatte

199 Daselbst S. 451. — 200 Daselbst S. 448, Z. 16 f. — 201 Daselbst S. 462, Problème. — 202 Daselbst S. 466 ff. — 203 *Trig. brit.*[II 995], S. 21.

Pascal noch einen Vorgänger, der allerdings ohne Beweis für figurierte Zahlen einen Satz mitteilte, der sich inhaltlich mit

$$(p+1)\binom{n+p}{p+1} = n\binom{n+p}{p}$$

oder:

$$(p+1)\binom{n}{p+1} = (n-p)\binom{n}{p}$$

deckt, also bei Fortsetzung die multiplikative Berechnung liefert.[204]

Im handschriftlichen Nachlaß von Leibniz (1646—1716) wurden Aufzeichnungen gefunden, die er sich bei dem Studium der Pascalschen Schrift vom arithmetischen Dreieck gemacht hatte. Er änderte die Pascalsche Anordnung ähnlich wie Apian (S. 35) ab:[205]

	0	1	2	3	4	5	6	k
0	1							
1	1	1						
2	1	2	1					
3	1	3	3	1				
4	1	4	6	4	1			
5	1	5	10	10	5	1		
6	1	6	15	20	15	6	1	
n								

Seine Form ist geeigneter, um Kombinationszahlen und Binomialkoeffizienten abzulesen, die Pascalsche, um die figurierten Zahlen zu finden.

Die Summationsformel:

$$\binom{m+n}{p} = \sum_{\mu=0}^{\nu} \binom{m}{\mu}\binom{n}{\nu-\mu}$$

stammt von Euler (1774).[206]

Wir kehren nunmehr zu der Newtonschen Abhandlung *De analysi per aequationes* zurück (S. 34). Der hier gegebene binomische Lehrsatz, in dem die Koeffizienten auf dem multiplikativen Wege berechnet werden, gibt anscheinend nichts Neues. Noch wird seine Verallgemeinerung nicht ausgesprochen, aber die Entwicklungen, die

204 Brief vom IX. 1636 an Mersenne, *Œuvres*, éd. Tannery et Henry[I 553], II, S. 70; desgleichen Brief vom 4. XI. 1636 an Roberval, *Œuvres* II, S. 84—85. — 205 D. Mahnke, Bibl. math. 13_3, 1912—1913, S. 36. — 206 Novi comm. Petrop. 15, 1774 (1775), S. 108; Acta Petrop. 5, 1781 (1784, S. 97, 111.

Newton durch Division für $\frac{a^2}{b+x}$, durch Radizierung für $\sqrt{a^2 \pm x^2}$, $\sqrt{1-x^2}$ oder durch Division und Radizierung für $\frac{\sqrt{1+ax^2}}{\sqrt{1-bx^2}}$ erhält, mußten ihn bei weiterem Verfolg (1665)[207] darauf führen. Erst in einem Brief vom 13. VI. 1676 teilt er den allgemeinen Binomialsatz fertig mit.[208] Sehr interessant ist der Gedankengang, den Newton bei der Entdeckung des Gesetzes einschlug; er schildert selbst den Verlauf seiner Geistesarbeit in einem Briefe vom 24. Okt. 1676 (an Oldenburg), der zur Weitergabe an Leibniz bestimmt war.[209] Beim Studium gewisser Arbeiten von Wallis, die die Integration von $y=(1-x^2)^m$ für ein ganzzahliges m betrafen, war Newton auf die Idee gekommen, die Koeffizienten in den von Wallis gefundenen Resultaten auf ihren Zusammenhang mit dem gegebenen m hin zu betrachten und zu untersuchen, ob sich nicht ein Bildungsgesetz finden ließe. Es gelang ihm, und er stellte sofort die gleichen Untersuchungen für Entwicklungen an, die er beim einfachen Ausmultiplizieren der Ausdrücke $(1-x^2)^2$, $(1-x^2)^3$, $(1-x^2)^4$ usw. erhielt. Als Gesetz ergab sich ihm, daß die Koeffizienten bei einem ganzzahligen Exponenten m stets durch $\frac{m}{1}$, $\frac{m}{1}\,\frac{m-1}{2}$, $\frac{m}{1}\,\frac{m-1}{2}\,\frac{m-1}{3}$ usw. berechnet werden können. So hatte er die multiplikative Entstehung der Binomialkoeffizienten, die allerdings Briggs bereits kannte, wieder entdeckt, freilich mehr durch eine Art Probieren. Nun tauchte in ihm die neue Frage auf, wie es mit Entwicklungen für die Ausdrücke:

$$(1-x^2)^{\frac{0}{2}}, \quad (1-x^2)^{\frac{1}{2}}, \quad (1-x^2)^{\frac{2}{2}}, \quad (1-x^2)^{\frac{3}{2}}, \quad (1-x^2)^{\frac{4}{2}}, \ldots$$

beschaffen wäre. Der schüchterne Versuch, für das obige m statt der bereits untersuchten Fälle $m = \frac{2}{2}, \frac{4}{2}, \ldots$ den Wert $\frac{1}{2}$ einzusetzen, lieferte eine Reihe:

$$(1-x^2)^{\frac{1}{2}} = 1 - \tfrac{1}{2}x^2 - \tfrac{1}{8}x^4 - \tfrac{1}{16}x^6 - \ldots,$$

deren geringe Berechtigung Newton wohl erkannte. Der vorhandene Zweifel hob sich aber, als er durch Multiplikation dieser Reihe mit sich selbst wirklich $(1-x^2)$ erhielt. Seine Zuversicht wurde zur Sicherheit, als er noch auf einem zweiten Wege, durch unmittelbares Radizieren von $\sqrt{1-x^2}$, die nämliche Entwicklung nachweisen

207 G. Eneström, Bibl. math. 11_3, 1910—1911, S. 250. — 208 *Comm. epistol.*, éd. Biot et Lefort II 128, S. 103, Z. 4. Vgl. G. Eneström, Bibl. math. 10_3, 1909 bis 1910, S. 69. — 209 *Commerc. epistol.* II 128, S. 122 ff.

konnte. Sofort verallgemeinerte er das bestätigt gefundene Bildungsgesetz und schrieb schließlich nach einfacher Umwandlung die allgemeine Form hin:

$$(P + PQ)^{\frac{m}{n}} = P^{\frac{m}{n}} + \frac{m}{n} AQ + \frac{m-n}{2n} BQ + \frac{m-2n}{3n} CQ + \ldots,$$

wo

$$A = P^{\frac{m}{n}}, \qquad B = \frac{m}{n} AQ, \qquad C = \frac{m-n}{2n} BQ, \qquad \ldots.^{208}$$

So tritt also der binomische Lehrsatz zum erstenmal in der Literatur auf.[210]

Aus dem Vorstehenden ergibt sich, daß NEWTON einen einwandfreien Beweis seines Theorems gar nicht besaß. Er hat sich vielmehr mit einem Induktionsbeweis und der Gewißheit, stets richtige Resultate mit seinem Satze erhalten zu haben, begnügt.[211]

JONES' *Synopsis palmariorum matheseos* von 1706 ist das erste allgemeine Elementarlehrbuch, das den binomischen Satz aufnimmt, freilich auch ohne Beweis, aber in der modernen Form:[212]

$$\begin{aligned}\overline{a + x}|^n &= a^n \\ &+ \frac{n-0}{1} a^{n-1} x \\ &+ \frac{n-0}{1} \times \frac{n-1}{2} a^{n-2} x^2 \\ &+ \frac{n-0}{1} \times \frac{n-1}{2} \times \frac{n-2}{3} a^{n-3} x^3 \\ &+ \frac{n-0}{1} \times \frac{n-1}{2} \times \frac{n-2}{3} \times \frac{n-3}{4} a^{n-4} x^4 \\ &\&c.\end{aligned}$$

Mehr oder weniger anfechtbare Beweise für den binomischen Lehrsatz erbrachten erst spätere Mathematiker, so JOHN COLSON (1739)[213] und C. MACLAURIN (1698—1746, Aberdeen, Edinburg) in seinem umfangreichen Werk *Treatise of fluxions* (1742)[214] für beliebige rationale Werte von n auf Grund der Differentialrechnung, dann

210 Daß die binomische Reihe auf NEWTONS Grabstein eingemeißelt war, ist (nach CAJORI) nur eine Anekdote. — 211 Die auch heute noch viel gebrauchte Annäherung der binomischen Entwicklung durch die beiden ersten Glieder tritt in geometrischem Gewande schon in BARROWS *Lectiones geometricae*, London 1670[V 370], Lect. VII, auf. Vgl. J. M. CHILD, *The geom. lectiones of Is. Barrow*, Chicago and London 1916, S. 87. — 212 Daselbst S. 169 u.[II 57]. — 213 Kommentar zu NEWTONS *Method of fluxions*, London 1739, S. 309. — 214 *Treatise of fluxions*, Edinburg 1742, S. 607—608, § 748.

G. Fr. de Castillon in demselben Jahre[215] für ganzzahlige n durch Abzählung nach den Regeln der Kombinatorik, ein zweites Mal durch den Schluß von n auf $n+1$, für gebrochene und negative Exponenten durch Koeffizientenvergleichung,[239] ferner Kästner in einem kleinen Aufsatz von 1745[216] wiederum nur für ganzzahlige Exponenten mittels des Schlusses von n auf $n+1$, dann allgemeiner in den *Anfangsgründen des Unendlichen* (2. Aufl. 1760—61).[217] Ein strenger, aber doch rein elementarer Beweis von Euler für gebrochenene Exponenten findet sich in den Petersburger Akademieberichten von 1774.[218] In der *Introductio* (1749)[I 167], in der Euler von dem binomischen Lehrsatze umfassendsten Gebrauch macht, findet sich keine Andeutung irgendeines Versuchs, ihn zu beweisen; er wird ohne Erklärung als *Theorema universale* eingeführt (Nr. 71). Die Verallgemeinerung auf komplexe Größen bringt Cauchy 1821.[219] Einen Abschluß brachten indes erst die Arbeiten von N. H. Abel (1802—1829), der in vollster Allgemeinheit auch die Grenzfälle des Konvergenzbereichs untersucht.[220] Die Reihe:

$$(1+x)^n = 1 + \binom{n}{1} x + \binom{n}{2} x^2 + \binom{n}{3} x^3 + \ldots$$

erweist sich nach seinen Untersuchungen als absolut konvergent, wenn der Modul $|x| < 1$ ist, bei $|x| = 1$ nur dann, wenn der reelle Teil von $|x| = 1$ positiv ist. Ist bei $|x| = 1$ der reelle Teil kleiner als 0, aber größer als -1, so tritt nur bedingte Konvergenz ein. Sonst divergiert die Reihe.[221]

Von modernen Lehrbüchern der Elementarmathematik, die den allgemeinen Satz aufnehmen, ist besonders das von E. G. Fischer (1823)[222] zu nennen. Fischer lehnt sich an den Eulerschen Beweis an und gibt für das Additionstheorem die funktionale Schreibart:

$$F^m_{(a\,b)} \times F^n_{(a\,b)} = F^{m+n}_{(a\,b)}.$$

Euler schrieb 1775:

$$[m][n] = [m+n].$$ [223]

[215] Phil. Trans. 42, Nr. 464, S. 91—98, Mitteilung vom 6. V. 1742. — [216] *Demonstratio theorematis binomialis.* Leipzig 1745. — [217] Nach Michelsen, Übersetzung von Eulers *Introductio* 1788[II 520], I, S. 467. — [218] Novi Comm. Ac. Petrop. 19, 1774 (1775), S. 103—111. — [219] *Analyse algébrique*, Paris 1821[II 521], S. 223 f. — [220] J. rein. ang. Math. 1, 1826, S. 311—339; *Œuvres* 1, Nouv. éd. p. L. Sylow et S. Lie, Leipzig 1881, S. 219—250. — [221] Vgl. außerdem E. Heine, *Über die binomische Reihe*, J. r. ang. Math. 55, 1858, S. 279 bis 280. — [222] *Lehrbuch der Elementarmathematik*[I 296], III, S. 45—57. — [223] Novi Comm. Ac. Petrop. 19, 1774 (1775), S. 109.

Die deutsche Bezeichnung „Binomischer Lehrsatz" findet sich noch nicht in WOLFFS *Mathematischem Lexicon* von 1716, wohl aber in der Bearbeitung von 1747.[224]

Der oben erwähnte Schluß von n auf $n+1$ ist bereits von F. MAUROLICO (1494—1575, Messina) in seiner Arithmetik von 1575 benutzt worden,[225] z. B. um den Satz $2 \cdot \frac{a(a+1)}{2} - a = a^2$ zu beweisen. PASCAL, dem bisher die erste Benutzung der vollständigen Induktion[226] zugeschrieben wurde, beruft sich gelegentlich (um 1654) gerade auf diesen Satz mit Anführung des MAUROLICO, hat also sicher bei ihm das Verfahren kennen gelernt. 1686 griff auch JACOB BERNOULLI I (1654—1705, Basel) selbständig zu diesem wichtigen Beweismittel,[227] dessen Kenntnis durch die wiederholte Benutzung in seiner *Ars conjectandi* (1713)[228] — so bei der Bestimmung der Binomialkoeffizienten — weiter verbreitet wurde, ohne daß aber dadurch die vielfach üblich gewordene Bezeichnung ‚BERNOULLI'scher Schluß' gerechtfertigt wird. Genau genommen ist diese Schlußform sogar schon in den älteren Zeiten mathematischer Wissenschaft verwendet worden. Gerade vor Entstehung einer symbolischen Algebra war man gezwungen, gewisse allgemeiner gültige Sätze für die ersten ganzen Zahlen $n = 1, 2, 3, \ldots$ zu beweisen und die Fortführung auf die weiteren und damit für ein allgemeines n dem Leser als selbstverständlich zu überlassen. Man erinnere sich an den allgemeinen Beweis der Irrationalität von $\sqrt{a}$, den THEODOROS VON KYRENE (429—348 v. Chr., Athen) für $a = 3, \ldots, 17$ führte (vgl. Bd. II, S. 64). THEODOROS bricht bei $\sqrt{17}$ ab, nicht weil er nicht weiter konnte, sondern weil der Schluß von n auf $n+1$ nun klar genug schien. 17 war ihm eine beliebige Zahl; er hätte ebensogut mit einer früheren oder späteren ganzen Zahl aufhören können.[229]

Ähnliche Beispiele finden sich bei EUKLID, so in IX, 8, 9[230] u. a. Bei Späteren arbeitet sich der Schluß von n auf $n+1$ immer klarer heraus. LEVI BEN GERSON (1288—1344, Avignon) beweist z. B. für die Anzahl der Permutationen von $n+1$ Elementen ganz allgemein,

224 S. 211 unten[II 141]. MACLAURIN spricht schon 1742, *A treatise of fluxions* S. 607[214], von *Sir Isaac Newton' binomial theorem.* — 225 *Arithmeticorum libri duo nunc primum in lucem editi*, Venetiis 1575, S. 7, 17, 30. Vgl. G. VACCA, Bull. Amer. math. Soc. 16_2, 1910, S. 70—73. — 226 *Œuvres*, éd. L. BRUNSCHVICG, Paris 1908, 3, S. 456, Z. 15 ff. — 227 Acta Erud. 1686, S. 360—361; *Opera*, Genevae 1744[II 170], I, S. 282—283. — 228 *Ars conjectandi*[124], S. 92 f. Deutsche Ausgabe von R. HAUSSNER, OSTWALDS Klassiker Nr. 107, S. 92 ff. — 229 Vgl. H. VOIGT, Bibl. math. 10_3, 1909—1910, S. 108 f. — 230 *Opera*, ed. HEIBERG 2, S. 351 f. Vgl. G. VACCA, Boll. Bibl. stor. mat. 12, Torino 1910, S. 33—35.

natürlich in Worten, die uns geläufige Formel $P_{n+1} = (n+1)P_n$ und fährt dann fort: „Damit ist bewiesen, daß die Anzahl der Permutationen gegebener Elemente gleich der Zahl ist, die sich aus den Zahlen der natürlichen Reihe von 1 bis zu der Zahl zusammensetzt, die die Anzahl der gegebenen Elemente bestimmt. Denn die Permutationszahl von 2 ist 2, und das ist gleich 1·2, die Permutationszahl von 3 ist gleich dem Produkt 3·2, das gleich 1·2·3 ist. Und so zeigt man das ohne Ende weiter.“[231] Klarer kann der Schluß der vollständigen Induktion eigentlich nicht ausgesprochen werden.[232]

Das Symbol $\binom{n}{p}$ kommt zum erstenmal in nachgelassenen Schriften Eulers in der Form $\left[\frac{n}{p}\right]$ vor.[233] An anderer Stelle schreibt er auch eine runde Klammer $\left(\frac{n}{p}\right)$.[234] Der Bruchstrich bleibt seit Anfang des neunzehnten Jahrhunderts fort.[235] $\binom{n}{p}$ bürgerte sich allmählich im Laufe des neunzehnten Jahrhunderts ein. W. Jones benutzte 1747 n' für $\binom{n}{2}$, n'' für $\binom{n}{3}$, n''' für $\binom{n}{4}$ usw.[236] H. A. Rothe, *Theorie der kombinatorischen Integrale,* Nürnberg 1820, setzte dafür n_p.

Der polynomische Lehrsatz[237] ist eine Erweiterung der binomischen Reihe. Mit seiner Aufstellung beschäftigten sich fast gleichzeitig drei der hervorragendsten Mathematiker ihrer Zeit: Leibniz (1646—1716), Jakob Bernoulli I (1654—1705, Basel) und A. de Moivre (1667—1754). Der letztere hat das Vorrecht der ersten Veröffentlichung; in zwei Abhandlungen der *Philos. Transactions* von 1697 und 1698[238] gab er mittels der Methode der unbestimmten Koeffizienten[239] eine Entwicklung von

$$(a z + b z^2 + c z^3 + \ldots)^n,$$

231 Ed. Carlebach, S. 56; ed. Lange S. 48—49[II 296]. — 232 Vgl. W. Lorey, Z. math. naturw. Unterr. 52, 1921, S. 205—208. — 233 Acta Ac. Petrop. 5, Teil I, 1781 (1784), *De mirabilibus proprietatibus unciarum* etc., § 18, S. 89. — 234 Nova Acta Ac. Petrop. 15 (1799—1802) 1806, Math. S. 33 (1778). — 235 Zuerst A. von Ettinghausen, *Vorlesungen über die höhere Mathematik,* Wien 1827, I, S. 38; dann bei J. L. Raabe, J. r. angew. Math. 42, Berlin 1851, S. 350, Z. 7. — 236 Phil. Trans. Vol. 44 für das Jahr 1747 (1748), Nr. 483, S. 563, Z. 21. — 237 Oughtred (1552) *Clavis mathematicae,* cap. XVII, Nr. 12 — noch nicht in der ersten Ausgabe von 1631[1476a] —; *Opuscula* 1676[1792], S. 62, gibt zuerst einen Ausdruck für $(x \pm y \pm z)^2$, $(x \pm y \pm z)^3$. — 238 Phil. Trans. 1697, 19, Nr. 230, S. 619—625: *A Method of Raising an infinite Multinomial to any given Power, or Extracting any given Root of the same*; 1698, 20, Nr. 240, S. 190—193: *A Method of Extracting the Root of an Infinite Equation.* — 239 Diese Methode ist zuerst von Descartes in seiner *Géométrie* von 1637 benutzt worden,

die auch JONES 1706 in seinem Lehrbuch *Synopsis palmariorum matheseos* mitteilt.[240]

LEIBNIZ hatte die Entdeckung um Jahrzehnte früher gemacht als seine Mitbewerber, wahrscheinlich schon 1676, aber nichts veröffentlicht. Es finden sich in seinem schriftlichen Nachlaß entsprechende Vermerke aus den Jahren 1677 und 1678; an letzterer Stelle werden die Formeln für die ersten Potenzen richtig hingeschrieben.[241] Genauere Untersuchungen sind erst aus dem nachgelassenen Aufsatze *Nova algebrae promotio*[242] enthalten, wo sich Ausdrücke für

$$(a + b + c + d + \ldots)^n$$

finden. JAKOB BERNOULLI I endlich brachte den polynomischen Satz in seiner *Ars conjectandi*, die 1713 durch den Neffen des inzwischen Verstorbenen im Druck veröffentlicht wurde.[243]

C. MACLAURIN (siehe S. 41) gab nach denselben Prinzipien wie beim binomischen Lehrsatz einen Beweis.[244] Allseitig befriedigend war indes erst die Behandlung, die das polynomische Theorem durch K. F. HINDENBURG (1741—1808, Leipzig) auf Grund einer von ihm hoch ausgebildeten kombinatorischen Analysis erfuhr.[245] Eine independente Darstellung der Polynomialkoeffizienten lieferte 1747 R. G. BOSCOVICH;[246] EULERS *Introductio* von 1748 enthielt nur rekurrente Bildungen.[247]

Œuvres, éd. ADAM et TANNERY, 6 II 64, S. 423, Z. 3—10: *Mais ie veux bien, en passant, vous auertir, que l'inuention de supposer deux équations de mesme forme, pour comparer separement tous les termes de l'vne a ceux de l'autre & ainsi en faire naistre plusieurs d'vne seule, dont vous aués vû icy vn exemple, peut seruir à vne infinité d'autres Problesmes, & n'est pas l'vne des moindres de la méthode dont ie me sers* (Aber ich möchte gern hier im Vorbeigehen bemerken, daß die Erfindung, zwei gleichgeformte Ausdrücke anzunehmen, um sie Glied für Glied zu vergleichen und so mehrere Gleichungen aus einer zu bilden — wovon hier eben ein Beispiel zu sehen war — bei unendlich vielen anderen Aufgaben benutzt werden kann, und daß sie nicht eine der geringsten [Erfindungen] der Methode ist, deren ich mich bediene). In die Lehrbücher der Elementarmathematik ist die Methode der unbestimmten Koeffizienten im neunzehnten Jahrhundert durch GRUNERT II 1100, 1832, *Lehrbuch d. Math. f. obere Klassen*, § 47ff., eingeführt worden. — 240 Daselbst S. 171f. II 57. — 241 D. MAHNKE, Bibl. math. 13_3, 1912—1913, S. 39. — 242 LEIBNIZ, *Werke*, ed. GERHARDT, 8. Folge, 7, Halle 1863, S. 174—175. — 243 *Ars conjectandi* 124, pars II, Ende vom Kap. VIII; auch JAKOB BERNOULLI I, *Opera* I 170, 1744, S. 993 ff. — 244 *Treatise of fluxions* 214, § 749, S. 608. — 245 K. F. HINDENBURG, *Der polynomische Lehrsatz, das wichtigste Theorem der ganzen Analysis*, Leipzig 1796. — 246 R. G. BOSCOVICH, *Giornale dei Letterati di Roma*, S. 1747—1748, nach C. I. GERHARDT, *Geschichte der Math. in Deutschland*, München 1877, S. 202 ff. — 247 Daselbst I 167, § 76.

Bei der Besprechung der NEWTONschen Abhandlung *De analysi per aequationes* von 1666/69 (vgl. S. 34) hoben wir als zweite wichtige Neuerung das von NEWTON hier zuerst benutzte Umkehrungsprinzip einer Potenzreihe hervor. Die Entdeckung dieses grundlegenden Satzes aus der Reihentheorie hatte sofort bei seiner Anwendung auf spezielle Beispiele weitere Entdeckungen im Gefolge: NEWTON fand durch ihn die Exponentialreihe, ferner die Sinus- und Kosinusreihe. Am Anfange seiner Schrift hat NEWTON die Reihe MERCATORS:

$$l(1+x) = z = x - \tfrac{1}{2}x^2 + \tfrac{1}{3}x^3 - \tfrac{1}{4}x^4 + \ldots$$

selbständig abgeleitet, seiner Behauptung nach zeitlich sogar vor MERCATOR (vgl. Bd. II, S. 219). Das Umkehrungsprinzip, auf sie angewendet, lieferte:

$$x = 1 + z + \tfrac{1}{2}z^2 + \tfrac{1}{6}z^3 + \tfrac{1}{24}z^4 + \tfrac{1}{120}z^5 + \ldots (= e^z);$$

damit war die Exponentialreihe gewonnen. Erkannte NEWTON auch die Wichtigkeit dieser Entwicklung nicht unmittelbar, so war er sich in weiteren Beispielen, bei der Umkehrung von Reihen, die er vorher durch Integration erhalten hatte, doch bewußt, daß er durch die aufgestellten Reihen:

$$z - \frac{z^3}{6} + \frac{z^5}{120} - \frac{z^7}{5040} + \frac{z^9}{362\,880} \text{ etc.}, \qquad (= \sin z)$$

$$1 - \frac{z^2}{2} + \frac{z^4}{24} - \frac{z^6}{720} + \frac{z^8}{40\,320} - \frac{z^{10}}{3\,628\,800} \text{ etc.} \qquad (= \cos z)$$

ganz neue Entwicklungen für die trigonometrischen Größen $\sin z$ und $\cos z$ gefunden habe. Bei allen drei Reihen, wie auch noch bei einer vierten:

$$\arcsin z = z + \tfrac{1}{6}z^3 + \tfrac{3}{40}z^5 + \tfrac{5}{120}z^7 + \ldots,$$

fügte er Regeln für die Bildung der Koeffizienten beliebig hoher Glieder bei.[248]

Es war erwähnt worden (S. 34), daß seit 1669 die Jugendschrift NEWTONS im Kreise ihm nahestehender Persönlichkeiten bekannt geworden war. Angeregt durch die ihm so zugegangenen Resultate versuchte auch JAMES GREGORY (1638—1675, Edinburg) seine Kraft auf diesem Gebiete. Der Erfolg seiner Mühe war die Entdeckung dreier weiterer wichtiger Reihen (Brief vom 15. II. 1671):[249]

248 *Comm. epistolicum*[II 128], S. 70—71. — 249 Daselbst S. 79.

$$a = t - \frac{t^3}{3r^2} + \frac{t^5}{5r^4} - \frac{t^7}{7r^6} + \frac{t^9}{9r^8} \text{ etc.,} \quad \text{(vgl. Bd. IV, S. 224)}$$

$$t = a + \frac{a^3}{3r^2} + \frac{2a^5}{15r^4} + \frac{17a^7}{315r^6} + \frac{62a^9}{2835r^8} \text{ etc.,}$$

$$s = r + \frac{a^2}{2r} + \frac{5a^4}{24r^3} + \frac{61a^6}{720r^5} + \frac{277a^8}{8064r^7} \text{ etc.,}$$

wo r den Radius, a einen Bogen, t dessen Tangente, s dessen Sekante bedeutet, und die, modernisiert, lauten würden:

$$x = \operatorname{tg} x - \tfrac{1}{3}(\operatorname{tg} x)^3 + \tfrac{1}{5}(\operatorname{tg} x)^5 - \tfrac{1}{7}(\operatorname{tg} x)^7 + \ldots,$$

$$\operatorname{tg} x = x + \frac{x^3}{3} + \frac{2}{15}x^5 + \frac{17}{315}x^7 + \ldots,$$

$$\sec x = 1 + \frac{x^2}{2} + \frac{5}{24}x^4 + \frac{61}{720}x^6 + \ldots.$$

Für einen Zentriwinkel von 45° ginge die erste Reihe in

$$\frac{\pi}{4} = 1 - \tfrac{1}{3} + \tfrac{1}{5} - \tfrac{1}{7} + \ldots$$

über, was in dem Schreiben Gregorys nicht angedeutet ist. Es ist dies eine spezielle Reihe, die um die Mitte des Jahres 1674 durch Leibniz selbständig abgeleitet wurde und noch heute unter dessen Namen bekannt ist (vgl. Bd. IV, S. 224). Der Brief, in dem Leibniz diese Reihe an Oldenburg mitteilte (27. VIII. 1676),[250] enthält auch noch Entwicklungen für sin vers x, $\sin x$, $\cos x$, e^{-x} und e^x. Die ersten sind ohne Beweis angeführt; die letzten beiden sind unter Beachtung von Integraleigenschaften von e^x nach der Methode der unbestimmten Koeffizienten gewonnen.

Die angeführten Reihen haben noch vielfach anderweitige Ableitungen gefunden, so vor Euler durch Johann Bernoulli, nach Euler durch Lagrange und Cauchy. Eine erste wirklich systematische Behandlung des neuen Stoffes verdankt man Euler selbst. Ihm gelang es, die Exponentialreihe einerseits mit der Binomialreihe in Verbindung zu bringen, anderseits durch Berücksichtigung komplexer Werte eine klare Einsicht in den Zusammenhang der Exponentialfunktion mit den trigonometrischen Funktionen zu gewinnen. Euler ist der erste, der bei der Ableitung der Sinus-

250 Leibniz, *Opera*, ed. Gerhardt, 3. Folge, 1, Berlin 1849 II 175, S. 117 ff.

und Kosinusreihe die Integralrechnung vermeidet. Nach Ableitung der Formel (*Introductio* 1748, § 132):

$$(\cos\alpha \pm i\sin\alpha)(\cos\beta \pm i\sin\beta) = \cos(\alpha+\beta) \pm i\sin(\alpha+\beta)$$

geht er zu $(\cos\alpha \pm i\sin\alpha)^n$ über und stellt die Beziehung auf:

$$\cos n\alpha = \tfrac{1}{2}[(\cos\alpha + i\sin\alpha)^n + (\cos\alpha - i\sin\alpha)^n],$$

ebenso für $\sin n\alpha$, und findet so durch den binomischen Lehrsatz $\cos n\alpha$ und $\sin n\alpha$ als Funktion von $\cos\alpha$ und $\sin\alpha$. Nunmehr läßt er α unendlich klein und gleichzeitig n unendlich groß werden, setzt ferner $n\alpha = \varphi$, das endlich wird, und erhält jetzt die Reihenentwicklungen für $\sin\varphi$ und $\cos\varphi$. Die sogenannte Moivresche Formel (vgl. Bd. II, S. 84—85) ist erst von Euler (1748) in der heute üblichen Form:

$$(\cos\alpha + i\sin\alpha)^n = \cos n\alpha + i\sin n\alpha$$

gegeben worden. Die Bezeichnung *Theorema Moivrianum* findet sich aber schon 1707.[251]

Übrigens hat Euler auch das Verdienst, die ersten unendlichen Produkte (1734):

$$\sin\alpha = \alpha\left(1 - \frac{\alpha^2}{\pi^2}\right)\left(1 - \frac{\alpha^3}{4\pi^2}\right)\left(1 - \frac{\alpha^4}{9\pi^2}\right) \quad \text{u. a.}$$

aufgestellt zu haben.[252]

Die ersten Schritte zur Aufdeckung des Zusammenhangs der Exponentialfunktion mit den trigonometrischen Funktionen waren durch Johann Bernoulli I (1667—1748, Basel) und Roger Cotes (1682—1716, Cambridge) gemacht worden, ohne daß ihnen allerdings die Bedeutung der gefundenen Relationen bewußt wurde. Der erstere hatte in einer Abhandlung von 1702[253] bei Gelegenheit von Integrationen durch Partialbruchzerlegung Umformungen benutzt die die Differentiale $\frac{a}{b^2 - z^2}\,dz$ und $\frac{a}{b^2 + z^2}\,dz$ in $\frac{a}{2bt}\,dt$ bzw. $\frac{a}{2bt\sqrt{-1}}\,dt$ überführten. Hiermit ist aber offenbar ein Übergang vom Arcustangens zum Logarithmus einer imaginären Zahl geleistet. Bei Cotes (1714 und 1722)[254] finde sich zum erstenmal die Formel $e^{\alpha i} = \cos\alpha + i\sin\alpha$ in Form eines Satzes, der mit

$$\log(\cos x + i\sin x) = ix$$

---

251 Acta Eruditorum, 1707, S. 176 in einem Referat von Wolffs. — 252 Comm. Ac. Petr. 1734/35 (1740), S. 132. — 253 Hist. Mém. math. phys. Ac. sc. Paris 1702 (1704), S. 289—297; Joh. Bernoulli, *Opera*[II 402], 1, S. 393—400. — 254 Phil. Trans. 29, 1714 (1717), S. 32, Z. 7—5 v. u. *Harmonia mensurarum.* Ed. R. Smith, Canta-

wiedergegeben werden kann. In dem besonderen Falle $x = 1$ hatte DANIEL BERNOULLI (1700—1782; Petersburg, Basel) bereits 1728 die Brücke von dem binomischen Satz zu der Exponentialreihe geschlagen; er teilte in einem Brief vom 30. I. 1728 seinem Fachgenossen GOLDBACH die von ihm gefundene Identität:

$$\left(\frac{A+1}{A}\right)^A = 1 + 1 + \frac{1}{1\cdot 2} + \frac{1}{1\cdot 2\cdot 3} + \frac{1}{1\cdot 2\cdot 3\cdot 4} + \text{etc. (posito } A = \infty)$$

mit.[255] EULER kannte schon 1728 die Beziehung:

$$i \log i = -\frac{\pi}{2}, \text{ also } i^i = e^{-\frac{\pi}{2}}.$$ [256]

Zwei Jahre später benutzte er die Grenzbestimmung:

$$\left(\frac{1-x^z}{z}\right)_{z=0} = -\log x.$$ [257]

Seine Hauptentdeckungen scheint EULER indes erst im Jahre 1740 gemacht zu haben. Ein Brief vom 18. X. 1740[258] an JOHANN BERNOULLI behandelte Integrationen linearer Differentialgleichungen; bei dem Beispiel $\frac{d^2y}{dx^2} + y = 0$ machte er darauf aufmerksam, daß sowohl $y = 2\cos x$ als auch $y = e^{x\sqrt{-1}} + e^{-x\sqrt{-1}}$ ein Integral ist. Daraus schloß er, bestärkt durch den Umstand, daß beide Ausdrücke in dieselbe Reihe:

$$2\left(1 - \frac{x\cdot x}{1\cdot 2} + \frac{x^4}{1\cdot 2\cdot 3\cdot 4} - \frac{x^6}{1\cdot 2\ldots 6} + \text{etc.}\right)$$

entwickelt werden konnten, ihre völlige Übereinstimmung. Hier tritt also zum erstenmal die Formel:

$$\cos \alpha = \frac{e^{xi} + e^{-xi}}{2}$$

auf. Einer Bemerkung zufolge scheint EULER auch die entsprechende Sinusformel besessen zu haben.[259] In einer Abhandlung aus dem-

brig. 1722, S. 28, Z. 8—4 v. u.: *Si quadrantis circuli quilibet arcus, radio CE descriptus, sinum habeat CX, sinumque complementi ad quadrantem XE; sumendo radium CE, pro modulo, arcus erit rationis inter $EX+XC\cdot\sqrt{-1}$ & CE mensura ducta in $\sqrt{-1}$.* Vgl. G. VACCA, Bibl. math. 2_3, 1901, S. 442. — 255 *Correspondance math. et phys.* publ. par FUSS, Petersburg 1843, II, S. 247. — 256 Brief vom 10. XII. 1728 an JOHANN BERNOULLI; vgl. G. ENESTRÖM, Bibl. math. 13_2, 1899, S. 46. — 257 Comm. Ac. Petr. 5, 1730/31 (1738), 5, S. 46. — 258 G. ENESTRÖM, Bibl. math. 11_2, 1897, S. 48—49. — 259 Daselbst S. 48, Z. 22 ff.: *Demonstrare autem possum, quoties in integratione tua methodo instituta perveniatur ad logarithmicas imaginarias, eas semper ita esse comparatas*

selben Jahre stellte er noch andere Formeln auf, die diese Kenntnis beweisen, nämlich:

$$\frac{\pi\sqrt{-q}}{\sin(\pi\sqrt{-q})} = \frac{2e^{\pi\sqrt{q}}\pi\sqrt{q}}{e^{2\sqrt{q}}-1} \quad \text{und} \quad \frac{\pi\sqrt{-q}}{\operatorname{tang}(\pi\sqrt{-q})} = \frac{(e^{2\pi\sqrt{q}}+1)\pi\sqrt{q}}{e^{2\pi\sqrt{q}}-1}.$$ [260]

Weiteres liefert ein Aufsatz aus den *Miscellanea Berolinensia* von 1743.[261] Bei der Kosinusformel, wie er sie hier angibt:

$$1-\frac{s^2}{2!}+\frac{s^4}{4!}-\frac{s^6}{6!}+\ldots=\frac{\left(1+\frac{s\sqrt{-1}}{n}\right)^n+\left(1-\frac{s\sqrt{-1}}{n}\right)^n}{2} \quad (n=\infty),$$

vermißt man die einfache Gestalt von 1740; dafür ist aber die Sinusformel fertig vorhanden:

$$s-\frac{s^3}{1\cdot2\cdot3}+\frac{s^5}{1\cdot2\cdot3\cdot4\cdot5}-\frac{s^7}{1\cdot2\cdot3\cdot4\cdot5\cdot6\cdot7}+\ldots=\frac{e^{s\sqrt{-1}}-1^{-s\sqrt{-1}}}{2\sqrt{-1}}.$$

Wichtig ist an derselben Stelle die endgültige Formulierung der Binomialableitung für die Exponentialreihe:

$$e^x=\left(1+\frac{x}{n}\right)^n, \qquad n=\infty,$$

allerdings ohne Beweis. Nirgends in den erwähnten Schriften ist die Beziehung:

$$\cos s+\sqrt{-1}\sin s=e^{s\sqrt{-1}}$$

zu finden. Bei der einfachen Herleitung dieser Formel aus den schon erhaltenen Resultaten ist kaum anzunehmen, daß EULER sie nicht kannte. Trotzdem treffen wir sie erst in der *Introductio* von 1748.[262] In diesem Werke trägt EULER die bisher nur zerstreut mitgeteilten Forschungen im Zusammenhang vor; er entwirft in systematischem Aufbau eine Darstellung seiner neuen Theorie, die noch heute durchaus mustergültig ist. Bei der Ableitung der Exponentialreihe aus der Binomialreihe schlägt er einen Weg ein, den am Ende des siebzehnten Jahrhunderts bereits HALLEY (1656—1742, Greenwich)[263] betreten hatte, als er die logarithmischen Reihen durch rein analytische Methoden herzuleiten suchte (vgl. Bd. II, S. 220). Die Aufstellung der trigonometrischen Reihen vollzieht EULER eben-

ut illarum binae conjunctae sinum vel cosinum cuiuspiam arcus, hoc est quantitatem realem repraesentant. Die endgültige Aufstellung bringt die *Introductio*[I 167] (1748), S. 98 ff. — 260 Comm. Ac. Petrop. 12, 1740 (1750), S. 66. — 261 Comm. Ac. Petr. 7 (1743), S. 172 ff.: *De summa serierum reciprocarum ex potestatibus numerorum naturalium ortarum*; besonders S. 177. — 262 I, 8, § 138[II 167].

falls allein mit dem binomischen Theorem, ohne, wie es bisher von allen seinen Vorgängern geschehen war, auf irgendwelche Integrationen zurückzugreifen. Diese Reihen dienen dann als Definition von $\sin x$ und $\cos x$ bei komplexem Argument (EULER 1749,[264] CAUCHY 1821 [265]).

EULERS Herleitung der Exponentialreihe ist nicht einwandfrei; auch in CAUCHYS *Analyse algébrique* von 1821 [266] fehlt noch die ausreichende Begründung. Hierauf machte zuerst J. LIOUVILLE (1840)[267] aufmerksam. Eine Verbesserung brachte J. A. GRUNERT (1841),[268] ganz einwandfrei verfuhr dann aber erst CAUCHY (1847).[269] Die Erweiterung auf komplexes Argument begründeten in strengerer Behandlung L'HUILIER (1786),[270] DE STAINVILLE (1818)[271] und vor allem wieder CAUCHY (1821).[272]

In betreff des Charakters der Zahl e waren sich bereits die Mathematiker des achtzehnten Jahrhunderts vollständig klar darüber, daß man es bei ihr mit keiner rationalen Zahl zu tun haben könne. Es lag in der Natur der Sache, daß dieses Problem nicht so populär werden konnte, wie das entsprechende von der Quadratur des Kreises. Der LAMBERTsche Beweis für die Irrationalität von π (vgl. Bd. IV, S. 230—231) war zugleich ein solcher für die Zahl e. LAMBERT benutzte, wie in der Geschichte der Kreisquadratur berichtet wurde, die Kettenbruchentwicklung:

$$\frac{e-1}{2} = \cfrac{1}{1+\cfrac{1}{6+\cfrac{1}{10+\cfrac{1}{14+\dots}}}},$$

263 Phil. Trans. 19, 1695, Nr. 216, S. 58—67. — 264 Hist. Mém. Ac. Berlin 5, f. d. Jahr 1749, Paris 1751, S. 279. — 265 *Analyse algébrique*[II 521], S. 311. — 266 Daselbst S. 167. — 267 J. math. p. appl., Paris 1840, S. 280. — 268 Arch. Math. Phys. 1, 1841, S. 204—210. — 269 *Exercices d'analyse et de physique mathématique*, Paris 1847, S. 235—237. — 270 *Principiorum calculi differentialis et integralis expositio elementaris*, Tübingen 1795, S. 97 f. Franz. Ausgabe: *Exposition élémentaire des principes des calculs supérieurs*, Berlin 1786, S. 81 f. — 271 Ann. math. p. appl. 9, Nismes 1818, S. 229—240. Bei STAINVILLE (S. 235) findet sich die Fundamentaleigenschaft der Exponentialreihe in der Form $fa \cdot fb = f(a+b)$ ausgesprochen. — 272 *Analyse algébrique*[II 521] S. 309.

die EULER in der *Introductio* von 1748[273] aufgestellt hatte. EULER hatte auch schon früher (1737)[274] andere ähnliche Kettenbruchentwicklungen:

$$e = 2 + \cfrac{1}{1+\cfrac{1}{2+\cfrac{1}{1+\cfrac{1}{1+\cfrac{1}{4+\dots}}}}}, \quad \text{kurz } e = (2, \overbrace{1,2,1}, \overbrace{1,4,1}, \overbrace{1,6,1}\dots) = (2, \overbrace{1,2m,1});\ m = 1,2,3\dots,^{275}$$

$$\sqrt{e} = (\overbrace{1, 4m+1, 1, 1})$$

$$\frac{e^2-1}{2} = (3,5,7,9\dots) \qquad \frac{e+1}{e-1} = (2,6,10,14\dots)$$

gefunden. Indem er hierbei hervorhob, daß jeder rationalen Zahl immer nur ein endlicher regelmäßiger Kettenbruch entspricht, daß also ein unendlicher Kettenbruch nur einen irrationalen Wert besitzen könne, läßt sich die Behauptung rechtfertigen, daß EULER mit Bewußtsein durch seine Kettenbruchentwicklung die Irrationalität von e und e^2 bewiesen habe. Den zutreffenden Einwand, daß die Konvergenz und die Gültigkeit der unendlichen Entwicklungen nicht dargelegt ist, kann man den späteren, oben berührten LAMBERTschen Darlegungen nicht machen.[276] Einen ganz elementaren Beweis für die Irrationalität von e, der vielfach in die heutigen Schulbücher übergegangen ist, verdankt man J. B. FOURIER (1768—1830, Paris).[277] Dieser multipliziert, wenn für die Reihe:

$$e = 1 + \frac{1}{1!} + \frac{1}{2!} + \frac{1}{3!} + \dots$$

der Wert $\frac{a}{b}$ als richtig angenommen wird, beide Seiten mit $b!$ und schafft alle Glieder der rechten Seite, die dadurch zu einer ganzen Zahl geworden sind, nach links. Der Zweck ist, links im Ganzen einen Wert, der größer als Eins ist, zu haben, während man von der rechten Restreihe:

$$\frac{1}{(b+1)} + \frac{1}{(b+1)(b+2)} + \frac{1}{(b+1)(b+2)(b+3)} + \dots$$

273 Daselbst I, cap. 18, § 381, S. 319, Z. 1[I 167]. — 274 Comm. Ac. Petrop. 9, 1737 (1744), S. 120 ff. — 275 Diese Entwicklung ist schon von COTES 1714 gefunden worden; vgl. G. VACCA, Bibl. math. 2_3, 1901, S. 442. — 276 Vgl. A. PRINGSHEIM, Sitzgsber. Bayr. Ak. Wiss., Math.-phys. Kl. 28, 1899, S. 325 f. — 277 L. DE STAINVILLES *Mélanges d'analyse algébrique,* 1815, S. 339, nach R. BALTZER, *Elemente*[IV 581], I, Buch II, § 31, 5, 4. Aufl., Leipzig 1872, S. 190.

nachweisen kann, daß sie kleiner als $\frac{1}{b}$ ist, so daß die Annahme ad absurdum geführt ist. — Zweitens war zu zeigen, daß e auch keine algebraische Zahl, d. h. nicht Wurzel einer algebraischen Gleichung mit rationalen Koeffizienten sein könne. Diesen Nachweis begann 1840 J. LIOUVILLE (1809—1882), indem er darlegte, daß der Grad dieser Gleichung, wofern überhaupt eine solche existiere, höher als der zweite sein müsse.[278] Ihn vollendete 1873 ein anderer französischer Mathematiker, CH. HERMITE (1822—1901).[279] Es stellte sich sogar heraus, daß auch jede Potenz e^x zu den transzendenten Größen gehört, wenn nur x eine algebraische Zahl ist.[280]

Das Symbol e für die durch

$$1 + \frac{1}{1!} + \frac{1}{2!} + \frac{1}{3!} + \ldots$$

definierte Zahl stammt von EULER her. Anfangs hatte er den Buchstaben c bevorzugt;[281] aber schon in einem Briefe vom 25. November 1731 treffen wir auf das e:[282] *e denotat numerum, cuius logarithmus hyperbolicus = 1.* Auch in einer nachgelassenen Schrift EULERS, die erst 1862 im Druck erschienen, aber wahrscheinlich 1728 verfaßt ist,[283] kommt e vor. Während im sechsten Bande der Petersburger Akademieberichte (gedruckt 1738) von EULER immer noch c benutzt wird, weist der siebente Band (gedruckt 1740; Manuskript wahrscheinlich schon 1735 fertig)[284] statt dessen durchgängig das e auf. In der *Mechanica* von 1736 wird e dauernd, ohne jede Einführung, benutzt.[285] Die Autorität EULERS war so ausschlaggebend, daß die allgemeine Annahme des Symbols e nicht lange auf sich warten ließ, besonders als 1748 durch die *Introductio*[I 167] auch weitere Kreise für die neueren Forschungen gewonnen wurden.

Das Wort Exponentialreihe wird durch TELLKAMPFS Elementarbuch (1829), in dem der ganze um die Zahl e gruppierte Lehrstoff schulgemäß behandelt wird, allgemeiner verbreitet.[286] Das Wort Exponentialgröße benutzt A. CH. MICHELSEN 1788 in seiner Übersetzung der EULERschen *Introductio.*[II 520]

---

[278] J. math. p. appl., Paris 5, 1840, S. 192—194. — [279] Compt. rend. 77, 1873, S. 18—24, 74—79, 226—233, 285—292; 1874 als selbständige Schrift erschienen. — [280] Ber. Ak. Berlin, 22. Okt. 1885, S. 1084, K. WEIERSTRASS, *Zu Lindemanns Abhandlung über die Ludolphsche Zahl.* — [281] Comm. Ac. Petr. 4, 1729 (1735), S. 74, Z. 3; S. 80, Z. 18. — [282] *Corresp. math. et phys.* publ. par FUSS, I, S. 58, Z. 6. — [283] G. ENESTRÖM, Bibl. math. 14_3, 1914, S. 81. — [284] Zuerst S. 146 daselbst, vgl. G. ENESTRÖM, Bibl. math. 2_3, S. 442. — [285] G. ENESTRÖM, Bibl. math. 5_3, 1904, S. 310. — [286] *Vorschule d. Math.*[I 295], § 185.

Wir haben im Vorstehenden eine große Zahl spezieller Reihen kennen gelernt, die für die Schulmathematik von Wichtigkeit sind. Wir übergehen, als zu weit von der Elementarmathematik abliegend, die rekurrenten Reihen DE MOIVRES,[287] Reihen, in denen ein folgendes Glied in einem konstanten linearen Zusammenhange mit den vorhergehenden Gliedern steht. Wir übergehen die FOURIERschen Reihen,[288] die nach trigonometrischen Funktionen vielfacher Winkel fortschreiten und in physikalischen Problemen, aber auch in der Darstellung willkürlicher Funktionen eine so wichtige Rolle erlangt haben. Wir müssen uns hier begnügen, eine kurze Skizze der Weiterentwicklung der allgemeinen Reihentheorie zu entwerfen.

Das siebzehnte Jahrhundert hatte bei der Lösung geometrischer Aufgaben, hauptsächlich bei der Ausführung von Quadraturen, zu Ausdrücken mit unendlich vielen Gliedern übergehen müssen. Zu ungeahntem Aufschwunge war die neue Analysis im achtzehnten Jahrhundert gelangt. Geblendet durch die glänzenden Resultate eines EULER, der BERNOULLI u. a., war man fest von der Allmacht dieser formalen Entwicklungen überzeugt. Vereinzelt waren die Versuche, die gewonnenen und allseitig ohne Bedenken weiterbenutzten Reihen auf ihre Konvergenz zu prüfen. Ungehört verhallten die Rufe, mit denen einsichtige Warner, wie P. VARIGNON,[289] NIKOLAUS I BERNOULLI,[290] D'ALEMBERT[291] zur Kritik mahnten. Man achtete nicht auf die Unmöglichkeiten und die Widersprüche, die die sorglose Benutzung divergenter Reihen oftmals verschuldeten. Den bewunderungswürdigen Ergebnissen, die EULER aus Verwendung auch divergenter Reihen trotz alledem ableitete, stehen nicht minder viel Fehlgriffe entgegen, über die das neunzehnte Jahrhundert zur Tagesordnung übergegangen ist und die nur noch der Geschichtsforscher zuweilen aufdeckt, um zu zeigen, wie wenig scharf die damalige Mathematik gearbeitet hatte.

Dem neunzehnten Jahrhundert war es vorbehalten, der neugeschaffenen Analysis dieselbe Schärfe und Strenge zu geben, deren

---

287 DE MOIVRE, Phil. Trans. 32, 1722, Nr. 373, S. 162—178; DANIEL BERNOULLI, Comm. Ac. Petr. 3, 1728 (1732), S. 85—100; DE MOIVRE, *Miscellanea analytica*, London 1730[IV 482], lib. II, cap. II, S. 26 ff.; lib. IV, cap. I, S. 72 ff.; EULERS *Introductio*[I 167], 1748, I, cap. 4, 13, 17. — **288** REIFF[II 1149], S. 124—140; RIEMANNS *Gesammelte Werke*[608], Leipzig 1876, S. 218 ff. — **289** Brief vom 19. Nov. 1712 an LEIBNIZ; LEIBNIZ, *Werke*, ed. GERHARDT, 4_3, Halle 1859, S. 187 f. — **290** Brief an EULER vom 6. April 1743, *Corresp. math. et phys.* p. par FUSS, 2[255], S. 701 f. — **291** *Opuscules mathém.* 5, Paris 1768, S. 183.

sich das Gebiet der altgriechischen Geometrie zu rühmen hatte. Aufstellung zuverlässiger Konvergenzkriterien, denen jede Reihe vor ihrer Anerkennung zu unterwerfen war, Untersuchung über ihren Gültigkeitsbereich, über ihre eventuelle Fortsetzung durch andere Reihen, die auch noch jenseits des zuerst festgelegten Konvergenzkreises die betreffende Funktion darzustellen vermögen, Betrachtung über das Verhalten der Reihen an singulären Stellen, über Stetigkeit, über Differenzierbarkeit usw. — das sind die charakteristischen Forderungen des neuen Jahrhunderts, die zu der Schöpfung einer modernen Funktionentheorie führten.

Die exakte Forschung setzte ein mit GAUSS' berühmter Abhandlung (1812) über die hypergeometrische Reihe:

$$F(\alpha,\beta,\gamma,x) = 1 + \frac{\alpha\,\beta}{1\,\gamma}\,x + \frac{\alpha\,(\alpha+1)\,\beta\,(\beta+1)}{1\,(\gamma+1)}\,x^2 + \ldots,$$ [292]

die fast sämtliche damals bekannten Reihen umfaßte. In durchaus strenger Weise wurde die Konvergenz und Divergenz nicht nur für reelle, sondern auch für komplexe Werte untersucht. Die dazu nötigen Kriterien mußte GAUSS sich erst selbst schaffen, da ihrer nur wenige, wie die LEIBNIZsche Regel für Reihen mit alternierenden und gegen Null abnehmenden Gliedern,[293] bekannt waren. Einen bedeutenden Förderer fand die anbrechende kritische Richtung in A. L. CAUCHY (1789—1857, Paris); seine *Analyse algébrique* (Paris 1821) legte das Fundament einer strengen Reihentheorie. Am weiteren Ausbau war N. H. ABEL (1802—1829) in der Abhandlung über die binomische Reihe[294] in hervorragender Weise tätig, sowohl durch Entdeckung neuer Konvergenzkriterien als auch durch Aufstellung einer Lehre von der Stetigkeit der Reihen. Die Namen KUMMER, DIRICHLET, WEIERSTRASS und die vieler anderer sind auf das engste mit der Geschichte der jungen Lehre verbunden; die meisten der hervorragenderen Mathematiker der Neuzeit beteiligten sich an ihrer Weiterführung.[295]

292 Gött. Gel. Anz. 1, 1812, S. 233—240; GAUSS' *Werke*, 3, Gött. 1876[1842], S. 123—162. — 293 Brief an JOHANN BERNOULLI vom 10. Januar 1714. LEIBNIZ, *Werke*, ed. GERHARDT, 3. Folge, 3^b, Halle 1856, S. 926, Z. 1 ff.: *Ipse, ubi animum attenderis, facile animadvertas, omnem valorem per seriem esse advergentem, per consequens finitum, cum partes seriei continuo decrescentes sunt alternationis affirmativae et negativae.* — 294 Journ. r. ang. Math. 1, 1826, S. 311—339; *Œuvres*, 1[220], S. 219—250. — 295 Die letzte Ausbildung erfuhr die Lehre von den Konvergenzkriterien durch die Arbeiten: U. DINI, *Sulla serie a termini positivi*, Pisa 1867; P. DU BOIS-REYMOND, *Neue Theorie der Konvergenz und Divergenz von Reihen mit positiven Gliedern*, Journ. r. ang. Math. 76, 1873, S. 61—91; A. PRINGSHEIM, *Math. Ann.* 35, 1890, S. 297—394; 39, 1891, S. 125—128.

2. Die Zinseszinsrechnung.

Eine besondere Lehre von der Zinseszinsrechnung gab es weder im Altertum noch im Mittelalter bis zum fünfzehnten Jahrhundert. Trat die Notwendigkeit der Berechnung von Zinseszins ein, so wurde nach den Methoden, die wir in der Geschichte des kaufmännischen Rechnens kennen gelernt haben, verfahren. Indessen sehen wir nur sehr selten Zinseszins benutzt, so gelegentlich einmal (Bd. I, S. 158) in Aufgaben des alten Inders Āryabhaṭa (geb. 476 n. Chr.).[296]

Mit dem Aufblühen des Handels im Mittelalter werden Zinseszinsanwendungen häufiger. Wir begegnen in dem *Liber abaci* Leonardos von Pisa (1228) Aufgaben, in denen Gewinnberechnungen für einen Kaufmann angestellt werden, der von Stadt zu Stadt handeltreibend an jedem Ort sein Vermögen in demselben Verhältnis vermehrt.[297] In einer anonymen italienischen Handschrift aus dem vierzehnten Jahrhundert wird unter anderen Berechnungen die Frage gelöst, was aus einer Geldsumme nach zwei Jahren mit doppeltem Zins wird.[298]

Kaufmännische Kenntnisse gelangten aus Italien im vierzehnten Jahrhundert allmählich auch nach Deutschland. In einem Münchener Handschriftenband aus den Jahren 1455—1464 findet sich eine Aufgabe, in der aus dem Anfangskapital $c = 20$ ₶ und dem nach zwei Jahren sich ergebenden Endkapital $k = 30$ ₶ der Prozentsatz ausgerechnet werden soll.[299] Ähnliche Aufgaben stellten sich 1463/64 Regiomontan und der Astronom Bianchini gegenseitig ($c = 100$, $k = 265$, $n = 3$ und $c = 100$, $k = 900$, $n = 6$).[300] Weitere Auskunft gibt uns das Rechenbuch, das Johannes Widman von Eger 1489 zu Leipzig drucken ließ. Eine unter der *regula lucri* von ihm behandelte Aufgabe[301] stellt die Frage: Wieviel Zinsen haben 20 fl. im ersten Jahre abgeworfen, wenn sie nach zwei Jahren auf 50 fl. angewachsen sind; ihre Lösung führt bereits auf quadratische Gleichungen. An anderer Stelle, unter der Überschrift Gewin vñ

296 Āryabhaṭa, éd. Rodet, Journal Asiatique 1879, Strophe XXV, S. 402, 424 bis 425. — 297 Leonardo Pisano[I 17], I, S. 399—401. — 298 G. Libri, *Histoire des sciences mathématiques en Italie*, Paris 1837—1841 (2. Aufl. Halle 1865), 3, Paris 1840, S. 318, letzter Abschnitt. — 299 Ed. Curtze[I 304], Abh. Gesch. Math. 7, S. 54: Jtem ainer leiht 20 ₶ jn 2 jaren gewin vber gewin, vnd ven dy zwey jar ausz kommen, so gibt man im wider 30 ₶ mit hauptgut vnd gewin. Nu frag ich, wie uil 20 ₶ in 1 jar hat gewonnen. — 300 *Regiomontans Briefwechsel*[I 308], ed. Curtze S. 236, 238, 256. — 301 Blatt q 6 v°[I 145].

hauptgut,[302] wird der Endwert eines Kapitals von 1000 fl. zu 4% nach vier Jahren so gefunden, daß erst $\left(\frac{104}{100}\right)^4 = \frac{116985856}{100000000}$ berechnet und dann der Dreisatz aufgestellt wird: 100000000 fl. wachsen zu 116985856 fl. an. Zu wieviel wachsen 1000 fl. an? $\left(\text{Antwort: } 1169 \text{ fl.} \frac{2683}{3125}\right)$. Unmittelbar darauf[303] berechnet WIDMAN den Endwert eines Kapitals von 400 fl. nach zwölf Jahren für 9% bei halbjährlicher Verzinsung durch stufenweises Vorgehen von Halbjahr zu Halbjahr. Die nächste Aufgabe[304] verlangt den Endwert von 100 fl. bei 10% für vier, bzw. beliebig viele Jahre, und WIDMAN verfährt wiederum unter Benutzung eines Dreisatzes nach der Formel $c\left(1 + \frac{p}{100}\right)^n$, wo p der Prozentsatz, n die Anzahl der Jahre und c das Anfangskapital ist. Im weiteren tritt sogar monatliche Verzinsung auf.[305]

Die Anführung dieser und besonders der Beispiele, in denen die Formel $c\left(1 + \frac{p}{100}\right)^n$ befolgt ist, genügt, um erkennen zu lassen, daß das kaufmännische Rechnen dieser Zeit schon ziemlich stark die eigentliche Lehre der Zinseszinsrechnung ausbildete. Die gleiche Gruppe von Aufgaben treffen wir in dem großen italienischen Sammelwerk, der *Summa* des LUCA PACIOLI (1494).[306] Auch die Reiseaufgaben LEONARDOS finden wir hier wieder und sogar so verwickelt gestellt, daß mit gewöhnlichen Gleichungen keine Lösung erzielt werden kann, sondern für die sich ergebende Exponentialgleichung zu methodischem Raten Zuflucht genommen werden muß. Hierzu gehört die Aufgabe, die Anzahl der Reisen eines Kaufmanns zu ermitteln, dessen Anfangsvermögen ebenso groß ist wie diese Anzahl der Reisen, der aber an jedem Ort sein Vermögen verdoppelt und schließlich 30 Dukaten besitzt.[307]

Auch in dem *General trattato* (1556) des Italieners TARTAGLIA findet das kaufmännische Rechnen eingehende Berücksichtigung. Eine Übersicht der einschlägigen Beispiele läßt für die Zinseszinsrechnung vier besondere Methoden zur Feststellung des Endkapitals unterscheiden.[308] An der Spitze steht die gewiß am weitesten verbreitete und durchsichtigste Art, zunächst die Zinsen des ersten Jahres zu berechnen, diese dem Kapital zuzuschlagen, nunmehr die Zinsen des neuen Kapitals zu berechnen, diese wieder zu kapi-

302 Blatt r 1 r°. — 303 Blatt r 1 v°. — 304 Blatt r 2 r°. — 305 Blatt r 3 r° u. 3 v°. — 306 *Summa*, Abt. I, Dist. IX, tractat. 5[111]. — 307 *Summa*, I, Dist. IX, tract. 7, Bl. 186 r° ff. — 308 Parte I, lib. XI, cap. 10, S. 190 ff.[144]; vgl. F. UNGER, *Die Methodik* usw.[1144], S. 89.

talisieren usw. Dem zweiten Verfahren liegt, wie bei WIDMAN, die Formel $c\left(1 + \frac{p}{100}\right)^n$ zugrunde, wenn diese auch bei dem Fehlen einer eigentlichen Buchstabenrechnung nicht als solche vorausgesetzt werden darf. Der dritte Weg begegnet sich mit dem ersten; es wird ein vom Prozentsatz abhängiger Bruch aufgestellt $\left(\frac{p}{100}\right)$ und um diesen Bruchteil das Kapital von Jahr zu Jahr vermehrt. Dies wird bei der vierten Methode an einem bestimmten Kapital rechnerisch durchgeführt und die gefundenen Resultate durch einen Regeldetrischluß auf das jedesmal vorliegende besondere Kapital übertragen.

Diese vierte Vorschrift gab die Veranlassung, Tabellen zu schaffen, deren Benutzung die rechnerische Arbeit auf den Regeldetrischluß beschränken konnte. Wann Zinseszinstafeln zum erstenmal aufgestellt worden sind, ist nicht mehr nachzuweisen; bekannt sind uns solche schon aus dem vierzehnten Jahrhundert.[309] Im Druck sind derartige Tabellen erst gegen Ende des sechzehnten Jahrhunderts erschienen; der erste Herausgeber ist der holländische Mathematiker SIMON STEVIN (1548—1620). Seine *Practique d'Arithmétique*[II 97] (Leiden 1585) enthält 16 Tafeln mit je drei Kolonnen, für 1 % bis 16 %.[310] Die erste Spalte enthält die Anzahl der Jahre n, die zweite den Wert eines Kapitals, das nach n Jahren unter Berechnung von Zinseszins den Endwert 10000000 hätte. Es ist auf Grund der Formel:

$$10000000\left(\frac{100}{100+p}\right)^n$$

berechnet. Die dritte Spalte liefert den Gesamtbarwert einer n Jahre zu zahlenden Rente von 10 Millionen, zurückgerechnet auf den Anfang des ersten Jahres; die in ihr angegebenen Werte ergeben sich in einfacher Weise durch Addition aller Zahlen der zweiten Spalte bis zu dem betreffenden n. Die Zahl der Jahre läuft von 1 bis 33. Diese, eigentlich als Rabattierungstafeln aufzufassenden Tabellen sind mit Hilfe von Regeldetrischlüssen auch als Zinseszinstafeln zu benutzen.

Wurde bisher nur die eine Anfgabe der Zinseszinsrechnung behandelt, wie groß der Endwert eines gegebenen Kapitals sei, so

309 In dem *Libro di divisimenti di paesi e di misure di mercatanzie* von FRANC. BALDUCCI PEGOLOTTI aus Florenz, 1350; gedruckt erst durch G. F. PAGNINI, *Della decima . . . e della mercatura*, Lisbona und Lucca 1766. — 310 *Œuvres de Simon Stevin*[I 235], Leyden 1634, 1, S. 191—197.

nimmt STEVIN zum erstenmal an der Hand seiner Tabellen auch die übrigen noch möglichen Fragestellungen, nach dem Anfangskapital, dem Prozentsatz und der Zeit, in Angriff.[311] Für die letzten beiden Fälle muß er sich allerdings mit Annäherungsresultaten zufrieden geben.

Nach STEVIN hatte die Zinsrechnung nur noch in zwei Richtungen eine Vervollkommnung zu erwarten, erstens durch die Erfindung der Logarithmen, die erst die exakte Lösung für den Fall, daß nach der Zeit gefragt wurde, ermöglichte, dann durch die Verwertung algebraischer Symbolik, die die Ergebnisse in allgemeiner, geschlossener Form zu liefern vermochte.

Der Mehrzahl der logarithmischen Tafeln (Bd. II, S. 206 f.) wird ein Vorbericht mitgegeben, in dem das logarithmische Rechnen auseinandergesetzt und an Beispielen vorgeführt wird. BRIGGS wählte (1624 *Arithmetica logarithmica*) seine Übungsaufgaben u. a. auch aus der Zinseszins- und Rentenrechnung,[312] während sich die älteren Tafeln (BÜRGI, KEPLER) nur auf Beispiele aus der Multiplikation, Division, Potenzierung, Radizierung, ferner auf Proportionen und Regeldetri beschränkt hatten. So berechnete BRIGGS das Endkapital k nach der Vorschrift:

$$k = c\left(1 + \frac{p}{100}\right)^n,$$

in einer darauffolgenden Aufgabe auch den Prozentsatz p, und zwar unter Berücksichtigung sowohl von monatlicher als auch täglicher Verzinsung. Daran schloß er noch zwei Aufgaben aus der Rentenrechnung an; zuerst fragte er nach dem baren Wert einer regelmäßig n Jahre lang gezahlten Rente, dann nach der Größe einer Rente, die aus einem gegebenen Anfangskapital für eine vorgeschriebene Anzahl von Jahren geleistet werden kann.

Wir sehen, daß die Anzahl dieser Anwendungen durchaus nicht erschöpfend ist. Eine systematische Behandlung der Zinseszinsrechnung fehlt auch hier noch. Zu einer solchen leitet eine kleine Schrift von WILLIAM OUGHTRED (1574—1660), *De anatocismo sive usura composita*, über.[313] In ihr werden auf klarem analytischem Weg die sechs Aufgaben gelöst, erstens in der obigen Zinseszins-

311 *Œuvres*, 1, S. 197, prop. I, gesucht Endkapital; S. 199 Exemple VII, gesucht p; Exemple VIII, gesucht n (Zeit); S. 200, Exemple IX, gesucht c (Anfangskapital). — 312 Kap. XVII[II 994], Aufg. 2—4; S. 43—45. — 313 *Opuscula mathematica*[I 792], 1676, Nr. V, S. 42—44.

formel das Endkapital aus dem Anfangskapital und umgekehrt zu berechnen, zweitens ebenso in der Rentenformel:

$$k = r\frac{q^n - 1}{q - 1}$$

k aus r und r aus k, drittens in der Diskontierungsformel:

$$c = \frac{r}{q^n} \cdot \frac{q^n - 1}{q - 1}$$

c aus r und r aus c. Seine Schreibweise ist natürlich eine ganz andere. Die Bezeichnung barer Wert findet sich schon in *valor praesens* angebahnt. Eine viel eingehendere Darstellung, gewiß durch OUGHTREDS kleine Abhandlung veranlaßt, verdankt man dem Astronomen E. HALLEY (1656—1742, Greenwich). Von ihm rührt eine Schrift *Of Compound Interest* her, die der Einleitung der SHERWINschen Logarithmentafeln[314] als viertes Kapitel eingefügt ist. Als besonderer Vorzug seiner Darstellung muß die durchgängige Verwendung algebraischer Formeln, womit OUGHTRED begonnen hatte, angesehen werden. Ersetzen wir HALLEYS Buchstaben der Einheitlichkeit wegen durch unsere oben gewählten Zeichen, so unterschied er die vier möglichen Fälle:

I. Gesucht Endkapital: $k = c\,q^n$, $\left(q = 1 + \frac{p}{100}\right)$

II. Gesucht Prozentsatz: $q^n = \frac{k}{c}$,

III. Gesucht Zeit: $q^n = \frac{k}{c}$,

IV. Gesucht Anfangskapital: $c = \frac{k}{q^n}$,

die an Beispielen durchgeführt werden. Dieselbe Zusammenstellung wird im Anschluß hieran auch bei der Formel für den Endwert einer Rente r für n Jahre bei p Prozent:

$$k = r\,\frac{q^n - 1}{q - 1}$$

gegeben:

314 Dem Verfasser stand nur die dritte, von W. GARDINER durchgesehene Auflage von 1741 zur Verfügung.[II 1032] Eine vorausgeschickte Widmung SHERWINS an E. HALLEY ist vom 12. Juli 1705 datiert.

I. Endwert gesucht: $k = \frac{r q^n - r}{q - 1}$,

II. Zeit gesucht: $\frac{r}{q-1} q^n = k + \frac{r}{q-1}$,

III. Rente gesucht: $r = \frac{k(q-1)}{q^n - 1}$,

IV. Prozentsatz gesucht: $\frac{k}{r} - 1 = \frac{k}{r} q - q^n$.

Für Fall IV, der allgemein nicht genau gelöst werden kann, gibt HALLEY eine brauchbare Näherungsmethode.

Drittens wird die Aufgabe von dem Kapitalwert (dem baren Wert) einer Rente, zurückgerechnet auf den Anfang der Rentenzahlung:

$$k = \frac{r}{q-1} - \frac{r}{q^n(q-1)},$$

nach gleichen Gesichtspunkten auseinandergesetzt.

An HALLEY schließt sich W. JONES an, dessen Lehrbuch *Synopsis palmariorum matheseos* von 1706 das erste elementare ist, das den neuen Stoff aufnimmt.[315] In den deutschen Rechenbüchern des achtzehnten Jahrhunderts werden Formeln fast grundsätzlich vermieden, wohl, weil man glaubte, den Lernenden durch Benutzung algebraähnlicher Ausdrücke Schwierigkeiten zu bereiten. Als Beispiel führen wir das bedeutendste Werk dieser Art an, die *Demonstrative Rechenkunst* von CH. VON CLAUSBERG (1. Auflage 1732, 5. Auflage 1795)[I 927]. Darin ist nur an einer Stelle[316] eine Zinseszinsformel anzutreffen, ohne daß sie jedoch zum Rechnen benutzt wird. Dieselbe Scheu vor Formeln zeigen jene Elementarbücher der Mathematik und verwandten Wissenschaften, die unter dem Namen *Anfangsgründe* von v. WOLFF,[I 15] KÄSTNER,[I 259a] SEGNER,[II 1091] BUGGE[I 715] verfaßt worden sind. Alle überragt ein mehr kaufmännisches Werk von CHR. DE FLORENCOURT, *Abhandlungen aus der juristischen und politischen Rechenkunst* (1781),[III 88] das die Zinseszinsrechnung mit allen Umkehrungen systematisch behandelt, in der Aufstellung der Schlußformeln:

$$k = c q^n, \qquad n = \frac{\log k - \log c}{\log q},$$

$$c = \frac{k}{q^n}, \qquad q = \sqrt[n]{\frac{k}{c}},$$

315 Chap. X, S. 205 ff.[II 57]. — 316 5. Aufl., S. 1328[I 927].

sogar noch weiter geht als HALLEY. Die allgemeine Rentenformel wird indes nicht so allseitig betrachtet.

EULER kommt in seiner *Introductio* von 1748[I 167] nur bei der Anwendung der Logarithmen auf Zinseszinsrechnung zu sprechen.[317] Es sind zwei noch heute sehr bekannte Aufgaben, die er wählt. In der ersten soll der Endbestand einer Bevölkerung nach 100 Jahren berechnet werden, wenn der jährliche Zuwachs bekannt ist. In der zweiten wird nach der Anzahl der Jahre gefragt, während der aus einem gegebenen Kapital Renten bis zur Erschöpfung dieses Kapitals gezahlt werden können; die von EULER aufgestellte Gleichung:

$$q^x c = \frac{q^x r - r}{q - 1}$$

führt heute den Namen Amortisationsgleichung. EULER findet aus ihr:

$$x = \frac{\log r - \log\left(r - (q-1)c\right)}{\log q}.$$

Die übergangenen Fälle, in denen nach r und c gefragt wird, setzte KARSTEN[318] (1768) auseinander. G. W. LEONHARDI (1810)[IV 110] behandelte die Zinseszinsrechnung in der noch heute gewohnten Art, so daß:

$$k = c\,q^n, \qquad k = c\,q^n + r\frac{q^n - 1}{q - 1}, \qquad k = r\frac{q^n - 1}{q - 1}$$

als Hauptformeln aufgestellt werden.[319]

Die Forderung, Zinseszins für jeden Augenblick zu berechnen, ist zuerst von JAKOB BERNOULLI (1654—1705, Basel) gestellt worden. In den Acta Eruditorum von 1690 gibt[320] er, freilich ohne Ableitung, die Formel:

$$a + b + \frac{b^2}{2a} + \frac{b^3}{2 \cdot 3\,a^2} + \cdots,$$

wo a das Kapital, b die einfachen Zinsen für ein Jahr bedeuten. Führt man nachträglich den Prozentsatz p ein, so daß $b = \frac{ap}{100}$ ist, und benutzt die Reihe für die transzendente Zahl e, so ergibt sich als Endwert in einem Jahr der bekannte Ausdruck $a\,e^{\frac{p}{100}}$.

317 Bd. I, cap. 6[I 167]. — 318 *Lehrbegriff*[I 209], 2, Greifswald 1768, § 227—228. — 319 *Vorlesungen*[IV 110], 2, § 206, 208. — 320 JAKOB BERNOULLI, *Opera*[III 54], S. 427 bis 431.

3. Kombinatorik und Wahrscheinlichkeitsrechnung.

Kombinatorische Betrachtungen treten uns schon im Altertum entgegen. Wenn, wie PLUTARCH mitteilt,[321] XENOKRATES (397—314 v. Chr., Athen; Leiter der Akademie) die Anzahl der aus allen Buchstaben zusammensetzbaren Silben auf 1002 Billionen angibt, wenn der Stoiker CHRYSIPPOS (282—209), wiederum nach demselben Bericht,[322] behauptet, die Zahl der aus zehn Axiomen möglichen Zusammenstellungen sei größer als 1000000, wenn HIPPARCH (der Astronom?, zweites Jahrhundert v. Chr.) dies genauer ausspricht, indem er aus den bejahenden Axiomen 103049, aus den verneinenden 310952 Verbindungen zählen zu können meint,[323] so sind diese Zahlen zu genau angegeben, um als Schätzungen gelten zu können, anderseits zu groß, um auf wirklichen Abzählungen zu beruhen. Daraus geht hervor, daß die genannten Gelehrten des Altertums nach irgendwelchen uns unbekannten Rechenvorschriften, deren Richtigkeit sehr wahrscheinlich anzuzweifeln ist, verfahren sein müssen. Ein nachträgliches Wiederfinden der benutzten Gesetze mit Hilfe der überlieferten Zahlen ist bisher nicht geglückt.

Indes werden auch wirkliche Abzählungen vorgenommen worden sein, wenn es sich um kleinere Gruppen gehandelt hatte. Die Zusammenstellung aller möglichen Arten von logischen Schlüssen, die ARISTOTELES bespricht, ist durchaus vollständig, ebenso, in der Prosodie, die Gruppierung der aus Längen und Kürzen zusammensetzbaren Versfüße.[324] Erschöpfend ist EUKLIDS (um 325 v. Chr.) Lehre vom Irrationalen, da alle möglichen Kombinationen, soweit sie sich auf Wiederholung der Quadratwurzeln beziehen, ohne Ausnahme behandelt sind (vgl. Bd. II, S. 65 f., 155 f.). Auch die Angabe des PAPPOS (Ende des dritten Jahrhunderts n. Chr.; Alexandria) — bei Besprechung der zehn möglichen Fälle des Apollonischen Taktionsproblems —,[325] daß aus drei Elementen sechs Binionen und 10 Ternionen bei Zulassung von Wiederholungen ohne Be-

---

321 PLUTARCHUS, *Quaest. Conv.*, VIII, 9, cap. 3, § 13; ed. DÜBNER-DIDOT[26], *Moralia*, 2, S. 898, Z. 48 ff. — 322 Ebendaselbst, § 11, Z. 43—44; auch *De Stoicorum repugnantiis*, cap. 29, § 3, *Moralia*, Bd. II, S. 1281, Z. 19 ff. — 323 *Quaest. conv.*[26], § 12, Z. 45 ff.; *De Stoic. rep.*, § 5, S. 1281, Z. 27 ff. — 324 Vgl. CANTOR 1[3], S. 256. — 325 PAPPUS, *Collectiones*, lib. VII, § 11—12; ed. HULTSCH[18], 2, S. 646, Z. 1—2, S. 648, Z. 7—9: *Ἐν τῶν τριῶν γὰρ ἀνομοίων γενῶν τριάδες διάφοροι ἄτακτοι γίνονται ι'. — Ἐκ τῶν τριῶν γὰρ διαφόρων τινῶν δυάδες ἄτακτοι διάφοροι γίνονται τὸ πλῆθος ς'.*

achtung der Reihenfolge gebildet werden können, dürfte nur auf induktivem Wege gewonnen worden sein.

Zu allgemeineren Sätzen aus der Kombinatorik haben sich die Griechen, wenigstens soweit die Überlieferung reicht, nicht aufgeschwungen. Eine Fortführung finden wir zum erstenmal bei AMMONIUS († 250 n. Chr.), dem Gründer der neuplatonischen Schule in Alexandria; er berechnet die Anzahl der Binionen aus beliebig vielen (n) Elementen durch das halbe Produkt der Zahlen n und $n - 1$.[326] Von ihm bezieht BOËTIUS (480 Rom — 524 Pavia)[327] seine Kenntnisse in der gleichen Berechnung und übermittelt die Formel an spätere Zeit. Nach ihr verfahren die Scholastiker des christlichen Mittelalters, z. B. ORESME (1322—1382, Bischof in Lisieux); dieselbe Vorschrift spricht auch MARSILIUS VON INGHEN aus.[328] Viel weitergehende Kenntnisse, deren Grundlage wahrscheinlich in Betrachtungen aus der Prosodie beruht, hatten sich die Inder erworben. BHĀSKARA (geb. 1114)[329] kennt die Anzahl der Kombinationen von n Elementen zur p^{ten} Klasse ohne Wiederholung, ferner die der Permutationen einer gegebenen Elementengruppe mit und ohne Wiederholung.

Wie weit die Araber mit der Kombinatorik vertraut gewesen waren, ist uns nicht bekannt. Am Anfang des vierzehnten Jahrhunderts finden wir bei dem jüdischen Gelehrten LEVI BEN GERSON (1288—1344, Avignon) in seiner hebräisch geschriebenen Schrift *Werke des Rechnens* von 1321, die erst in neuester Zeit durch Druck bekannt geworden ist,[330] ganz beträchtliche Kenntnisse. LEVI kennt Permutationen, ferner Kombinationen und Variationen von n Elementen zur p^{ten} Klasse mit und ohne Wiederholung. Scharf wird zwischen Kombinationen und Variationen unterschieden. „Eine Verschiedenheit in den Gruppen ist auf zwei Weisen möglich; entweder unterscheiden sie sich in ihren Elementen oder sie unterscheiden sich nur in der Reihenfolge.“[331] Für Gruppe hat LEVI BEN GERSON ein besonderes hebräisches Fachwort (wörtlich etwa = Verbindung). Seine Hauptformeln führen wir in moderner Schreibart an, um ein Bild über seine erstaunlichen Kenntnisse zu entwerfen; dabei bedeutet

326 *Comment. in Aristotelem*, ed. BUSSE, Gr. IV 1, Berlin 1851; IV 3, Berlin 1891; nach CANTOR 1^3, S. 501. — 327 BOËTIUS, lib. V der *Comment. in Porphyrium*; J. L. HEIBERG, Philologus 43, 1884, S. 475—476. — 328 Vgl. H. WIELEITNER, Bibl. math. 14_3, 1914, S. 214 Anm. — 329 Ed. COLEBROOKE I 85, S. 49—50, 123—127. — 330 Herausgeg. und übersetzt von G. LANGE II 296, Frankfurt 1909, Programm Nr. 560. J. CARLEBACH, *Lewi ben Gerson als Mathematiker*, Berlin 1910 II 206. — 331 CARLEBACH, S. 171.

P_n die Anzahl der Permutationen von n Elementen, C_n^p die Kombinationszahl von n Elementen zu je p, V_n^p die entsprechende Variationszahl.

§ 63. $P_n = n\,P_{n-1}$. Der Beweis wird genau so wie in den heutigen Lehrbüchern geführt: ein Element wird an erster Stelle festgehalten; P_{n-1} sei die Anzahl der Permutationen von $n-1$ Elementen. Da man nun jedes der n Elemente vorwegnehmen kann, so erhält man im ganzen $n\,P_{n-1}$ Permutationen der n Elemente.

§ 64. $V_n^2 = n(n-1)$. Für Variation sagt LEVI BEN GERSON „Gruppe zu zwei, die sich in ihren Elementen oder in der Reihenfolge unterscheiden".

§ 65. Allgemein $V_n^{p+1} = (n-p)\,V_{n_1}^p$.

§ 66. $V_n^p = C_n^p\,P_p$.

§ 67. $C_n^p = V_n^p : P_p$.[332]

§ 68. $C_n^{n-p} = C_n^p$ [333] (mit zwei Beweisen an Beispielen).

Alle Sätze werden allgemein ausgesprochen, zum Teil mit Buchstabengrößen, wie bei JORDANUS NEMORARIUS (Bd. II, S. 41), aber ohne Rechensymbole, so daß fortgesetzt nach jeder Rechnung neue Buchstaben eingeführt werden müssen.

Für das weitere Mittelalter waren diese Kenntnisse LEVI BEN GERSONS nicht vorhanden; hier mußte, wenn wir von der geringfügigen Regel des BOËTIUS absehen, von vorn angefangen werden. Zunächst erschienen nur ganz vereinzelt kombinatorische Aufgaben; erst allmählich stellten sich wieder erheblichere Fortschritte ein.

332 Der Satz lautet wörtlich (die Klammern sind zur Erläuterung hinzugefügt): Ist eine Zahl verschiedener Elemente gegeben ($n =$ I. Zahl) und die Anzahl der Variationen zu einer durch eine zweite Zahl ($p =$ II. Zahl) bestimmten Klasse eine gegebene dritte Zahl ($V_p^n =$ III. Zahl) und die Anzahl der Permutationen von verschiedenen Elementen, deren Zahl gleich der zweiten gegebenen Zahl (p) ist, eine vierte gegebene Zahl ($P_p =$ IV. Zahl), so ist die Anzahl der Kombinationen ohne Wiederholung der obigen Elemente zu derselben Klasse (C_n^p) gleich der Zahl, die angibt, wie oft die vierte Zahl die dritte zählt. — 333 Wörtlich: Ist eine Zahl verschiedener Elemente gegeben ($n =$ I. Zahl) und die Anzahl der Kombinationen dieser Elemente ohne Wiederholung zu einer durch eine gegebene zweite Zahl ($p =$ II. Zahl) bestimmten Klasse eine gegebene dritte Zahl ($C_n^p =$ III. Zahl) und der Überschuß der ersten gegebenen über die zweite eine gegebene vierte Zahl ($n-p =$ IV. Zahl), so ist die Anzahl der Kombinationen ohne Wiederholung zu der durch die vierte Zahl bestimmten Klasse (C_n^{n-p}) gleich der dritten gegebenen Zahl (C_n^p).

LUCA PACIOLI (*Summa* 1494) zählte gelegentlich die Anzahl der Permutationen für zehn Personen auf,[334] der Engländer W. BUCKLEY († um 1550) gab an einer Stelle die Anzahl der Kombinationen von n Elementen zu je p bei einzelnen Beispielen an,[335] der Italiener TARTAGLIA (um 1500—1557) vermochte schon die Anzahl aller verschiedenen Würfe aufzustellen, die mit einer bestimmten Zahl k $(= 1, 2, 3, 4, \ldots, 8)$ von Würfeln vorgenommen werden können[336] — das wären also Kombinationen mit Wiederholung aus sechs Elementen zu je k —, sein Zeitgenosse CARDANO[337] (1501—1576) berechnete sogar die Gesamtzahl aller Kombinationen (*conjugationes*) von n Elementen zu allen möglichen Klassen auf $2^n - 1$.

Diese Regel übernimmt STIFEL (um 1487—1567) in seiner *Arithmetica integra* von 1544 mit Berufung auf CARDANO,[338] um die Anzahl aller möglichen Produkte der Primzahlen einer gegebenen Zahl, z. B. von 462, also alle aliquoten Teile einer aus n Primzahlen bestehenden Zahl zu bestimmen. An ihn lehnt sich wieder CLAVIUS an (1537—1602),[339] den D. SCHWENTER (1585—1626, Altdorf) in seinen Erquickstunden V 629 1636 wörtlich übersetzt.[340] Es ist die Aufgabe gestellt, wieviel Wörter aus den 23 Buchstaben des Alphabets gebildet werden können. Zunächst werden die „Paarungen formiert" (Kombinationen zu zwei) und die Regel des BOËTIUS, $\binom{n}{2}$, angezogen;[341] dazu sollen nun die „Combinationes oder Zusammenfügungen" zu je drei, vier usw. addiert werden, also $\binom{n}{3}, \binom{n}{4} \ldots$. Statt dieser Summe wird aber sofort die Regel des CARDANO $2^n - 1$ benutzt. Ihr können wir danach, modern geschrieben, die Formel entnehmen:

$$\binom{n}{0} + \binom{n}{1} + \binom{n}{2} + \binom{n}{3} + \cdots + \binom{n}{n-1} + \binom{n}{n} = 2^n ,$$

334 Teil I 111, dist. 2, tract. 5, Nr. 29, Bl. 43 v°. — 335 CANTOR 2², S. 480. — 336 *General trattato* 144, II, lib. I, Bl. 17 r°. — 337 *Opus novum de proportionibus*, Basileae 1570, V, prop. 170; *Conjugationes cuius vis numeri breviter invenire*, S. 185; *Exaereton mathematicorum*, 1572, prop. 170; *Opera*, Lugd. 1663, IV, S. 557. Die Regel CARDANOS muß aber schon an einer früheren Stelle vorkommen, da sich STIFEL 1544 338 auf sie beruft. Der Verfasser hat weiteres nicht gefunden. — 338 *Arithmetica integra* II 9, Bl. 11 v°, 101 f. — 339 *Sphaera Joannis de Sacrobosco; Opera omnia* I 432, III, S. 18—19. — 340 I. Aufgabe 33, S. 69 V 649. — 341 Ihr Wortlaut ist: Die Zahl vorgegebner subjectorum oder Ding multiplicirt man mit der Zahl so umb eins weniger als die vorgegebene Zahl: Dann deß Products halber Theil / weist wie offt die Paarung können angestellet werden.

wenn $\binom{n}{0} = 1$ und $\binom{n}{1}$, d. i. die Anzahl der Einzelbuchstaben, an die SCHWENTER nicht denkt, noch hinzugefügt wird.

Ein Beweis für diese Beziehung wird an keiner Stelle geführt; für uns ist sie nur ein Sonderfall des binomischen Lehrsatzes $(a+b)^n$, wenn $a = b = 1$.

CLAVIUS erkennt richtig, daß die errechnete Anzahl:

$$2^{23} - 1 = 8388607$$

noch nicht ausreichend ist; in jedem einzelnen dieser Wörter könnten ja noch die Buchstaben vertauscht werden. Er erfaßt also den Begriff einer Variation und den der Permutation. Daß auch gleiche Buchstaben vorkommen könnten, übersieht er allerdings. Die Anzahl der Permutationen der 23 Buchstaben selbst rechnet er richtig mit $23 \cdot 22 \cdot 21 \ldots 3 \cdot 2 \cdot 1$ aus.

Von französischen Mathematikern sei BUTEO (1492—1579) erwähnt, der in seiner *Logistica* (1559) alle Kombinationen und Permutationen zu je 1—4 von sechs Elementen aufzählt und in Tabellenform bringt,[342] ferner P. HÉRIGONE (*Cursus mathematicus* 1634),[1792a] dem man die erste ganz allgemeine Aufstellung der Kombinationsformel:

$$\frac{n(n-1)(n-2)\ldots(n-m+1)}{1 \cdot 2 \cdot 3 \ldots\ldots m}$$

(Kombinationen ohne Wiederholung) verdankt.[343] Der holländische Jesuit ANDREAS TACQUET (1612—1660, Löwen) hat schon in seiner *Arithmethicae theoria et praxis* von 1656[1270a] den Kombinationen und Permutationen, Bezeichnungen, die unsere Begriffe bereits treffen, ein kleines Kapitel gewidmet.[344] In Frankreich entstanden die ersten umfassenderen Arbeiten über die Kombinatorik. BL. PASCAL (1623—1662, Clermont, Rouen, Paris) gelang es (um 1654) in seiner Abhandlung über das arithmetische Dreieck (vgl. S. 37), die Verbindung zwischen den Kombinationszahlen, den figurierten Zahlen und den Binomialkoeffizienten aufzudecken. Gleichzeitig hatte noch ein anderer bedeutender Mathematiker, P. DE FERMAT (1601—1665, Toulouse), dasselbe Thema in Arbeit genommen und Untersuchungen angestellt, die denen PASCALS begegnen.

PASCAL hatte für die Anzahl der Kombinationen (von n Elementen zur k^{ten} Klasse ohne Wiederholung = *la multitude des com-*

342 *Logistica,* 1559[159], *Quaestio* 90—91, S. 305—329. — 343 2[1792a]. *Arithmetica practica,* Cap. 15, S. 119. — 344 Lovanii 1658, V, cap. 8; 2. Aufl. Antw. 1665, S. 375 f.[1270a].

binaisons des k dans n[345]) noch kein eigenes Symbol, das dem unsrigen $C_n^{(k)}$ entspräche; doch beherrschte er die meisten der Relationen, die für diese Größen gelten, so:

$$C_n^{(k)} + C_n^{(k+1)} = C_{n+1}^{(k+1)}, \qquad C_n^{(n)} = 1, \qquad C_n^{(1)} = n \quad \text{u. a.}$$

Weitere Fortschritte machte die Kombinationslehre in den Händen von LEIBNIZ und JAKOB BERNOULLI I. In der *Ars combinatoria* von 1666[346] betrachtete LEIBNIZ nicht nur die Kombinationen, sondern auch die Permutationen. Ist P_n die Anzahl der Permutationen, d. h. der Umstellungen, die mit n Elementen ohne Auslassen eines oder mehrerer dieser Elemente vorgenommen werden können, so lassen sich die hauptsächlichsten der von LEIBNIZ aufgestellten Sätze durch

$$P_n = 1 \cdot 2 \cdot 3 \ldots n$$

$$2\,P_n - (n-1)\,P_{n-1} = P_n + P_{n-1} \qquad \text{oder} \qquad P_n = n\,P_{n-1}$$

$$\frac{(P_n)^2}{P_{n-1}} = P_{n+1} - P_n \quad \text{usw.}$$

ausdrücken. Die Zahl der Kombinationen von n Elementen zur k^{ten} Ordnung oder wie LEIBNIZ kurz und bündig sagt, der *con-k-naisons dans n* schreibt er:

$$\frac{n \frown n-1 \frown n-2 \text{ etc.} \frown n-k+1}{1 \frown 2 \frown 3 \text{ etc.} \frown k}.$$ [347]

Auch der Begriff der zyklischen Vertauschung wurde hierbei von LEIBNIZ neu eingeführt (vgl. Bd. V, S. 47).[348]

Die *Ars combinatoria* gab die Anregung zu neuen Fachschriften. In den Abhandlungen von B. FRÉNICLE DE BESSY, *Abrégé des combinaisons* von 1676,[349] und J. WALLIS, *De combinationibus, alternationibus et partibus aliquotis,* von 1685[350] wurden auch die Permutationen erörtert, bei denen Wiederholungen zugelassen werden. Einen Abschluß bildete die *Ars conjectandi*[124] JAKOB BERNOULLIS I (1654—1705, Basel), die erst 1713, nach dessen Tode, von seinem Neffen NIKOLAUS BERNOULLI (1687—1759) der Öffentlichkeit übergeben wurde. So ziemlich alles, was den heutigen Bestand der Kombinationslehre

[345] *Œuvres,* éd. BRUNSCHVICG[1883], 3, S. 470. — [346] LEIBNIZ, *Ges. Werke,* ed. GERHARDT, 3. Folge, 5, Halle 1858, S. 7—79. — [347] Aus dem schriftlichen Nachlaß. Vgl. D. MAHNKE, Bibl. math. 3_3, 1912—1913, S. 35. — [348] *Werke*[346], S. 67, Probl. V, § 2: *Ab cd, Bc da, Cd ab, Da bc habentur pro una, velut in circulo scripta.* — [349] *Divers Ouvrages de Mathématique et de Physique* par Messieurs de l'Acad. Royale des Sciences, Paris 1693, S. 47 ff. — [350] WALLIS, *Opera* 2[1478], S. 483—529.

ausmacht, findet man in der *Ars conjectandi* (pars II) — auch in der Form modern — ausgeführt, so auch die bisher noch fehlenden Formeln für Variationen (ohne Wiederholung):

$$V_n^p = n(n-1)(n-2)\ldots(n-p+1).$$ [351]

Was die in der Kombinatorik üblichen Kunstwörter betrifft, so gebrauchte ANDREAS TACQUET (1612—1660, Löwen) zum erstenmal das Wort Permutation;[352] es fand durch JAKOB BERNOULLI I[353] allgemeine Anerkennung. LEIBNIZ hatte vorher *variationes*,[354] WALLIS *alternationes*[355] gesagt. Die Bezeichnung Kombination in modernem Sinne hatten wir bei CLAVIUS, dann bei PASCAL kennen gelernt; auch WALLIS nahm diesen Ausdruck an.[356] LEIBNIZ verwendete dafür *complexiones*;[357] *combinationes* sind bei ihm Gruppen von je zwei, wie *conternationes* solche zu je drei Elementen, Wörter, die auch in der leicht zu verallgemeinernden Schreibart *con 2 natio, con 3 natio* usw.[358] (vgl. oben S. 68, *con-k-naisons*) bei ihm zu lesen sind. JAKOB BERNOULLI I kehrte zu der ersten Bedeutung von *combinatio* zurück und gebrauchte für Gruppen von vier, drei usw. Gliedern die Wörter *quaterniones, terniones, biniones*, denen er noch *uniones*, ja *nulliones* zugesellte.[359] Durch K. F. HINDENBURG (1741—1808) wurde die moderne Bedeutung des Wortes Kombination wieder hergestellt.[360]

Die Gesamtheit der Permutationen aller Kombinationen, die heute Variationen heißen, behandelte BERNOULLI unter der Bezeichnung *De combinationibus et permutationibus mixtim spectatis.*[361] Das Wort *variationes* ist indes auch in der *Ars conjectandi* vorhanden,[362] wurde aber erst am Ausgang des achtzehnten Jahrhunderts im heutigen Sinne gebräuchlicher. Das Wort Kom-

351 *Ars conjectandi*[124], Pars II, cap. VII, S. 125. — 352 *Arithmeticae theoria et praxis* 1656[I 270a], V 8; 2. Aufl. Antw. 1665, S. 375, Z. 14. — 353 *Ars conjectandi*[124], Basel 1713, Abschn. II, cap. 1, S. 74. — 354 *Ars combinatoria*[346], Defin. 1 u. 6; LEIBNIZ, *Ges. Werke* 5, S. 13 u. 14. — 355 WALLIS, *De combinationibus* etc., cap. 1, § 18 und cap. 2; *Opera* 2[I 478], S. 489, Nr. 18 und S. 491—495. — 356 Daselbst S. 489, Nr. 12. — 357 *Ars combinatoria*[346]; Def. 9, S. 14. — 358 Daselbst, Def. 11, S. 14. Die Anzahl der Elemente jeder einzelnen Kombination heißt *exponens.* — 359 *Ars conjectandi*[124], Abschn. II, cap. 2, S. 82; auch bei LEIBNIZ findet sich in einem hinterlassenen Manuskript, dessen Abfassungsdatum unbekannt ist, das Wort *nullio*; *Ges. Werke*, ed. GERHARDT, 3. Folge, 7, Halle 1863, S. 101, in der Überschrift einer Zusammenstellung der Kombinationszahlen. — 360 Vgl. CANTOR, 4, S. 209. — 361 *Ars conjectandi*[124], Pars II, cap. VII, S. 124 ff.

binationslehre selbst entstammt dem Titel *Ars combinatoria* der oben erwähnten Schrift von LEIBNIZ.

Das Wesentliche in den Untersuchungen, die bis zu dieser Zeit in der Kombinatorik angestellt wurden, bestand allein in der Betrachtung der Gruppenzahlen, die jeder Klasse von Versetzungen oder Verbindungen eigentümlich waren. Es fehlte die Aufstellung von Einteilungsprinzipien innerhalb gleichwertiger Gruppen, wie etwa das lexikographische Prinzip bei Buchstabenzusammensetzungen benutzt werden kann; es fehlten ferner Methoden und Formeln, um die einzelnen Kombinationen, Permutationen usw. in vorgeschriebener Ordnung nun wirklich darzustellen. Hier setzte die sogenannte „kombinatorische Schule" ein, die der deutschen Mathematik in der zweiten Hälfte des achtzehnten Jahrhunderts einen charakteristischen Stempel aufdrückt. Führer war der Leipziger Professor K. F. HINDENBURG (1741—1808); ihm zur Seite standen H. CHR. ESCHENBACH (1764 Leipzig — 1797 Madras), H. A. ROTHE (1773—1842, Erlangen) und J. FR. PFAFF (1765—1825, Helmstädt, Halle). Es gelang ihnen, Formeln von großer Eleganz aufzustellen, die den gewünschten Dienst vollständig erfüllen. Das übertriebene Hervortreten formaler Operationen konnte aber auf die Dauer ihren Resultaten nicht die allgemeinere Anerkennung erhalten. Für die moderne Mathematik sind im wesentlichen aus ihren Forschungen nur die Entwicklung des binomischen und polynomischen Lehrsatzes (vgl. S. 45), ferner die Behandlung des Umkehrungstheorems einer vorgelegten Reihe von dauerndem Bestande geblieben.

Eine Hauptanwendung der Kombinatorik liegt in dem Gebiete der Wahrscheinlichkeitsrechnung.

Mit dem Begriff der Wahrscheinlichkeit beschäftigte sich zum erstenmal ein italienischer Kommentar, der in Venedig 1477 zu DANTES *Divina commedia* erschien.[363] Hier wird gelegentlich die Häufigkeit der einzelnen Würfe mit drei Würfeln besprochen. Der Verfasser macht darauf aufmerksam, daß sowohl der Wurf 3, wie der Wurf 4 nur durch je eine Würfelzusammenstellung, nämlich 1, 1, 1, bzw. 1, 1, 2, möglich sei, ebenso die Würfe 18 und 17, alle übrigen aber mehrfach (so 5 = 1, 1, 3 und 1, 2, 2) gebildet werden könnten, und will daraus auf die Wahrscheinlichkeit der Einzelwürfe schließen. Richtig sind diese Bemerkungen nicht ganz; wir

362 Daselbst S. 74. — 363 Vgl. CANTOR 2², S. 327—328.

wissen jetzt, daß der Wurf 4 dreimal wahrscheinlicher ist als der Wurf 3.

Die eigentliche Entwicklung der Wahrscheinlichkeitslehre ging von der Untersuchung einer speziellen Aufgabe aus, die zuerst von LUCA PACIOLI in seiner *Summa* (1494)[364] besprochen wurde. Zwei Personen spielen um eine eingesetzte Geldsumme, die dem zufallen soll, der zuerst eine vorgeschriebene Anzahl von Punkten — allgemein n — gewinnt. Das Spiel muß vorzeitig abgebrochen werden. Wie ist nun die Verteilung des Einsatzes vorzunehmen, wenn beim Abbrechen A $n-p$, B $n-q$ Gewinnpunkte gemacht haben? LUCA PACIOLI gab sich die redlichste Mühe, eine gerechte Lösung für diesen verzwickten Fall zu finden, das gleiche versuchten nach ihm CARDANO[365] (1501—1576) und TARTAGLIA (1500—1557);[366] keiner aber vermochte eine nach heutigen Begriffen einwandfreie Erledigung zu finden. Erst BLAISE PASCAL (1623—1662, Paris), dem um 1654 von einem Bekannten die alte Aufgabe vorgelegt wurde, ersann in scharfsinniger Weise eine befriedigende Teilungsart. Er behandelte den besonderen Fall $n = 3$, $p = 2$, $q = 3$, daß nämlich zwei Spieler sich auf drei zu erreichende Gewinnpunkte geeinigt haben, der erste aber beim Abbruch des Spieles erst einen, der zweite sogar noch keinen Punkt erzielt hat, und behauptete, daß die Verteilung des Einsatzes in diesem Momente 11 : 5 betrage.[367] Seine Beweisführung ist nicht so klar wie die seines Zeitgenossen FERMAT (1601—1665), mit dem er wegen dieser Frage in Briefverkehr trat. FERMAT teilte in einer Antwort vom 25. IX. 1654 seinen Gedankengang mit,[368] der die Lösung PASCALs bestätigte. Beim Abbruch des Spieles waren noch vier Einzelspiele zu erledigen gewesen, deren Ausgang mit je einem Punkte zu bewerten war. Bezeichnet man ein dem A günstiges Spiel mit a, ein für B glückliches mit b, so ergäben sich für die vier fehlenden Spiele nur die 16 Möglichkeiten:

a a a a	*b b a a*	*b b b a*
b a a a	*a b b a*	*b b a b*
a b a a	*a a b b*	*b a b b*
a a b a	*b a b a*	*a b b b*
a a a b	*a b a b*	*b b b b*.
	b a a b	

364 *Summa*[I 11], I, dist. 9, tract. 10, S. 197, Z. 41 ff.; vgl. CANTOR, 2², S. 327. — 365 *Practica arithmeticae*[II 419], 1539, cap. 41 *De extraordinariis ludis*; *Opera*[II 48], 1663, S. 112. — 366 *General trattato*[I 41], 1556, Parte I, lib. 16, letzter Absatz, Bl. 265 r⁰ und v⁰. — 367 PASCAL, *Œuvres*, éd. BRUNSCHVICG et BOUTROUX, S. 401 f. — 368 Daselbst S. 423 f.

Überblickt man diese Zusammenstellung, so würden nur die letzten fünf Fälle die noch fehlenden drei Punkte für *B* liefern; in allen anderen, d. h. elf, würde *A* der Sieger sein. Die Wahrscheinlichkeit beträgt also 11 : 5.

Man erkennt, wie hoch der Begriff der Wahrscheinlichkeit in dieser Ableitung bereits ausgebildet ist. Aber schon CARDANO hatte eine richtige Vorstellung von dem Zusammenhang der mathematischen Wahrscheinlichkeit, dem Verhältnis der günstigen Fälle zu allen möglichen, und der Erfahrungswahrscheinlichkeit, dem Verhältnis der günstigen Fälle zu den wirklich gemachten Versuchen. So bemerkte er bei Besprechung eines anderen Würfelspiels,[369] daß bei unendlicher Anzahl der Würfe das Ergebnis mit der Erfahrung übereinstimmen würde; denn nur die Länge der Zeit sei es, die alle Möglichkeiten zeige.

Unter den Zeitgenossen bekamen nur wenige Kunde von den neuartigen Untersuchungen PASCALS und FERMATS; des ersteren Abhandlung erschien 1665 nach seinem Tode, der Briefwechsel mit FERMAT sogar erst 1679[I 553]. Zu den Eingeweihten gehörte HUYGENS (1629—1695; Haag, zuweilen Paris). Ihm gaben die empfangenen Anregungen Veranlassung zu einer Beschäftigung mit dem Wahrscheinlichkeitsproblem; die Ergebnisse legte er 1657 in einer Schrift *De ratiociniis in ludo aleae* nieder.[370] Hier tritt jene Aufgabe des zu früh abgebrochenen Spieles in völliger Allgemeinheit, auch für beliebig viele Spieler auf. Neu ist bei ihm die mathematische Formulierung des Begriffes der Erwartung. Hat ein Spieler in p Fällen die Gewinnsumme a, in q Fällen die Summe b zu erwarten, so ist bei jedem Fall die Erwartung gleich:

$$\frac{pa + bq}{p + q}.$$ [371]

Soll z. B. mit einem Würfel eine Sechs geworfen werden, so sind sechs mögliche Fälle vorhanden. Nur einer ist zutreffend und berechtigt zu dem Gewinne a; fünf Fälle sind mit dem Gewinne 0 $(= b)$ zu verbinden. Die Wahrscheinlichkeit des Gewinnes ist demnach $\frac{1 \cdot a + 5 \cdot 0}{1 + 5} = \frac{a}{6}$. Bei zwei gestatteten Würfen berechnete HUYGENS

369 *De ludo aleae*, cap. XV; *Opera*[II 48], 1663, I, S. 267. Vgl. CANTOR 2², S. 538. Die Ansicht CARDANOS hat der Schweizer Astronom R. WOLF durch größere Versuchsreihen experimentell erprobt. Vgl. Berner Mitteilungen 1849, Züricher Vierteljahrsschrift 1881—1888, *Handbuch der Astronomie*[I 168], I, S. 117 ff. — 370 Abgedruckt als Anhang in FR. SCHOOTENS *Exercitationes mathematicae*, 1657[V 655], S. 521 ff. — 371 Daselbst, Prop. III, S. 523.

sie auf $\frac{11}{36}a$; die Möglichkeit, daß einer von zwei Spielern gewinnt, verhält sich also wie 11 zu 25. Bei drei Würfen findet er 91 : 125 usw.[372]

HUYGENS' Landsmann JAN DE WITT[373] wendete 14 Jahre später (1671) die Wahrscheinlichkeitsrechnung auf Untersuchungen über die Werte von Leibrenten an; er benutzt dabei Zinseszinsrechnungen unter Zugrundelegung von wahrscheinlichen Lebensdauern in den verschiedenen Altersstufen. Mit Sterblichkeitstafeln hatte sich übrigens HUYGENS selbst schon beschäftigt (1669 brieflich).[374] Seine Voraussetzungen sind allerdings ziemlich willkürlich. Genauer wurde dasselbe Thema erst 20 Jahre später von E. HALLEY (1656—1742) behandelt, mit Benutzung von wirklichen Totenlisten.[375]

Das Verdienst, das die *Ars conjectandi* JAKOB BERNOULLIS I (1654—1705) für die Wahrscheinlichkeitslehre sich erwarb, lag mehr in der zusammenfassenden Darstellung der bisher nur an zerstreuten Stellen veröffentlichten Ergebnisse als in bedeutenderen eigenen Forschungen des Verfassers. Die *Ars conjectandi* erschien erst 1713. Durch einen vorläufigen Bericht von der beabsichtigten Veröffentlichung eines solchen Werkes bekamen auch andere Mathematiker Anregung zur einheitlichen Bearbeitung und Vertiefung der neuen Lehre. 1708, in zweiter Auflage 1713, erschien in Paris ein *Essai d'analyse sur les jeux de hazard* des französischen Akademikers P. R. DE MONTMORT (1678—1719), dessen Kenntnisse im wesentlichen aus dem Verkehr mit NIKOLAUS BERNOULLI, dem Neffen JAKOB BERNOULLIS I, der fünf Jahre später die Veröffentlichung der *Ars conjectandi* veranlaßte, entsprangen. Die Philos. Transact. von 1711[376] enthalten wertvolle Untersuchungen A. DE MOIVRES (1667—1754, London); unter Zusatz einer großen Reihe neuer Ergebnisse bearbeitete dieser 1716 den vorhandenen Stoff in einem selbständig erschienenen Werke *Doctrine of chances*.[377] Von nun an beteiligten

372 Daselbst, Prop. X, S. 550; ferner enthält Prop. XI die Wahrscheinlichkeitsbestimmung, zwölf Augen mit zwei Würfeln zu erzielen. Prop. XII gibt an, mit wieviel Würfeln jemand spielen muß, um beim ersten Wurf zwei Sechsen zu erzielen usw. — 373 *Waerdye van lyf-renten nar proportie van los-renten*, Amsterdam 1671; Neuausgabe 1879 durch H. BIERENS DE HAAN. — 374 Brief vom 28. VIII. 1669. *Œuvres*, 6, éd. Société holl. des sc., Le Haye 1895, S. 484. — 375 Phil. trans. 1690/93 (1694). *An Estimate of the Degrees of the Mortality of Mankind* S. 596 f. — 376 Phil. Trans. 27, 1711, Nr. 329, S 213—264, *De mensura sortis seu de probabilitate eventuum in ludis a casu fortuito pendentibus.* — 377 *The doctrine of changes or a method of calculating probabilities of events in play.* London 1716 (auch 1738, 1756).

sich an der Fortführung der Wahrscheinlichkeitslehre fast alle bedeutenderen Mathematiker, wie D'ALEMBERT (1717—1783, Paris),[378] LAPLACE (1749—1827, Paris)[379] u. a. Ihre Resultate führen aber zu weit über die Ziele der Elementarmathematik hinaus, als daß sie hier noch zu besprechen wären.

Sehr dürftig ist zunächst die Behandlung der Kombinatorik und Wahrscheinlichkeitsrechnung in den Elementarlehrbüchern des achtzehnten Jahrhunderts; der Stoff schien ihnen für ihr Publikum zu schwer. Selbst das sonst in Stoff und Form auf der Höhe stehende Lehrbuch von JONES (1706) *Synopsis palmariorum matheseos*[II 57], behandelt dieses Thema stiefmütterlich, gibt sogar für die Kombinationen ohne Wiederholungen eine falsche Formel.[380] KÄSTNER beschränkt sich in seinen Anfangsgründen[381] auf die Formel für die Permutationen, die er ‚Ordnungen' nennt — irgendeine beliebige Komplexion bezeichnet er als ‚Versetzung', ein Element mit ‚Ding' —, dann auf die der Kombinationen. LEONHARDI (1810)[382] fügt noch Permutationen, Kombinationen und Variationen mit Wiederholung hinzu; Variationen ohne Wiederholung werden übergangen. Erschöpfend, aber in Benennung und Symbolen abweichend, ist E. G. FISCHER in seinem *Lehrbuch der Elementarmathematik* III, 1823[I 296]; die modernen Schulbücher dürften zumeist auf TELLKAMPFS *Vorschule* 1829[I 295], direkt oder indirekt, in der Behandlung des Stoffes zurückgreifen. Wahrscheinlichkeitsrechnung bringt aber auch er noch nicht. Ihre Verbreitung in Schulwerken ist wohl auf KLÜGELS *Mathematisches Wörterbuch* (1831),[383] das den neuartigen Stoff elementar bietet, zurückzuführen. J. H. TR. MÜLLER bringt 1838 sofort einen entsprechenden Anhang in seinem Lehrbuch.[384]

4. Die Kettenbrüche.

EUKLID stellt an die Spitze des arithmetischen Teiles seiner Elemente (VII, 2) das heute noch übliche Verfahren, den größten gemeinsamen Teiler zwischen zwei Zahlen zu finden; es stammt wohl schon aus der Pythagoreischen Schule. Ebenso wie kein Zweifel sein kann, daß dies Verfahren trotz der geometrischen

---

378 *Opuscules mathém.*, Paris 1761—80, 2, S. 1—25; 4, S. 73 ff., 283 ff.; 7, S. 39 ff. — 379 *Théoric anal. des probab.*, Paris 1812 (1814, 1820, 1825). — 380 Daselbst[II 57], S. 214. Dic gegebene Formel gilt bei Zulassung von Wiederholungen. — 381 *Analysis der endlichen Größen*[III 255], 3. Aufl. 1794. — 382 *Vorlesungen*[IV 110], II, Abschnitt 5, § 73 ff., *Elemente der Kombinatorik*. — 383 Daselbst[II 148], S. 890. — 384 I[I 298], Anhang zu XIV, S. 504 ff.

Aufmachung auch rein rechnerisch ausgeübt wurde — literarische Nachweise hierfür haben wir allerdings erst in der späteren indischen Mathematik (BHĀSKARA)[385] —, so steht auch fest, daß ein Kettenbruchalgorithmus damit nicht verbunden war; das verbot schon die ungefüge Bruchschreibart der Griechen. Unbekannt sind ihnen auch allgemeine Sätze über die beim Rechnen auftretenden Zahlen, wie wir sie bei Aufstellung der Näherungsbrüche benutzen.

Allerdings klingen einzelne ihrer Untersuchungen an Kettenbruchrechnung an, so das Auswerten von Quadratwurzeln. Uns ist die Entwicklung geläufig:

$$1.\quad \sqrt{a^2+b} = a + \cfrac{b}{2a + \cfrac{b}{2a + \cfrac{b}{2a + \ldots}}},$$

die z. B. bei $\sqrt{2}$ die Näherungswerte $\frac{1}{1}$, $\frac{3}{2}$, $\frac{7}{5}$, $\frac{17}{12}$, $\frac{41}{29}$, $\frac{99}{70}$, ..., bei $\sqrt{3}$ ähnlich $\frac{5}{3}$, $\frac{7}{4}$, $\frac{9}{11}$, $\frac{26}{15}$, $\frac{71}{41}$, $\frac{97}{56}$, $\frac{265}{153}$, $\frac{368}{209}$, $\frac{989}{571}$, $\frac{1351}{780}$, ... liefert.

Die Zahlen der ersten Reihe kennt THEON VON SMYRNA (um 130 n. Chr.), vgl. Bd. II, S. 63. Die Zähler heißen bei ihm Diametralzahlen (διάμετροι); die Nenner Seitenzahlen (πλευραί). Diese Namen beziehen sich auf die Diagonale und die Seite eines Quadrates. Das Näherungsverhältnis 7 : 5 für $\sqrt{2}$ scheint bei PLATON (429—348 v. Chr., Athen) angedeutet,[386] ist bei HERON (um 100 n. Chr.) nachweisbar,[387] bei letzterem auch 17 : 12.[388] Daher vermutet man für die Mitteilungen THEONS älteren Ursprung. THEON kennt auch die Beziehungen:

$$2.\quad z_p = 2z_{p-1} + z_{p-2}, \qquad n_p = 2n_{p-1} + n_{p-2}$$

und

$$3.\quad n_p = z_{p-1} + n_{p-1},$$

die dem Kettenbruch:

$$\sqrt{2} = 1 + \cfrac{1}{2 + \cfrac{1}{2 + \cfrac{1}{2 \ldots}}}$$

entsprechen. Allgemeinere Kenntnis dieser Formeln für andere Entwicklungen liegt nicht vor. 2. und 3. sind auch sicherlich geometrisch gefunden; man hat neuerdings eine solche überaus einfache

385 COLEBROOKE[185], S. 112ff., 325ff. — 386 CANTOR 1³, S. 223. — 387 CANTOR 1³, S. 398, 400. — 388 CANTOR 1³, S. 377, 378.

Ableitung nacherfunden,[389] die recht gut schon der Pythagoreischen Schule bekannt gewesen sein mag.

Die allgemeine Entwicklung 1. für $\sqrt{a^2+b}$ wollte man auch für das Altertum in Anspruch nehmen. Das trifft nicht zu. Sicher bekannt war nur der Anfang der Entwicklung (vgl. Bd. II, S. 136):

$$4. \quad \sqrt{A} = \sqrt{a^2+b} < a + \frac{b}{2a},$$

die Heron in der Form bringt[II 754]:

$$5. \quad \sqrt{A} \sim \frac{1}{2}\left(a + \frac{A}{a}\right) = a'.$$

Wiederum ist nur geometrische Ableitung anzunehmen. Heron benutzt die weitere Verfeinerung[II 755]:

$$6. \quad a'' = \frac{1}{2}\left(a' + \frac{A}{a'}\right).$$

Vergleicht man 5. und 6. nach Einführung von a und b mit den aus dem Kettenbruch 1. sich ergebenden Werten:

$$a_0 = a, \qquad a_1 = a + \frac{b}{2a},$$

$$a_2 = a + \frac{2ab}{4a^2+b}, \qquad a_3 = a + \frac{4a^2b+b^2}{8a^3+4ab} \quad \text{usw.},$$

so ist $a' = a_1$, $a'' = a_3$; a_2 wird also übersprungen. Geht man im Beispiel $\sqrt{3}$ von $a_0 = a = \frac{5}{3}$ aus, einem Wert, den Heron für $\sqrt{3}$ benutzt, so ergibt sich $a' = \frac{26}{15}$[390] (vgl. Bd. IV, S. 188) und $a'' = \frac{1351}{780}$. In der oben angegebenen Wertereihe springt man also von dem ersten Wert drei weiter und dann sogar sechs. Die Ähnlichkeit mit der Kettenbruchentwicklung ist rein äußerlich; das Heronsche Verfahren überholt sie an Schärfe bei weitem. Man kann feststellen, daß diese feinsinnige Methode schon Archimedes bekannt war, ja vielleicht von ihm stammt, da in seiner Kreismessung 1351 : 780 benutzt wird (vgl. Bd. IV, S. 203); auch andere Werte bei ihm sind so zu erklären.[391]

Diese Quadratwurzelberechnung bleibt auch in der Folgezeit bekannt. Der Araber Alqalaṣādī († 1486) erwähnt sie,[392] ebenso der Italiener Luca Pacioli (1494),[393] der französische Mathematiker

389 P. Bergh, Ztschr. Math. Phys. 31, Leipzig 1886, Hist.-lit. Abt. S. 135. — 390 Cantor 1^3, S. 393, 398. — 391 K. Kommerell, *Der Begriff des Grenzwertes in der Elementarmathematik*, Leipzig 1922, S. 7. — 392 Journ. Asiat. 5. Folge, Bd. 4, 1854, S. 383. — 393 *Summa*[I 11] Bl. 45; Cantor 2^2, S. 314.

BUTEO (1559)[394] u. a. Eingehend behandelt sie PIETRO A. CATALDI († 1626, Bologna) in einer Schrift von 1613.[395] Er setzt, in moderne Symbolik übertragen:

$$a_1 = a + \frac{A - a^2}{2a}, \qquad a_2 = a_1 + \frac{A - a_1^2}{2a_1}, \qquad a_3 = a_2 + \frac{A - a_2^2}{2a_2}, \ldots$$

$$b = A - a^2; \qquad b_1 = a_1^2 - A, \qquad b_2 = a_2^2 - A, \ldots$$

und erhält, etwas abweichend von seinen Vorgängern:

$$a_1 = a + \frac{b}{2a},$$

$$a_2 = a + \frac{b}{2a} - \frac{b_1}{2a_1},$$

$$a_3 = a + \frac{b}{2a} - \frac{b_1}{2a_1} - \frac{b_2}{2a_2} \quad \text{usw.}$$

a_3 kann wieder in die oben angegebene Form gebracht werden.[396]

Die Kettenbruchentwicklung 1. finden wir, wenigstens inhaltlich, zuerst in RAFFAELLO BOMBELLIS *L'Algebra* (1572). Allgemeinere Vorschriften sowie Beweise fehlen bei ihm; er beschränkt sich darauf, $\sqrt{13}$ in folgender Weise vorzurechnen,[397] wenn moderne Bezeichnungen gewählt werden:

$$3 + x = \sqrt{13},$$

$$9 + 6x + x^2 = 13,$$

$$4 = 6x + x^2,$$

$$4 \sim 6x,$$

$$x \sim \frac{2}{3}, \qquad \text{also } \sqrt{13} \sim 3\frac{2}{3},$$

$$6x + x \cdot x = 4,$$

$$6x + \frac{2}{3} \cdot x \sim 4,$$

$$x \sim \frac{3}{5}, \qquad \text{also } \sqrt{13} \sim 3\frac{3}{5}.$$

Die Rechnung deckt sich offenbar mit unserer Bruchform:

$$\sqrt{13} = 3 + \cfrac{4}{6 + \cfrac{4}{6}},$$

394 G. WERTHEIM, Bibl. math. 2_3, S. 213. — 395 *Trattato del modo brevissimo di trovare la radice quadra delli numeri* . . ., Bologna 1613. — 396 Vgl. auch E. BORTOLOTTI, *P. A. Cataldi ed i primi algorithmi infiniti*, Bologna 1620 (3 Abhandlungen aus Bolletino della Mathesis 11, 1919). — 397 *L'Algebra*[II 49], S. 37, Z. 15—29.

die aber BOMBELLI nicht hinschreibt. Die moderne Schreibart ersann CATALDI. Nachdem er in der oben genannten Schrift die Heron-Archimedische Wurzelauswertung in ermüdender Breite behandelt hat, gibt er ganz unvermittelt, ohne BOMBELLI irgendwie zu erwähnen, bei $\sqrt{18}$ die Lösung[398]:

$$4. \& \frac{2}{8. \& \frac{2}{8. \& \frac{2}{8.}}}.$$

Der Bequemlichkeit und Raumersparnis halber wird diese Schreibart sofort in

$$4. \& \frac{2}{8.} \& \frac{2}{8.} \& \frac{2}{8.}$$

umgewandelt, wobei CATALDI besonderen Wert auf die Punkte bei der 8. legt, um Verwechslungen mit Bruchsummen zu vermeiden. Allgemeine Herleitungen gibt er nicht; aber er erkennt das pendelnde Näherrücken der nach und nach berechneten Werte. Aus seinen Rechnungen kann auch die Rekursionsformel und die Produktformel für die benachbarten Zähler und Nenner entnommen werden.

Allgemeine Kettenbrüche, die über das Auftreten beim Wurzelziehen hinausgehen, finden sich nicht. Außer den weiteren Beispielen:

$$\sqrt{24} = 4 \& \frac{8}{8.} \& \frac{8}{8.} \& \frac{8}{8.} \quad \text{(S. 86–88)},$$

$$\sqrt{78} = 8 \& \frac{14}{16.} \& \frac{14}{16.} \& \frac{14}{16.} \quad \text{(S. 89—92)},$$

$$\sqrt{32} = 5 \& \frac{7}{10.} \& \frac{7}{10.} \& \frac{7}{10.} \quad \text{(S. 93—94)}$$

zeigt er nur noch an dem willkürlich gewählten Kettenbruch:

$$4 \& \frac{3}{8.} \& \frac{6}{9.} \& \frac{2}{4.} \& \frac{4}{10.} \& \frac{9}{12.} \quad \text{(S. 94)},$$

daß man die einzelnen Brüche nicht heben dürfe.

398 *Trattato*, S. 70: *Notisi, che nõ si potendo cõmodamẽte nella stampa formare i rotti, & rotti di rotti come andariano, cioè così* 4. & $\frac{2}{8. \& \frac{2}{8. \& \frac{2}{8.}}}$ *come ci siamo sforzati di fare in questo, noi da quì inãzi gli formaremo tutti à q̃sta similitudine* 4. & $\frac{2}{8.}$ & $\frac{2}{8.}$ & $\frac{2}{8.}$ *facendo vn punto all' 8. denominatore de ciascun rotto, à significare, che il sequente rotto è rotto d'esso denominatore.*

Ein deutscher Schriftsteller, in dessen Untersuchungen Kettenbrüche auftreten, Daniel Schwenter (1585—1636, Altdorf), ist von den beiden Italienern unabhängig; das geht schon aus dem durchaus abweichenden Zweck, zu dem Schwenter seine Methode benutzt, und der fehlenden Symbolik hervor. Schwenter wollte sich in seiner *Geometria practica* 1618[399] kleinzahlige Näherungswerte für Brüche mit großen Zahlen verschaffen. Er wählte sich als Beispiel den Bruch $\frac{177}{233}$ und stellte das folgende Schema auf, an dem er seine Rechnung vornahm. Die nach dem Euklidischen Verfahren, den größten gemeinsamen Teiler zu suchen, gewonnenen Zahlen:

233 : 177 = 1, Rest 56;
177 : 56 = 3, Rest 9;
56 : 9 = 6, Rest 2;
9 : 2 = 4, Rest 1;
2 : 1 = 2, Rest 0

			1
233		1	0
177	1	0	1
56	3	1	1
9	6	3	4
2	4	19	25
1	2	79	104
0	0	177	233

ordnete Schwenter so an, daß die Reste 56, 9, 2, 1, 0 in senkrechter Reihe unter den Zahlen 233 und 177 stehen und die Quotienten 1, 3, 6, 4, 2 daneben eine zweite Reihe bilden. Die Spalte *1, 3, 19, 79, 177*, an deren Kopf von vornherein eine 1 und 0 gesetzt wird, erhält er durch die leicht zu verfolgenden Operationen:

$$1 \cdot 0 + 1 = \mathit{1}; \quad 3 \cdot \mathit{1} + 0 = \mathit{3}; \quad 6 \cdot \mathit{3} + 1 = \mathit{19}; \quad 4 \cdot \mathit{19} + 3 = \mathit{79}; \quad 2 \cdot \mathit{79} + 19 = \mathit{177}.$$

Ähnlich wird eine vierte Spalte, *1, 1, 4, 25, 104, 233,* über die ebenfalls 1, 0 gesetzt wird, gebildet durch

$$1 \cdot 0 + 1 = \mathit{1}; \quad 1 \cdot \mathit{1} + 0 = \mathit{1}; \quad 3 \cdot \mathit{1} + 1 = \mathit{4}; \quad 6 \cdot \mathit{4} + 1 = \mathit{25}; \quad 4 \cdot \mathit{25} + 4 = \mathit{104}; \quad 2 \cdot \mathit{104} + 25 = \mathit{233}.$$

Die nunmehr erfolgende Aufstellung der Näherungswerte liefert die wiederum leicht ablesbaren Brüche:

$$\frac{177}{233}, \quad \frac{79}{104}, \quad \frac{19}{25}, \quad \frac{3}{4}, \quad \frac{1}{1}, \quad \frac{0}{1}.$$

399 *Geometriae practicae novae et auctae tractatus*[III 85], II, lib. I, Aufg. XIII, die dritte Erinnerung; 1. Aufl. 1618, S. 58—59; 2. Aufl. 1627, S. 68—69. Dieselbe Aufgabe $\frac{177}{233}$ wiederholt sich ausführlicher in einem nachgelassenen Werke *Deliciae physico-mathematicae*, Erquickstunden, Nürnberg 1636. I. Aufg. 87, S. 111. Vgl. auch G. Eneström, Bibl. math. 8_3, 1907—1908, S. 90—91.

Verallgemeinert man die Rechnungen SCHWENTERS, so erkennt man aus dem Bildungsgesetze der dritten und letzten Spalte, daß er im Besitz der Beziehungen:

$$\frac{z_k}{n_k} = \frac{z_{k-1}\,a_k + z_{k-2}}{n_{k-1}\,a_k + z_{k-2}}$$

war, wobei $\frac{z_k}{n_k}$ der k^{te} Näherungswert der Kettenbruchentwicklung

$$\cfrac{1}{a_1 + \cfrac{1}{a_2 + \cfrac{1}{a_3 + \dots}}}$$

ist. Eine andere Bemerkung verrät, daß er auch die steigende Genauigkeit der Näherungswerte, von denen je einer immer etwas zu groß, der folgende um ein Geringeres zu klein ist, beobachtet hat.

SCHWENTER gibt selbst an, die Regel „den Logisticis und Rechenmeistern" entnommen zu haben. Seine Quellen sind aber unbekannt. Allerdings zeigt schon CLAVIUS in seiner *Geometria practica* Buch IV ein Verfahren,[400] ein Verhältnis größerer Zahlen durch kleinere auszudrücken; es deckt sich indes nicht mit dem SCHWENTERS, hat aber vielleicht Anregung zu weiterer Bearbeitung gegeben. Klar ist, daß die Rechnungen SCHWENTERS über die CATALDIS hinausgehen. Bei diesem wird nur eine besondere Kettenbruchart zur Berechnung von Quadratwurzeln behandelt, die man jetzt ganz aufgegeben hat, bei jenem tritt der Euklidische Algorithmus, die allgemeine Rekursionsformel für die zu bildenden Näherungswerte auf, vor allem die wichtige Aufgabe, ein gegebenes Verhältnis durch Brüche mit kleineren Zahlen anzunähern.

Unsicher ist, wie weit die englischen Mathematiker Lord BROUNCKER (1620—1684) und WALLIS (1616—1703) in ihren Kettenbruchentwicklungen selbständig gewesen sind, ob sie den neuen Algorithmus wiederum allein fanden oder sich an BOMBELLI und CATALDI bzw. SCHWENTER anlehnten. Wir kennen von BROUNCKER nur die Entwicklung (vgl. Bd. IV, S. 223):

$$\frac{4}{\pi} = 1 + \cfrac{1}{2 + \cfrac{9}{2 + \cfrac{25}{2 + \cfrac{49}{2 + \dots}}}},$$

400 G. ENESTRÖM, Bibl. math. 8_3, 1907—1908, S. 85, 91.

in die er das Produkt WALLIS' $\frac{4}{\pi} = \frac{3\cdot3\cdot5\cdot5\cdot7\cdot7\ldots}{2\cdot4\cdot4\cdot6\cdot6\cdot8\ldots}$ überführte. Für diese Umwandlung gab WALLIS einen Beweis;[401] dabei kam er auf Brüche der allgemeinen Form zu sprechen:

$$\frac{a}{\alpha + \frac{b}{\beta + \frac{c}{\gamma + \frac{d}{\delta + \ldots}}}},$$

die er *fractiones continue fractae* nannte und, abgesehen vom Weglassen des Pluszeichens, ebenso schrieb. Aus seinen Darlegungen ist zu schließen, daß er das Bildungsgesetz der z_k und n_k, das SCHWENTER nur, wenn die Zähler in dem Kettenbruch 1 waren, kannte, allgemein für beliebige Zähler $a, b, c \ldots$ beherrschte.[402]

Einen großen Schritt vorwärts tat HUYGENS (1629—1695, Haag). Er hatte sich den Bau eines Planetariums vorgenommen; um die Zahnräder des Getriebes herzustellen, mußte er die Verhältnisse der Umlaufszeiten der einzelnen Weltkörper durch möglichst kleine Zahlen, aber auch möglichst genau ausdrücken. Hier zog er die Kettenbruchentwicklung heran und bewies an den vorliegenden Beispielen, also nicht allgemein, eine Reihe sehr wichtiger Sätze — so erstens, daß die sich ergebenden Näherungswerte stets Brüche mit teilerfremden Zählern und Nennern sind; zweitens, daß es keinen Bruch mit kleinerem Zähler und Nenner gibt, der dem gesuchten Wert näher liegt; drittens, daß die nacheinander zu berechnenden Näherungsbrüche abwechselnd größer und kleiner sind.[403]

EULER (1707—1783), dem die Lehre von den Kettenbrüchen am meisten verdankt, scheint HUYGENS' Untersuchungen nicht gekannt zu haben; wenigstens erwähnt er in seinen Abhandlungen allein WALLIS als seinen Vorgänger. Bereits in seiner ersten Schrift *De fractionibus continuis* vom Jahre 1737[404] begründete er eine eigene Theorie der Kettenbrüche und entwickelte Sätze, die schon

401 *Arithmetica infinitorum*[II 74], 1655, S. 179 f.; *Opera* I[II 430], S. 469—475. — 402 *Arithm. inf.*[401], S. 181 f. — 403 HUYGENS, *Descriptio automati planetarii*, Hagae 1698; abgedruckt in HUYGENS' *Opuscula posthuma*, Amstelodami 1728, 2, S. 157—184, bes. S. 174—179. Für das Verhältnis 2640858 : 77708431 schreibt HUYGENS in ganz moderner Weise:

$$29 + \frac{1}{2 + \frac{1}{2 + \frac{1}{4 + \frac{1}{5 + \frac{1}{1 + \frac{1}{4}}}}}} \quad \text{etc.}$$

404 Comm. Ac. Petr. 9, 1737 (1744), S. 98—137.

beträchtlich über das hinausgehen, was in den heutigen Schulen gelehrt wird. Sämtliche Sätze, die wir bei HUYGENS kennen lernten, wurden von EULER ganz allgemein abgeleitet. Er beschränkte sich dabei nicht nur auf den Fall, daß die Zähler immer gleich der Einheit sind. Neu ist die allgemeine Aufstellung der Grundgleichung:

$$\frac{z_k}{n_k} - \frac{z_{k-1}}{n_{k-1}} = \frac{(-1)^{k-1}}{n_k\, n_{k-1}},$$

neu der Satz, daß jeder rationale Bruch sich in einen endlichen, jeder irrationale in einen unendlichen Kettenbruch verwandeln läßt. Auf induktivem Wege leitete dann EULER Kettenbrüche für e, $\frac{e^2-1}{2}$, $\frac{e+1}{e-1}$ ab, indem er von dem bekannten Wert von e rückwärts ging, führte aber hinterher auch den analytischen Beweis für die Richtigkeit seiner Entwicklungen. Allgemein wies er nach, wie man Kettenbrüche in stark konvergente Reihen verwandeln könne, und rechnete im Anschluß daran eine größere Anzahl von Beispielen vor. Die elementaren Teile der neuen Lehre vereinigte EULER in seiner *Introductio* von 1748.[405] Seine Darstellungsart ist so klar und durchsichtig, daß die gewählte Ableitung noch heute im Unterricht verwendbar ist. Er führte den Stoff durch bis zur Lösung der quadratischen Gleichung:[406]

$$x^2 - ax - b = 0$$

mittels

$$x = a + \cfrac{b}{a + \cfrac{b}{a + \cfrac{b}{a \ldots}}}$$

In mehreren anderen Arbeiten, auf deren Inhalt hier nicht eingegangen werden kann, erweiterte EULER seine Untersuchungen.[407] Gleichzeitig nahm aber auch LAGRANGE (1736—1813; Turin, Berlin, Paris) sich des interessanten Themas an.[408] Bekannt ist seine An-

405 *Introductio* I 167, lib. I, cap. 18. — 406 Daselbst § 380 (Übersetzung von MICHELSEN II 520, S. 409). In der Schrift von 1737 finden sich nur die Entwicklungen für $\sqrt{2}$, $\sqrt{3}$ und $\sqrt{a^2+1}$. — 407 Comm. Ac. Petr. 9, 1739 (1750), S. 32—81: *De fractionibus continuis observationes.* Nov. comm. Ac. Petr. 9, 1762—1763 (1764), S. 53—69: *Specimen algorithmi singularis.* Nov. comm. Ac. Petr. 11, 1765 (1766), S. 28 ff.: *De usu novi algorithmi.* Acta Ac. Petr. 1, 1779 (1782), S. 3—29: *De formatione fractionum continuarum.* Acta Ac. Petr. 6, Teil 2, 1782 (1786), S. 62—84: *Egregiae observationes circa fractiones continuas. Opuscula analytica*, Bd. II, Petrop. 1785 *De transformatione serierum in fractiones continuas.* — 408 Hist. Mém. Ac. Berlin 23, 1767 (1769), in einer Abhandlung über die sogenannte PELLsche Gleichung S. 165 ff., besonders S. 206 ff.; ferner daselbst S. 311 ff.: *Sur la résolution des*

wendung der Kettenbrüche auf die Lösung unbestimmter Gleichungen (vgl. Bd. III, S. 108) und auf die näherungsweise Berechnung der Wurzelwerte höherer algebraischer Gleichungen (vgl. Bd. III, S. 83f.). Hatte EULER gezeigt, daß jeder periodische Kettenbruch (mit dem Zähler 1) Wurzel einer quadratischen Gleichung ist, so fand LAGRANGE, daß auch die Umkehrung zutrifft, daß also jede Wurzel einer allgemeinen quadratischen Gleichung stets in Form eines periodischen Kettenbruches darstellbar ist.[409] Ein späterer Mathematiker, É. GALOIS (1811—1832, Paris), fügte hinzu, daß, wenn der eine Wurzelwert x_1 die Kettenbruchentwicklung $(p_1, p_2, p_3, \ldots, p_{k-1}, p_k, p_1, p_2, \ldots)$ besitzt, sich für den negativen reziproken Wert des andern, $-\frac{1}{x_2}$, die entgegengesetzt laufende Entwicklung $(p_k, p_{k-1}, \ldots, p_2, p_1, p_k, p_{k-1}, \ldots)$ ergibt.[410] Eine Neuerung LAGRANGES ist auch darin zu sehen, daß er zum erstenmal Nenner mit wechselnden Vorzeichen benutzte,[411] eine Idee, die EULER bald aufgriff.[412]

Eine weitere Aufgabe, die sich EULER stellte, vermochte er nicht zu einem befriedigenden Abschluß zu bringen — die independente Darstellung der einzelnen Näherungsbrüche. Er schuf sich zwar hierzu einen besonderen Algorithmus,[413] mit dessen Hilfe er sein Ziel erreichen zu können glaubte; in Wirklichkeit war aber sein Verfahren nicht brauchbar. Große Anstrengungen nach gleicher Richtung machte die kombinatorische Schule HINDENBURGS (1741 bis 1808, Leipzig); ihre Lösungsmethode besaß indes mehr Wert in Hinsicht auf die formale Bildung der aufgestellten Formeln als auf ihre Durchsichtigkeit. Besseren Erfolg gewährte in neuerer Zeit die Benutzung der Determinantentheorie.[414]

Die moderne schulgemäße Behandlung in Elementarlehrbüchern bringt erst J. A. GRUNERT (1832),[415] weniger ausführlich

---

équations numériques, bes. S. 338 ff.; vgl. LAGRANGES Werke, ed. SERRET, 2, Paris 1868, S. 539. Hist. Mém. Ac. Berl. 24, 1768 (1770), in der Abhandlung *Nouvelle méthode pour résoudre les problèmes indéterminés en nombres entiers*, S. 181 ff., bes. S. 195 ff.; vgl. LAGRANGES Werke, 7, S. 3 ff. — [409] Hist. Mém. Ac. Berlin 24, 1768, S. 123 ff.: *Additions au mémoire sur la résolution des équations numériques*; *Werke*, 2, S. 609 ff. — [410] Ann. math. p. appl. Nismes, 19, 1828 bis 1829, S. 294—301. — [411] Hist. Mém. Ac. Berlin, 23, 1767; vgl. *Werke* 2, S. 622 ff. — [412] *Opuscula analytica*, 2, Petrop. 1783, S. 87, *Observationes analyticae*, § 2. — [413] Vgl. in Nov. Comm. Ac. Petr. 9 u. 11. — [414] S. GÜNTHER, *Darstellung der Näherungswerte von Kettenbrüchen in independenter Form*, Habilitationsschrift, Erlangen 1873. Vgl. daselbst den geschichtlichen Überblick für das Problem. — [415] *Lehrb. d. Mathematik f. ob. Klassen*[II 1100], Kap. IX.

A. Tellkampf (1829).[416] E. G. Fischer (1822) läßt Beweise überhaupt fort.[417]

Das Wort Kettenbruch benutzten schon — gewiß nicht erstmalig — 1794 G. E. Rosenthal,[418] 1799 J. Ph. Grüson.[419] Es bürgert sich erst im neunzehnten Jahrhundert ein.[420] Vorher sagt man zusammenhängender, fortlaufender, kontinuierlicher Bruch (*fractio continua*).

5. Maxima und Minima.

Die Ausführung geometrischer Konstruktionsaufgaben bildete ein hervorragendes Arbeitsfeld für die griechischen Mathematiker. Nirgends besser als bei der Durchführung solcher Aufgaben kann man die scharfgliedernde antike Methodik in der Behandlung mathematischer Probleme erkennen (vgl. Bd. IV, S. 81f.). In der Analysis ging der Geometer von der Annahme aus, die richtige Figur schon gefunden zu haben, um mit Hilfe dieser Voraussetzung Beziehungen zu entdecken, die dann für die Ausführung der Konstruktion den Ausgangspunkt abgaben. Nach vollendeter Zeichnung wurde ein unantastbarer, synthetischer Beweis für die Richtigkeit der gefundenen Figur angeschlossen. Hiermit aber begnügte sich der strenge mathematische Geist der Alten noch nicht; es mußte nunmehr in einer Schlußbetrachtung, *διορισμός* (*determinatio*), untersucht werden, welche Bedingungen die gegebenen Stücke zu erfüllen haben, um die Aufgabe nicht unmöglich werden zu lassen (Bd. IV, S. 82).

Wahrscheinlich ist die Einführung eines solchen Diorismus mit dem für die Grundlegung der Mathematik so bedeutungsvollen Wirken Platons in Verbindung zu bringen. Untersuchungen dieser Art vor Platons Zeit sind nicht bekannt; die Überlieferung nennt einen seiner Schüler, Leon (um 370 v. Chr.), als den ersten, der die Forderung nach einem Diorismus als unerläßlich aufgestellt habe.[421]

Der Diorismus einer Konstruktionsaufgabe besteht nun aber im wesentlichen in Maxima- und Minimabetrachtungen; es ist zu erörtern, bis zu welcher Größe ein gegebenes Stück wachsen, bzw. abnehmen durfte, ohne daß die gestellte Aufgabe unmöglich wurde. Das älteste der uns erhaltenen Beispiele eines Diorismus ist in Euklids Elementen VI, 27 enthalten (um 325 v. Chr.). Ihrer geo-

416 *Vorschule* I 395, § 216—220. — 417 *Lehrbuch der Elementarmathematik* II 292, S. 260. — 418 *Enzyklopädie der reinen Mathematik und praktischen Geometrie*, Gotha 1794, I, 415. — 419 *Grundriß d. rein. u. angew. Math.* I 62, I, S. 109, § 157. — 420 Klügels *Mathem. Wörterbuch* II 148, 1808, III, 43. — 421 Proclus IV 5, ed. Friedlein, S. 66, Z. 22.

metrischen Form entkleidet, verlangt die Aufgabe VI, 28 die Lösung der Gleichung $x(a-x)=b^2$. Die in VI, 27 hierzu aufgestellte Untersuchung sagt aus, ebenfalls algebraisch ausgedrückt, daß das Produkt $x(a-x)$ für $x=\frac{1}{2}a$ sein Maximum erreicht. Daher wird in VI, 28 die Beschränkung hinzugefügt, daß b^2 nicht größer als $(\frac{1}{2}a)^2$ sein dürfe.

Derartige Betrachtungen werden uns vielfach überliefert; dem großen Archimedes gelang sogar ein Diorismus für eine Aufgabe, die unserer jetzigen Erkenntnis nach auf kubische Gleichungen führt (vgl. Bd. III, S. 67): eine Kugel so durch eine Ebene zu zerschneiden, daß die Volumina der Kugelsegmente in gegebenem Verhältnis stehen. In algebraischer Form läßt sich die Aufgabe auf die Gleichung $x^3-ax^2+\frac{4}{9}a^2b=0$ bringen, und diese ist (nach Archimedes) nur lösbar, d. h. sie hat nur dann eine reelle, positive Wurzel, wenn $b<\frac{1}{3}a$ ist.[422]

Daß in solchen Maxima- und Minimabestimmungen eine ganz neue, selbständige Aufgabengattung verborgen liegt, ist den Griechen bis zu Archimedes unbekannt geblieben. Der erste, dem sich diese Erkenntnis eröffnete, war Apollonios. Wir wissen, daß unter den geometrischen Örtern, mit denen die Konstruktionsaufgaben gelöst wurden, die Kegelschnitte, τόποι στερεοί, eine Hauptrolle spielten (vgl. S. 129). Sätze, die für den Diorismus dieser schwierigeren Konstruktionen von großem Nutzen waren, hatte Apollonios in dem fünften Buche der *Conica* zusammengestellt. Er schließt die Vorrede dieses Buches mit der Bemerkung, daß seine Sätze für diejenigen, die sich mit solchen Aufgaben abgeben, besonders notwendig sowohl für die Einteilung und den Diorismus als auch für die Ausführung der Konstruktion und den Beweis seien; außerdem gehörten sie aber auch zu den Sachen, die an und für sich einer Betrachtung würdig erscheinen.[423] Dieser Schluß läßt ersehen, welche besondere Bedeutung Apollonios den Maxima- und Minimaaufgaben beimaß. Der Kern des fünften Buches selbst besteht in Sätzen über die kürzesten und längsten Linien, die von

422 Vgl. Cantor, 1³, S. 309; B. Matthiessen, *Grundzüge der Algebra der litteralen Gleichungen*^III 307, S. 926—931. Eine ähnliche Aufgabe bei Pappus, *Συναγωγή*¹⁸, VII, § 55, prop. 13, ed. Hultsch, 2, S. 694. — 423 Apollonius, *Conica*, Vorrede zu Buch V, ed. Halley, Oxoniae 1710, S. 1: . . . *praeterquam quod haec ipsa res de earum numero sit, quae per se contemplatione non indignae videantur.*

einem Punkte nach einem Kegelschnitte gezogen werden können; in ihnen ist daher auch die Konstruktion der Normalen enthalten.[424]

Eine zweite Gruppe von Maximalaufgaben, die das Altertum bearbeitete, waren die isoperimetrischen Aufgaben. Wenn auch die Notiz des DIOGENES LAËRTIUS[425] „Unter den körperlichen Gebilden, sagen die Pythagoreer, sei die Kugel, unter den ebenen der Kreis am schönsten“ nicht dahin zu deuten ist, daß sich die Pythagoreer mit dem isoperimetrischen Problem beschäftigt haben, so dürften doch derartige Betrachtungen ziemlich weit hinaufreichen. Denn schon ARISTOTELES (384—322 v. Chr.) kennt als Nichtmathematiker den Satz, daß „der Kreis von allen geschlossenen Linien bei demselben Flächenraum die kürzeste ist“;[426] und mit Beginn des zweiten Jahrhunderts v. Chr. faßte ZENODOROS in einer umfangreichen Schrift eine große Anzahl wichtiger Sätze dieser Lehre zusammen. Auch bei HERON (um 100 v. Chr.) kommen einzelne isoperimetrische Sätze vor, so in den Definitionen: „Wie aber der Kreis größer ist als die ebenen Figuren gleichen Umfangs, so ist die Figur der Kugel die größte von allen körperlichen Figuren, die mit ihr gleicher Oberfläche sind.“[427] Ist uns die Abhandlnng des ZENODOROS auch nicht selbst erhalten, so geben doch Auszüge bei PAPPOS[428] und THEON VON ALEXANDRIA[429] ein ziemlich übereinstimmendes und daher getreues Bild. Nach ZENODOROS hat bei gegebenem Umfang das regelmäßige Polygon einen größeren Flächeninhalt als ein unregelmäßiges von derselben Seitenanzahl (PAPPOS V, 10); das regelmäßige Polygon mit größerer Seitenanzahl übertrifft wieder das mit kleinerer Seitenanzahl (V, 1). Den größten Inhalt hat der Kreis (V, 2). Haben zwei isoperimetrische Dreiecke gleiche

---

424 In moderner Form sind APOLLONIOS' Ausführungen wiedergegeben bei T. L. HEATH, *Apollonius of Perga, Treatise on Conic Sections*, Cambridge 1896, S. 139—196. — 425 VIII, 35, ed. COBET, Paris 1850, S. 212, Z. 35—37. — 426 ARISTOTELES, Akademieausgabe[12], S. 287, links Z. 27. Auf diese Aristotelesstelle spielt auch SIMPLIKIOS (sechstes Jahrh. n. Chr.) an; *In Aristotelis de coelo*, II, 412, ed. HEIBERG: „Sowohl vor ARISTOTELES ist im allgemeinen, wenngleich er selbst es als bewiesen mit verwendet, als von ARCHIMEDES und ZENODORUS ausführlicher gezeigt worden, daß bei den ebenen Figuren der Kreis, bei den körperlichen die Kugel einen größeren Inhalt hat als die Figuren gleichen Umfangs.“ Nach W. SCHMIDT, Bibl. math. 2_3, 1901, S. 5. — 427 Def. 82, *Opera* 4, ed. HEIBERG[1483] S. 54. — 428 V, § 4—32, prop. 1—17, ed. HULTSCH, 1[18], S. 308—351. — 429 *Commentaire de Théon d'Alexandrie*, éd. HALMA[1368], S. 33—49, abgedruckt in PAPPUS[18], ed. HULTSCH, 3, S. 1190—1211, deutsch durch A. NOKK, Programm des Freiburger Lyceums 1860, S. 3—16.

Grundlinie, so hat das Dreieck die kleinere Fläche, das an der Grundlinie den größten Winkel besitzt (V, 5). PAPPOS fügt selbst hinzu, daß unter den Kreissegmenten mit gleichem Bogen der Halbkreis inhaltlich am größten ist. Den dem letzten Satz entsprechenden Satz für den Raum (Halbkugel) hatte schon ARCHIMEDES bewiesen.[430] ZENODOROS zeigte weiterhin, daß bei gleicher Oberfläche die Kugel den größten Inhalt besitzt.

Über die Ergebnisse des ZENODOROS kommen spätere Mathematiker nicht hinaus, kaum, daß einige seiner Sätze in jüngeren Schriften erwähnt werden (so von BRADWARDINUS, † 1349 zu Avignon).[431]

Der einzige, der das isoperimetrische Problem mehr als streift, ist JORDANUS NEMORARIUS († 1237?). Eine nur handschriftlich vorhandene Schrift *De figuris isoperimetris*[432] enthält folgende Sätze: „Von allen gleichseitigen, umfangsgleichen geradlinigen Kreispolygonen ist das das größte, welches mehr Winkel hat. Wird auf der Grundlinie eines ungleichseitigen Dreiecks ein ihm umfangsgleiches gleichschenkliges Dreieck errichtet, so ist dieses das größere. Das größte unter allen Polygonen gleichen Umfangs ist das mit gleichen Seiten und gleichen Winkeln." CLAVIUS bringt in seiner *Geometria practica* von 1606 im 7. Buch, das über die isoperimetrischen Figuren und Körper handelt, nichts Neues. Erst die Neuzeit nahm das alte Thema wiederum in Arbeit; so verdankt man L'HUILIER (1782)[433] und STEINER (1841)[434] wesentliche Weiterführungen.[435] Die Beweisführung ist immer eine sehr schwierige. Ein vollgültiger Beweis für die Maximaleigenschaft der Kugel konnte z. B. erst 1884 durch H. A. SCHWARZ[436] geführt werden. In Elementarlehrbücher nahm LEGENDRE (1794) isoperimetrische Aufgaben auf.[437]

430 ARCHIMEDES, *Περὶ σφ. καὶ κυλ.* II, Satz IX, ed. HEIBERG, 1², S. 222 ff.; NIZZE, Satz 10, S. 108. — 431 CANTOR, 2², S. 113 ff. — 432 Vgl. M. CURTZE, Zentralbl. f. Bibliothekswesen 16, 1889, S. 264. — 433 *De relatione mutua capacitatis et terminorum figurarum geometrice considerata*, Varsoviae 1782. *Abrégé d'isopérimétrie élémentaire*, Genève 1789. — 434 Kleinere Aufsätze: J. r. ang. Math. 2, 1827, S. 45; 14, 1835, S. 88; 15, 1836, S. 373; 16, 1837, S. 86; 17, 1837, S. 83; 18, 1838, S. 281; Hauptabhandlung: Compt. rend. 12, Paris 1841, S. 479; J. r. ang. Math. 24, 1842, S. 93, 98. *Werke* I[II 287], S. 101; II, S. 25, 33, 41, 51, 75, 177. — 435 Vgl. M. ZACHARIAS, *Encykl. d. math. Wiss.*, III A B 9, Leipzig 1921, S. 1120 ff. — 436 Göttinger Nachrichten 1884, S. 1—13. — 437 Anhang zum IV. Buch; Deutsche Ausgabe von CRELLE[IV 364], 2. Aufl. 1833, S. 130—137 und Buch 7, S. 26 ff.

Das Mittelalter beschränkte sich bei der Maxima- und Minimarechnung auf die Durchführung einzelner Aufgaben, von deren strenger Behandlung man indessen auch nicht zu hohe Erwartungen hegen darf. Einige wenige Beispiele bietet Jordanus Nemorarius († 1237) in seiner *Geometria vel de triangulis.*[438]

Satz 2: Von den einem Kreise eingeschriebenen Dreiecken mit derselben Grundlinie ist das gleichschenklige das größte.

Satz 3: Von allen Dreiecken, deren eine Ecke im Mittelpunkt eines Kreises liegt und deren Gegenseite Sehne ist, ist das rechtwinklige das größte.

Satz 18: Von zwei anstoßenden Strecken schließen die einen rechten Winkel bildenden den größten Flächenraum ein.

Dann sollen in einer anonymen Abhandlung des vierzehnten Jahrhunderts[439] sich die Aufgaben finden: in einen Kreis, ein Dreieck oder ein Quadrat eine gegebene Anzahl von Kreisen, gleichseitigen Dreiecken oder Quadraten einzuzeichnen, so daß die Flächensumme der eingezeichneten Figuren ein Maximum ist; ferner in einen Würfel ein Maximaltetraeder zu beschreiben. Von einer neuartigen Aufgabe, die Regiomontan (1436—1476) gelegentlich in einem Briefe stellte,[440] ist uns leider keine Lösung gegeben. Es handelt sich bei ihr darum, festzustellen, von welchem Punkte des Erdbodens aus eine 10 Fuß lange Stange, die so aufgehängt ist, daß ihr unteres Ende noch 4 Fuß vom Boden entfernt ist, am größten erscheint. Noch eine zweite Maximalaufgabe stellt Regiomontan unmittelbar hinterher: einem geradlinigen Dreieck das größte Quadrat einzuschreiben; aber auch deren weitere Behandlung wird uns nicht mitgeteilt. Tartaglia (*General trattato,* 1556—1560) stellte nur eine vereinzelte Maximalaufgabe; es soll die Zahl 8 so in zwei Teile zerlegt werden, daß das Produkt dieser Teile, noch multipliziert mit ihrer Differenz, ein Maximum ergibt.[441] Die von Tartaglia mitgeteilten Lösungswerte sind richtig, wir wissen aber nicht, auf welchem Wege sie abgeleitet worden sind. Tiefer ging Kepler auf Aufgaben ein, in denen größte und kleinste Werte zu suchen sind. Im zweiten Hauptabschnitt seiner *Stereometria doliorum*[II 329] bespricht er von den Rotationskörpern, deren Volumen er im ersten

---

438 Ed. Curtze[IV 85], IV, 2, 3, 18. Vgl. G. Eneström, Bibl. math. 2_3, 1901, S. 354. — 439 Cantor 2^2, S. 163 unten. — 440 *Briefe*, ed. Curtze[I 308], Abh. Gesch. Math. 12, 1902, S. 333, Nr. *α*. Eine einfache geometrische Lösung, die vielleicht von Regiomontan ist, gibt Ad. Lorsch, Z. Math. Phys., 23, 1878, Hist.-lit. Abt. S. 120. — 441 Parte V[144], lib. III, Bl. 88 v°, Z. 36 ff.

Teil bestimmt hatte, besonders das Faß und stellt fest, daß die damals in Österreich gebräuchliche Form der Fässer den Vorzug hat, bei gegebener Oberfläche einen möglichst großen Inhalt zu besitzen. Um dies darzulegen, werden eine ganze Reihe von Maximalsätzen aufgestellt, bei denen er sich auch einmal auf die Sammlung von PAPPOS bezieht;[442] auch werden aus Interesse am Stoff eine Anzahl von Beispielen gegeben, die weniger zu dem eigentlichen Thema gehören. So weist er nach, daß der Würfel unter allen den Parallelepipeda, die einer Kugel eingeschrieben sind, das größte Volumen besitzt;[442] an anderer Stelle untersucht er alle geraden Zylinder, deren Längsschnittdiagonale konstant ist,[443] usw. Bemerkenswert ist, daß KEPLER weiß, wie schwach sich in der Nähe einer Maximalstelle die zu untersuchende Größe ändert. KEPLERS jüngerer Zeitgenosse CAVALIERI (1591?—1647, Bologna) beschäftigte sich desgleichen mit ähnlichen Aufgaben; er bestimmte z. B. den Punkt in einem gegebenen Dreieck, dessen Entfernungen von den drei Ecken die kleinste Summe liefern.[444]

Indes fehlte allen bisher genannten Mathematikern eine allgemeine Methode. Es ist nicht zu leugnen, daß die Behandlungsart einzelner sich durch großen Scharfsinn auszeichnete; aber fast von Aufgabe zu Aufgabe mußte die Art und Weise der Lösung gewechselt werden. Hier setzte FERMAT (1601—1665, Toulouse) ein, und es gelang ihm, ein Verfahren zu finden, das sowohl allgemein gültig als auch so elementar war, daß es heute in den Lehrstoff vieler höheren Schulen aufgenommen ist. Die Abhandlung, in der er seine Gedanken näher ausführte, *Methodus ad disquirendum maximum et minimum,*[445] war vor 1637 (also vor Erscheinen der *Géométrie* DESCARTES') verfaßt und 1638 an DESCARTES geschickt worden (vgl. S. 105, 110). FERMAT setzte in den Ausdruck, der ein Maximum oder Minimum werden sollte, statt der Unbekannten A (er wählte zur Bezeichnung der Unbekannten wie VIETA die großen Vokale) die neue Größe $A + E$ ein, wo er unter E eine nur wenig von Null verschiedene Größe verstanden wissen will. Die beiden Ausdrücke, mit A und $A + E$, werden einander gleichgesetzt, ausmultipliziert und geordnet, die erhaltene Gleichung nach Wegstreichen gleicher

---

442 *Opera Kepleri*, ed. FRISCH, 4[I 171], S. 607—609, *Stereometria dolii austriaci*[II 329], Satz 4. — 443 Daselbst Satz 1, 3. — 444 CAVALIERI, *Exercitationes geometricae sex*, Bononiae 1647, Exercitatio VI, S. 504—510. — 445 FERMAT, *Varia opera*[I 553], S. 63—73; *Œuvres*, éd. TANNERY et HENRY[I 553], 1, S. 133—179.

Glieder durch E dividiert. Nun setzt FERMAT $E = 0$ und kann aus der sich dadurch ergebenden Beziehung das gesuchte A bestimmen. Vgl. ein Beispiel FERMATS Bd. III, S. 144.

Diese FERMATsche Methode ist erst durch HÉRIGONE (1642)[I 793a] in die Öffentlichkeit gekommen. Sie wurde im neunzehnten Jahrhundert von K. H. SCHELLBACH[446] in die Schulmathematik eingeführt. Dabei wurde sie nur insoweit verändert, als die Differenz der beiden benachbarten Werte der Unbekannten (bei FERMAT E) nicht mit einem besonderen Buchstaben bezeichnet wird. Ist $f(x)$ die zu untersuchende Funktion, so setzt SCHELLBACH $f(x) = f(x_1)$ und faßt beim Ordnen dieser Gleichung immer je zwei einander entsprechende Glieder so zusammen, daß eine Division durch $(x - x_1)$ möglich ist. Nach Ausführung dieser Division wird $x = x_1$ gesetzt und nun das gesuchte x bestimmt. Führt man eine Aufgabe nach FERMATS und nach SCHELLBACHS Vorschrift durch, so wird man den Vorzug der letzteren darin sehen, daß die mechanischen Rechnungen sich etwas einfacher gestalten.

Ein Mangel beider Methoden ist der, daß man nicht sofort erkennen kann, ob das erhaltene Resultat ein Maximum oder ein Minimum ist. Denselben Fehler besitzt auch eine Regel, die JOH. HUDDE (1628—1704, Amsterdam) für Ausdrücke von der Form einer ganzen rationalen Funktion empfiehlt.[447] Ist:

1. $$a_0 + a_1 x + a_2 x^2 + a_3 x^3 + \ldots + a_n x^n$$

der zu untersuchende Ausdruck, so multipliziert HUDDE jeden Summanden einzeln mit den zugehörigen Exponenten der Unbekannten:

2. $$0\, a_0 + 1\, a_1 x + 2\, a_2 x^2 + 3\, a_3 x^3 + \ldots + n\, a_n x^n$$

und setzt die erhaltene Summe gleich Null. Die Wurzeln dieser Gleichung liefern die Maximal- bzw. Minimalstellen. Einen Beweis für seine Regel unterläßt HUDDE. Wahrscheinlich hat er gar keinen gehabt, sondern seine Regel induktiv beim Durchrechnen mehrerer Aufgaben nach der FERMATschen Methode gefunden. Wir würden

---

446 *Mathematische Lehrstunden von K. H. Schellbach. Aufgaben aus der Lehre vom Größten und Kleinsten*, bearbeitet und herausgegeben von A. BODE und E. FISCHER, Berlin 1860. Eine sehr gute Aufgabensammlung für die SCHELLBACHsche Methode ist H. C. E. MARTUS, *Maxima und Minima*, Berlin 1861. — 447 Brief von J. HUDDE, Januar 1658, *De aequationum reductione. De maximis et minimis*; *Cartesii Geometria*[II 62], ed. FR. v. SCHOOTEN, 1659, S. 407—509; 1683 Teil I, S. 507—516.

den Ausdruck 2. durch einfaches Differenzieren erhalten; davon hatte HUDDE natürlich noch keine Kenntnis. Er überträgt übrigens seine Methode noch auf gebrochene Funktionen:

$$y = \frac{f(x)}{\varphi(x)},$$

indem er die Gleichung:

$$f(x) - y\,\varphi(x) = 0,$$

wie oben angegeben behandelt und dann y eliminiert.[448] Erst durch LEIBNIZ wurde die Differentialrechnung auf Maximal- und Minimalbetrachtungen angewendet, und nun wurde auch erkannt, daß für die Entscheidung, ob ein Maximum oder ein Minimum vorliegt, das Vorzeichen der zweiten Ableitung maßgebend ist.[449]

Auf die höhere Entwicklung der Maximalrechnung, die Untersuchung des Falles, daß die zweite Ableitung auch verschwindet, ferner auf die Ausbildung einer Variationsrechnung u. a. näher einzugehen, läßt das unserer geschichtlichen Schilderung gesteckte Ziel nicht zu.

Als wichtig für die Geschichte der Theorie der Extremwerte sind noch zu nennen die *Elements of Plane Geometry* (London 1747) von TH. SIMPSON (1710—1761), in denen eine Reihe elementarer Maximaaufgaben geometrisch behandelt wird; so, daß das Quadrat das größte Rechteck mit gegebenem Umfang ist, daß das größte auf einer Dreiecksseite stehende eingeschriebene Rechteck halb so hoch ist wie das Dreieck u. a.[450] Ferner sei noch die in gleichem Sinne zusammengestellte, sehr reichhaltige Sammlung in MEIER HIRSCHS *Geometrischen Aufgaben* erwähnt.[451]

448 Vgl. G. ENESTRÖM, Bibl. math. 12_3, 1911—1912, S. 158. — 449 Acta Eruditorum 1684, *Nova methodus pro maximis et minimis itemque tangentibus, quae nec fractas nec irrationales quantitates moratur, et singulare pro illis calculi genus*; LEIBNIZ, *Werke*, ed. GERHARDT, 3. Folge, 5, Halle 1858, S. 220 ff. — 450 Daselbst S. 106—118 IV 577; vgl. CANTOR 3^2, S. 533. — 451 1, Berlin 1805, S. 215—235; 2, Berlin 1807 IV 925, S. 262—303. Über neuere Elementarmethoden vgl. K. SCHRÖTER, Programm Nr. 284, 1904, Kloster uns. l. Frauen, Magdeburg, *Die bekannteren allgemeinen Methoden zur elementaren Bestimmung der Maxima und Minima von Funktionen mit einer veränderlichen Größe.* Vgl. auch R. STURM, *Maxima und Minima*, Leipzig 1910.

B. Die analytische Geometrie.

I. Geschichtlicher Überblick.

Zwei wichtige Prinzipien mußten zusammenwirken, um die analytische Geometrie, jenes feinste und vielseitigste Werkzeug der neueren Mathematik, zu schaffen; das eine liegt in der Verwendung von Koordinaten, das zweite in der wechselseitigen Verbindung von Algebra und Geometrie. Getrennt voneinander waren diese beiden Prinzipien bereits lange vor der Geburt der analytischen Geometrie in Geltung gewesen.

So kann man Koordinaten benutzt finden, wenn sich die altägyptischen Architekten die Wand, die sie mit einem Relief nach vorliegender Skizze versehen wollten, mit rechtwinklig gekreuzten Parallelen gleichen Abstandes überzogen, um sich die Vergrößerung des ebenfalls karrierten Entwurfes zu erleichtern (Felsengrab des um 1400 v. Chr. gestorbenen Königs Seti I.).[452] So handelt es sich um Koordinaten, wenn der griechische Astronom Hipparch die Punkte auf der Erdoberfläche durch Länge (*μῆκος*, von Ost nach West) und Breite (*πλάτος*, von Nord nach Süd) bestimmte,[453] unter Bevorzugung des Meridians von Rhodos gleichsam als Ordinatenachse; es ist bekannt, daß diese Anfangslinie von Marinos von Tyros (erstes Jahrhundert n. Chr.) und Ptolemäus (beobachtet zwischen 125 und 151 n. Chr. in Alexandria)[454] nach den Kanarischen Inseln, dem westlichsten Punkte der bekannten Erdoberfläche, verlegt wurde. Koordinaten waren jene Parallelen, die Heron (erstes Jahrh. v. Chr.) bei seinen feldmesserischen Aufnahmen rechtwinklig zu einer beliebig gewählten Standlinie zog, um das zu vermessende Land in leicht zu berechnende Trapeze zu zerlegen.[455]

---

452 J. G. Wilkenson, *Manners and customs of the ancient Egyptians*, London 1837, III, S. 313. — 453 H. Berger, *Die geographischen Fragmente des Hipparch*, Leipzig 1869, vgl. besonders S. 15, 29—30. R. Wolf, *Geschichte der Astronomie*[152], S. 153. — 454 Ptolémée, *Traité de géographie*, éd. Halma, Paris 1828, ch. VI, S. 17, Z. 24: *Εἰκότως ἂν καλοῖμεν τῆς ἐκκειμένης ἐπιφανείας τὴν ἀπ' ἀνατολῶν ἐπὶ δυσμὰς διάστασιν, μῆκος, τὴν δ' ἀπ' ἄρκτων πρὸς μεσημβρίαν, πλάτος* (Wir können wohl die Ausdehnung der Erdoberfläche vom Aufgang zum Untergang Länge nennen, diejenige von Norden nach Süden Breite). Am Anfang des Kapitels bezieht sich Ptolemäus auf Marinos. Im *Almagest*, Buch I, cap. 14, ed. Halma, S. 56 ff., ed. Heiberg[181], S. 76 ff. überträgt Ptolemäus die Hipparchischen Koordinaten auf das Himmelsgewölbe. — 455 *Vermessungslehre und Dioptra*, ed. Schöne[1205], S. 263, 266, 270.

Rechtwinklige Absteckungen bevorzugten auch die Römer,[456] deren ganze, den Griechen mühsam abgelernte Mathematik sich fast nur auf Feldmeßkunst bezog. Bei Städtegründungen pflegten sie unter religiösen Feierlichkeiten zuerst eine Hauptlinie (*decimanus*) — gewöhnlich von Ost nach West — abzustecken und dazu eine senkrechte Achse (*cardo*) festzulegen. Diesen Hauptrichtungen hatten sich die Einzelanlagen anzupassen, wie Plätze, Straßen, Felder, Häuser, diese auch in ihrem Inneren. Die nach einem solchen Plane gebauten Gotteshäuser trugen den Namen *templum* (zusammenhängend mit *τέμνειν* = abschneiden). So war die ganze Stadtanlage ein rechtwinkliges Koordinatensystem, das freilich zuweilen durch die Bodenverhältnisse Veränderungen erfuhr. Auch das römische Kriegslager wurde nach einem ähnlichen Plane aufgeschlagen.

Im vorstehenden sind eine Reihe praktisch-technischer Anwendungen zusammengestellt, in denen die Verwendung eines Koordinatensystems erkannt werden kann. Indes auch in der Mathematik der Alten vermag man die Benutzung koordinatenähnlicher Streckenscharen nachzuweisen. Apollonios (zwischen 250—200 in Alexandria), und vor ihm schon Archimedes (287—212 v. Chr., Syrakus), legte in der Theorie der Kegelschnitte seinen Betrachtungen ein Achsensystem zugrunde, dessen eine Hauptgerade ein Durchmesser, z. B. in einer Ellipse, bildet, dessen andere eine konjugierte Tangente ist, d. h. eine Tangente, die dieselbe Richtung besitzt, wie die Schar der durch den gewählten Durchmesser halbierten, unter sich parallelen Sehnen. Gewisse Flächensätze und Proportionen, die zwischen den Längen dieser Sehnen und ihren Abständen von dem Tangentenberührungspunkt, dem Scheitel (*κορυφή*) des Schnittes, aufgestellt werden, sind durchaus inhaltsgleich denjenigen Gleichungen, mit denen in der modernen analytischen Geometrie die Kegelschnitte definiert werden.[457] Und dennoch darf man die Methode des Apollonios nicht als analytische Geometrie

---

456 Cantor, 1³, S. 553 ff.; Cantor, *Die römischen Agrimensoren*[1175], S. 76 ff. —
457 Ist x das am Berührungspunkt der Tangente beginnende Durchmesserstück, y die zu dem Endpunkte von x gehörende halbe Sehne, ist ferner l eine gewisse konstante Strecke (*latus rectum*), deren Hälfte wir heute Parameter nennen, und t (*latus transversum*) die Gesamtlänge des Durchmessers, so lauten die den Kegelschnitt definierenden Flächensätze, in algebraische Symbolik umgesetzt, wörtlich: 1. für die Parabel: $y^2 = lx$, 2. für die Ellipse: $y^2 = lx - x\frac{xl}{t}$, 3. für die Hyperbel: $y^2 = lx + x\frac{xl}{t}$; Apollonius, *Conica*, I, 11, 12, 13, ed. Heiberg[659], I, S. 36—53 (vgl. S. 134 f., 153, 161).

auffassen; jene Strecken, die man als Koordinaten der Kegelschnitte auffassen könnte, sind organisch mit dem Kegelschnitt verbunden zu denken und ganz untrennbar von der gezeichneten Figur. Nicht als allgemeine Hilfslinien werden sie angesehen, mittels derer die einzelnen Lehrsätze abgeleitet werden, sondern sie haben nur den Charakter besonderer Hilfslinien, wie sie in der Elementargeometrie des öfteren, sei es zu einem Beweise, sei es zu einer Konstruktion, gezogen werden. Es ist dieselbe Art der Verwendung, die uns später bei KEPLER (1571—1630) wiederum entgegentritt,[458] die keine Universalmethode, sondern nur gelegentliche Benutzung eines handlichen Hilfsmittels in sich schließt. Wenn man will, kann man höchstens von einer Koordinatengeometrie reden, da ja auch die analytische Übertragung noch ganz fehlte.

Den Charakter eines solchen allgemeinen Hilfsmittels — freilich nun wiederum im Gegensatz zu dem eben geschilderten Verfahren ohne entsprechende Verbindung mit geometrischen Sätzen, die uns heute als Gleichungen erscheinen — nehmen die Koordinaten im zehnten bis dreizehnten Jahrhundert an. Es ist eine Zeichnung aus dem zehnten oder elften Jahrhundert mit begleitendem Texte gefunden worden,[459] die eine graphische Darstellung der Planetenbewegung im Tierkreis liefern soll. Zu dem Zweck ist der Tierkreisgürtel aufgerollt, die *longitudines* sind als Abszissen, die *latitudines* als Ordinaten eingetragen; die Planetenbahnen ergeben sich als ebene Kurven, durch die sich die entsprechenden Maßverhältnisse dem Auge in leicht anschaulicher Weise darbieten.

Eigenartige Funktionsbetrachtungen mit graphischer Darstellung bieten uns die Lehrmethoden der scholastischen Schule. Die Aristotelischen Begriffe, Quantitäten und Qualitäten, (*formae*) werden untersucht; man erkennt, daß Begriffe, wie Wärme, Feuchtigkeit, Süße, Bitterkeit u. ä. Abstufungen besitzen und sich abwandeln können. Zur Erläuterung solcher spekulativen Untersuchungen greift man zu Vergleichen mit Zahlenreihen, die im weiteren Fortgang der Darstellung auch durch Streckengrößen ersetzt werden. Den Höhepunkt bilden die Schriften des NICOLE ORESME (um 1323—1382, Lehrer und Vorsteher des *Collège de Navarre* in Paris, dann Bischof von Lisieux), vor allem der *Tractatus de uniformitate et difformitate intensionum,*

458 KEPLER, 1604, *Ad Vitellionem Paralipomena*, cap. IV, 4; *Opera Kepleri*[I 171], ed. FRISCH, Bd. II, S. 187—188. — 459 S. GÜNTHER. *Zur Geschichte des Koordinatenprinzipes*, Nürnberg 1877, im sechsten Band der Abhandlungen der Naturhistorischen Gesellschaft zu Nürnberg, S. 19—25.

eine größere, nur handschriftlich (in Paris) vorhandene Abhandlung.[460] Eine Bearbeitung dieses Werkes im Auszug unter dem Titel *Tractatus de latitudinibus formarum* fand große Verbreitung, wurde später auch gedruckt und diente bis ins sechzehnte Jahrhundert als Vorlesungsgrundlage an den meisten Universitäten.[461] Die Intensität der Begriffe unterliegt Schwankungsmöglichkeiten; das Wort *latitudo,* das uns diese zunächst andeuten soll — wie das französische *latitude* zuweilen heute noch gebraucht wird —, bezeichnet schließlich die Stärke der Intensität, *intensio*, selbst, hat also gar nichts mit dem Hipparchischen *latitudo* zu tun. Zur Versinnbildlichung des Steigens und Abnehmens der Intensität im Verlauf einer gewissen Zeitspanne oder längs einer gewissen Strecke, die *extensio, longitudo* oder *basis* genannt wird, zeichnet man sich verschieden lange Strecken, die den Intensitätsgraden oder den ihnen zukommenden Zahlengrößen entsprechen, parallel nebeneinander senkrecht zur Basis. Die oberen Enden der Strecken schließlich bilden Punktreihen, deren Verlauf wir heute als Bild der Funktionen betrachten; ihre gesonderte Behandlung lag aber den Scholastikern absolut fern. Sind die *latitudines* konstant, so ist die Punktreihe „gleichmäßig verlaufend" (*uniformis eiusdem gradus*); ändern sich die *latitudines*, so wird die Form der Punktreihe *difformis.* Die Differenz der aufeinander folgenden *latitudines (excessus graduum)* kann konstant sein oder nicht — die *forma* ist dann *uniformiter difformis*, bzw. *difformiter difformis.* Wachsen die *excessus* selbst wieder um konstante Größen, so ergibt sich eine *forma uniformiter difformiter difformis* usw. Eine Vorstellung von dem Verlauf einer solchen *forma* hatten die Scholastiker aber nur im Falle der *forma uniformiter difformis* (Gerade). Sie konnten auf diese Weise sogar den Weg bei gleichförmig beschleunigter Bewegung in den einfacheren Fällen richtig beurteilen. Sonst wurden Kreise und aus Geraden und Kreisen willkürlich zusammengesetzte Linien gezeichnet. Natürlich werden nur positive *latitudines* angenommen, da die zugrunde gelegten Begriffe nicht negativ werden können. Wir erkennen im ersten Keim den Begriff einer graphisch dargestellten Funktion. Oresmes Schrift kann aber nicht als eine Erstlingsarbeit für die analytische Geometrie aufgefaßt werden. Es fehlt der Begriff der Abszisse und ihres Anfangspunktes; wir können höchstens von einer Art Ordinatengeometrie reden. Vor allem fehlt aber jeder Ansatz zu einer Übertragung in die Algebra.

460 M. Curtze, Z. Math. Phys., 13, Leipzig 1868, S. 92—97. Vgl. H. Wieleitner, Bibl. math. 13_3, 1912—1913, S. 115—145; 14_3, 1914, S. 193—243. — 461 Hankel[1194], S. 351, Anm. 2.

Eine graphische Darstellung physikalischer Vorgänge — in moderner Art — finden wir erst 1684, wo R. PLOT, einer Anregung M. LISTERS folgend, den Verlauf des täglichen Luftdruckes durch eine treppenförmig punktierte Linie abzubilden versucht.[462]

Haben wir soeben den Koordinatenbegriff in seinem geschichtlichen Auftreten verfolgt, so ist nunmehr eine ähnliche Skizze für die Verbindung zwischen Algebra und Geometrie zu entwerfen. Erst bei gleichzeitiger Verwendung von Koordinaten und algebraisch-geometrischen Methoden kann dann von der Entstehung einer analytischen Geometrie die Rede sein.

Überblicken wir das griechische Altertum, so vermissen wir anscheinend bis zur Zeit DIOPHANTS (zweite Hälfte des dritten Jahrhunderts n. Chr.) eine Algebra gänzlich. Bei genauerer Betrachtung finden wir aber die merkwürdige Tatsache, daß lange vor DIOPHANT eine griechische Algebra vorhanden war, allerdings unter angenommenem geometrischen Gewande verborgen, und daher nur schwer erkennbar (vgl. Bd. II, S. 92—94, 96; Bd. IV, S. 146, 149, 153). Wir sehen in der Tat Algebra mit Geometrie vereint, wir sehen die erste sich aus der zweiten bilden und nur langsam aus ihren Fesseln sich lösen. Das zweite Buch der Elemente EUKLIDS enthält eine große Reihe von Sätzen, die uns auf den ersten Blick geometrisch erscheinen. Wir wurden aber in der Geschichte der Algebra darauf aufmerksam, daß in ihnen rein algebraische Sätze aufgedeckt werden können, oder vielmehr, daß sie trotz ihrer geometrischen Symbolik geeignet sind, algebraische Operationen zu ersetzen. Dem altgriechischen Geiste, wie er uns in EUKLIDS Elementen in Vollendung entgegentritt, war die Schöpfung einer echten Algebra versagt. Ein fein gefügtes geometrisches System, das in der Lehre von den Proportionen sich am meisten dem Schwestergebiet näherte, in den geometrischen Konstruktionen am reinsten den ursprünglichen Charakter bewahrte, lieferte den griechischen Mathematikern jenes Werkzeug zur Vollführung ihrer großen mathematischen Taten, das der heutigen Zeit im Vergleich zur modernen Analysis ungelenk erscheinen mag, das aber in der Hand eines ARCHIMEDES, eines APOLLONIOS in vollendeter Sicherheit zum Ziele führte. Nur mit Mühe können wir uns in die mit spielender Gewandtheit abgewickelten Deduktionen hineinfinden, die uns APOLLONIOS in seiner Kegelschnittlehre, allerdings dem schwierigsten

462 Philos. Transact. Nr. 169, 1685, vor Seite 915. Vgl. G. HELLMANN, *Neue Drucke von Schriften u. Karten über Meteorologie und Erdmagnetismus*, Nr. 13, 1901, S. 83.

Stoffe antiker Mathematik, vorführt. Eins aber fehlte diesem ihrem Werkzeuge, das ist der verallgemeinerungsfähige Charakter, der gerade unsere Algebra auszeichnet. Linien entsprechen algebraischen Gebilden erster Dimension, Flächen der zweiten Potenz oder den einfachen Produkten, Körper sind ein Symbol dreifach dimensionaler Ausdrücke; aber für höhere Dimensionen versagt die Vorstellungsform, und die Verwendbarkeit der geometrischen Methode hört auf. Der griechischen Mathematik war eine Grenze gesteckt! Über die Betrachtung von Kurven zweiter Ordnung hinaus erstreckten sich ihre Untersuchungen daher nur selten. Höhere Kurven erfanden die griechischen Mathematiker verschiedene, betrachteten sie aber nur als Örter. ARCHIMEDES mit seiner scharfsinnigen Untersuchung der Spirallinien steht vereinzelt da.

Daß sich zuweilen geometrische Verfahren auch zu einfachen rechnerischen Methoden abschliffen — entarteten, im Sinne der griechischen Geometer gesprochen —, haben wir öfters beobachtet, z. B. wenn technische Aufgaben die häufige Wiederholung solcher Operationen verlangten. Die Verfahren, nach denen ARCHIMEDES und HERON (vgl. Bd. II, S. 136) Wurzeln auszogen, sind ein Ausfluß alter geometrischer Methoden; ähnlich bildeten sich auch abgekürzte Verfahren, zahlenmäßig gegebene quadratische Gleichungen auf rechnerischem Wege aufzulösen (vgl. Bd. III, S. 138). HERON (oder erst ein späterer Bearbeiter, vgl. Bd. IV, S. 129) stellt Aufgaben, in denen das Dimensionsprinzip vernachlässigt wird, wie bei der Addition von Flächen und Linien (vgl. Bd. III, S. 39). Unter HERONS Fachwörtern befindet sich vor allem das berühmte *δυναμοδύναμις* für eine vierte Potenz, mit dem er sich aus der dreidimensionalen Geometrie in höhere Raumabstraktionen hinüberschwingt (vgl. Bd. II, S. 105). Solche einzelnen Fälle gestatten uns, einen Schluß auf die allmählich vor sich gehende Arithmetisierung der Geometrie zu ziehen, und lassen uns das bisher unerklärbare plötzliche Einsetzen der Diophantischen Algebra nicht mehr so ganz unvermittelt erscheinen (vgl. Bd. II, S. 4 ff.).

Die geometrische Methode der Griechen nahmen die Araber auf und verbanden sie zum Teil mit echter Algebra, wie sie diese aus indischen Schriften entlehnen konnten. War den Griechen die Auffindung einer Lösung quadratischer Gleichungen gelungen, so wußten die Araber die geometrischen Hilfsmittel so zu verfeinern, daß sie das gleiche für kubische Gleichungen zu leisten vermochten (vgl. Bd. II, S. 67—68), wofür wir in Griechenland selbst nur Ansätze haben. Anderseits waren sie die ersten, die es verstanden, solche kubischen Probleme in algebraische Beziehungen zwischen den dritten, zweiten und ersten Potenzen einer Unbekannten und gewissen Konstanten umzuwandeln. Durch rein algebraische Betrachtungen aber zur Lösung von Aufgaben dritten Grades zu kommen, glückte ihnen so wenig, daß sie die Unlösbarkeit auf diesem Wege für ausgemacht hielten. Besonders hervorzuheben ist hingegen die große Fertigkeit der arabischen Mathematiker, vorgelegte geometrische Aufgaben, wie Konstruktionen usw., auf die Lösung einfacher Gleichungen zurückzuführen. Auch hier hatten sie nach indischen Vorbildern mit Erfolg weitergebaut.[463] Schon in der Algebra des Muḥammad ibn Mūsā Alḫwārazmī (erstes Viertel des neunten Jahrhunderts)[464] findet man zwei geometrisch-algebraische Aufgaben. Die eine von ihnen, einem gegebenen gleichschenkligen Dreieck ein Quadrat einzuschreiben, ist dadurch merkwürdig, daß sie mit denselben Zahlen auch bei Heron vorkommt.[465] Heron beschränkt sich auf Angabe der Lösung; er dividiert das Produkt aus Grundlinie und Höhe durch die Summe beider. Alḫwārazmī leitet diese Vorschrift algebraisch ab; indem er die Quadratseite als Unbekannte einführt und das Gesamtdreieck gleich der Summe der durch das Quadrat gebildeten Teile setzt, erhält er eine quadratische Gleichung, in der sich aber die quadratischen Glieder fortheben. Viel umfangreicher ist die Sammlung geometrischer Aufgaben, die Abū Kāmil (Šoǵāʿ; Ende des neunten Jahrhunderts, Ägypten) algebraisch löst.[466] Er behandelt die regelmäßigen Vielecke für $n = 3, 5, 10, 15$. Für das ein- und umgeschriebene Fünf- und Zehneck wird aus dem Radius die Seite und aus der Seite der Radius berechnet (Aufg. 1—11). Im gleichseitigen Dreieck ist $i + h$ gegeben, h allein gesucht (Nr. 12). In ein gleichseitiges Dreieck ist ein Rechteck gegebener Höhe, dann ein Quadrat einzuschreiben (Nr. 13, 14). Schwieriger ist, ein gleichseitiges Fünfeck in ein Quadrat einzuzeichnen (Nr. 15). In den nächsten Aufgaben bestimmt er die Seite des Fünf- und Zehnecks und ihren Inhalt (Nr. 16, 17), ferner Seite und Diagonale aus dem Inhalt eines Teildreiecks im Fünfeck (Nr. 18, 19) und schließlich die Fünfeckseite aus dem ihr anliegenden Ergänzungsdreieck des Zehnecks. Seine Ableitungen führen sogar auf Gleichungen vierten Grades, die allerdings auf quadratische Gleichungen reduzierbar sind; sie zeich-

463 Bhāskara, *Vījagaṇita*, ed. Colebrooke[185], S. 198 ff., 220 ff. — 464 *The algebra of Mohammed ben Musa*[II 240], S. 85. — 465 Heron, ed. Heiberg 4[1483], S. 431. — 466 H. Suter, Bibl. math. 10_3, 1909—1910, S. 15—42.

nen sich noch dadurch aus, daß irrationale Nenner fortgeschafft werden und das höchste Glied den Koeffizienten 1 erhält.

Aus dem Studium arabischer Werke lernten die abendländischen Gelehrten diese geometrisch-algebraische Behandlungsweise kennen. LEONARDO VON PISA lehnt sich in seiner *Practica geometriae* von 1220[467] und im *Liber abbaci* (1228)[468] eng an ABŪ KĀMIL an; er behandelt dieselben Aufgaben oft ausführlicher und ergänzt Beweise. Aufgaben dieser Art bildeten dann einen festen Bestandteil der bedeutenderen mathematischen Lehrbücher des fünfzehnten Jahrhunderts. Wir wissen, daß sich REGIOMONTAN (1436—1476) auf Verwendung dieser geometrisch-algebraischen Methode sehr gut verstand.[469] In WIDMANs Rechenbuch von 1489 wird der Radius des einem Dreieck umgeschriebenen Kreises gesucht, wenn die eine Dreieckshöhe und die Abschnitte der zugehörigen Seite gegeben sind;[470] in einer anderen Aufgabe wird die Seite des einem Kreise eingeschriebenen regelmäßigen Dreiecks berechnet, dann wieder der Umfang eines Kreises, der einem gegebenen Dreieck eingeschrieben ist.[471] Vollständig algebraisch durchgeführt ist die Bestimmung eines Quadrats, das einem Halbkreis eingeschrieben ist (vgl. Bd. III, S. 128). In beträchtlichem Umfange finden sich solche Aufgaben in der *Summa* des LUCA PACIOLI (1494).[472]

Wurde so die Algebra benutzt, um die Lösung geometrischer Probleme zu erzwingen, so zogen umgekehrt CARDANO (1501—1576, Mailand)[473] und TARTAGLIA (1500—1557; Brescia, Venedig) geometrische Betrachtungen heran, um die Richtigkeit algebraischer Lösungsformeln in der Lehre von den kubischen Gleichungen darzulegen, wie es arabische Gelehrte (MUḤAMMAD IBN MŪSĀ ALḪWĀRAZMĪ)[474] bei den Gleichungen zweiten Grades auch schon getan hatten.

Diese Verwendung der Geometrie zur Unterstützung der Algebra wurde im Laufe der nächsten Zeit nachgerade zu einer Methode ausgebildet. Den Anfang machte der Italiener GIOVANNI BENEDETTI (1530—1590, Mathematiker des Herzogs von Savoyen) in seinen 1585

467 LEONARDO PISANO[I 489], II, S. 223—224. — 468 Vgl. L. C. KARPINSKI, Bibl. math. 12_3, 1911—1912, S. 40—55, bes. S. 51 f. — 469 M. CURTZE, *Briefwechsel Regiomontans*[I 308], S. 190. — 470 Blatt D 3 und D 4[I 145], an einem Zahlenbeispiel vorgerechnet. — 471 Blatt D 7 r⁰ und 7 v⁰. — 472 II. Teil, 8. Distinktion[I 11]. — 473 CARDANO, *Ars magna*[II 48], cap. XI, XII u. XIII, fol. 29 v⁰ f.; *Opera*, Lugd. 1663, IV, S. 249—251. — 474 *Algebra*, ed. ROSEN[II 240], S. 13—19.

erschienenen *Speculationes diversae*;[475] zu methodischer Vollendung drang der große französische Mathematiker VIETA (1540—1603, Paris) vor. Er ist als Schöpfer jenes Teiles unserer Elementarwissenschaft anzusehen, den wir als algebraische Geometrie zu bezeichnen gewohnt sind, insofern wenigstens, als er (1593) zum erstenmal eine systematische Zusammenstellung aller der geometrischen Konstruktionen gab, die imstande sind, die Fundamentaloperationen der Algebra zu ersetzen, soweit dies überhaupt möglich ist.[476] Es sind dies, wie wir gesehen haben, altgriechische Ideen und Verfahren, die nunmehr neue Form und Gewandung angelegt haben; wir finden auch unter den Vorschriften VIETAs eine ganze Anzahl, die Wiederholungen oder Ergänzungen Euklidischer Sätze sind. So erinnert seine geometrische Lösung der Gleichung:

$$x^2 \pm a x = \pm b^2$$

stark an das antike Vorbild. Die ersten Lehrbücher der algebraischen Geometrie verfaßte MARINO GHETALDI (1566—1627, Ragusa),[477] der die Anregung dazu aus dem persönlichen Verkehr mit VIETA erhalten haben mag. Der noch jetzt vorbildliche Gang, den GHETALDI bei der Behandlung der einzelnen Probleme einschlug, ist der, daß aus der geometrischen Aufgabe durch Einführung einer Unbekannten algebraische Beziehungen gesucht wurden, die sich zu einer Gleichung entwickeln lassen. Die aus der Behandlung der Gleichung sich ergebende Lösungsformel wird nunmehr umgekehrt wieder geometrisch konstruiert. Unbestimmte Aufgaben in dem Sinne, daß die Unbekannte nicht eindeutig, bzw. mehrdeutig zu bestimmen ist, sondern eine unendliche Folge von Werten annehmen kann, liegen gar nicht in dem Gesichtskreis GHETALDIS. Ebensowenig benutzt er Koordinaten. Beispiele GHETALDIS sind die Dreieckskonstruktionen h_a, $b + c$, $p_a - q_a$; $b - c$, $p_a - q_a$, $b - a$; $\alpha = 90^0$; $b - c$, $p_a - q_a$; $\alpha = 90^0$, b, $p_a - q_a$; $\alpha = 90^0$, b, q_a; $\alpha = 90^0$, $b \pm c$, h_a usw., wo p_a und q_a die Projektionen von b und c auf a sind.

475 *Diversarum speculationum math. et phys. liber*, Taurini 1585. Spätere Ausgaben sind nur Titelausgaben. — 476 VIETA, *Effectionum geometricarum canonica recensio*, 1593? (Der Originalausgabe der *Isagoge*[II 60], Turonis 1591, ohne weitere Jahreszahl, aber mit besonderer Paginierung angebunden; Staatsbibl. zu Berlin O b 2100.) VIETA, *Opera*, ed. SCHOOTEN[II 88], S. 229—239. — 477 *Variorum problematum collectio*, Venetiis 1607, und *De resolutione et compositione mathematica*, Rom 1630. Vgl. E. GELCICH, *Eine Studie über die Entdeckung der analytischen Geometrie mit Berücksichtigung eines Werkes des Marino Ghetaldi aus dem Jahre 1630.* Abh. Gesch. Math. 4, 1882; dazu H. WIELEITNER, Bibl. Math. 13_3, 1912—1913, S. 242—247.

Wesentliche Fortschritte in der algebraischen Form stellen sich bei OUGHTRED (1574—1660, englischer Landpfarrer) ein, der in seiner *Clavis mathematicae* von 1631 vielfach GHETALDIS Aufgaben neu, aber ungleich geschickter bearbeitete.

Im Jahre 1637 erschien DESCARTES' *Géométrie*;[478] die mathematischen Zeitgenossen erkannten nur langsam die hochbedeutenden Neuerungen, die der Geist DESCARTES' in ihre Wissenschaft einführte. Mit DESCARTES beginnt eine der ruhmreichsten Entwicklungsperioden für die Mathematik im allgemeinen, wie für die Ausbildung einer algebraischen Koordinatengeometrie im besonderen. Seine Schrift ist das Erstlingswerk, das die analytische Geometrie aufzuweisen hat.

Die hochgespannten Erwartungen, mit denen ein moderner Leser die Abhandlung DESCARTES' in die Hand nimmt, werden beim ersten Durcharbeiten allerdings enttäuscht. Von einer theoretischen Behandlung der analytischen Geometrie ist durchaus nicht die Rede. DESCARTES beginnt mit Erörterungen, die wir von VIETA und GHETALDI her kennen und die ihm ohne Zweifel auch von dort her bekannt waren; er zeigt die enge Wechselbeziehung zwischen den einfachen Operationen der Algebra und der Geometrie und leitet daraus die Berechtigung her, geometrische Probleme algebraisch zu behandeln. Zur Erläuterung stellt er eine kurze Übersicht an die Spitze seiner weiteren Untersuchungen, wie man die vier Spezies, die Wurzelausziehung und die Auflösung der quadratischen Gleichungen geometrisch ausführen kann. Scharf betont er im folgenden, daß bei ihm die Größen a, a^2, a^3 rein algebraische Gebilde seien, daß er nicht darunter Linien, Flächen und Rauminhalte verstehe, woran noch VIETA streng festgehalten hatte. Dieses Fallenlassen des Dimensionsprinzipes begründet er damit, daß man sich ja in Ausdrücken wie $a^2b^2 - b$ stets durch Verwendung der Einheit gleichdimensionale Größen wie $\frac{a^2b^2}{1} - b\cdot 1\cdot 1$ schaffen könne.[479]

[478] Leiden 1637 in französischer Sprache; 1649 ließ FRANCISCUS v. SCHOOTEN eine lateinische Übersetzung erscheinen, die 1659 neu aufgelegt wurde (mit Zusätzen anderer Schriftsteller, wie SCHOOTEN selbst, FLORIMOND DEBEAUNE, JOHANNES HUDDE, HEINRICH v. HEURAET, JOHANNES DE WITT) II 62. *Œuvres*, éd. COUSIN, Paris 1824—1826 (11 Bände): 5, S. 309—448; éd. CH. ADAM et PAUL TANNERY II 64, 6, S. 367—485. Deutsche Übersetzung von L. SCHLESINGER, Berlin 1894 (2. Aufl., Leipzig 1923). — [479] *Œuvres*, éd. ADAM et TANNERY 6 II 64, S. 371, Z. 30—31.

Wie seine Vorgänger, stellt sich DESCARTES die Aufgabe, aus den vorliegenden geometrischen Problemen durch Einführung von Unbekannten Gleichungen zu bilden, deren Behandlung nun vorzunehmen ist. Er weiß dabei sehr wohl, daß die Anzahl der Gleichungen trotz erschöpfender Ausnutzung der Voraussetzungen kleiner sein kann als die Anzahl der Unbekannten und daß dadurch daß Problem unbestimmt wird. Für die überschüssigen Unbekannten könnten alsdann beliebige Werte angenommen und mit ihnen die anderen Unbekannten bestimmt werden.[480]

Über die Wahl der Variabeln bei solchen unbestimmten Aufgaben gibt er durchaus keine Vorschriften, sondern wendet sich sofort zu einem Beispiele, das er der Sammlung des PAPPOS entnommen hat[481] und das bereits EUKLID und APOLLONIOS (vgl. S. 138) bearbeitet hatten. Es soll der geometrische Ort aller der Punkte gefunden werden, deren senkrechte (oder unter einem gegegebenen Winkel gezogene) Abstände d_i von einer Reihe gegebener Geraden g_i der Bedingung genügen, daß das Produkt der einen Hälfte der d_i dem der übrigen gleich (bzw. proportional) sei, also daß etwa bei vier Geraden:

$$d_1 d_2 = d_3 d_4 ,$$

bei sechs Geraden:

$$d_1 d_2 d_3 = d_4 d_5 d_6$$

sei, wobei, falls die Anzahl ungerade ist, noch eine beliebige Konstante zur Vervollständigung hinzugenommen werden muß, also bei fünf Geraden:

$$d_1 d_2 d_3 = a\, d_4 d_5 .$$

Die Untersuchung dieser Aufgabe zieht sich bei DESCARTES wie ein roter Faden durch die ersten beiden Bücher seines Werkes hindurch, und man muß aus ihrer besonderen Behandlung herauslesen, welches eigentlich DESCARTES' neue Methode ist. Es macht

480 Daselbst S. 372—373. — 481 PAPPUS, Συναγωγή, lib. VII, Bericht über die *Conica* des APOLLONIOS[18], ed. HULTSCH, 2, S. 678, Z. 15 ff. Vgl. auch die Vorrede des APOLLONIOS zu seinen Kegelschnitten, ed. HEIBERG[659], 1, S. 4, Z. 13 bis 16. Die Aufgabe des PAPPOS stand zur Zeit DESCARTES' auf der Tagesordnung; sie wurde von verschiedenen Mathematikern neu behandelt, so auch von FERMAT 1637 nach griechischer Methode. DESCARTES selbst lernte sie um 1631 durch den Orientalisten JAK. GOLIUS kennen. Briefwechsel DESCARTES', *Œuvres*, éd. ADAM et TANNERY 1, Paris 1897, S. 232—235, 256. *Œuvres de Fermat*[1553], 2, 1894, S. 105. Vgl. H. WIELEITNER, Z. math. n. Unterr. 47, 1916. S. 418.

den Eindruck, als ob der Verfasser bei seiner Darstellung absichtlich dunkel geblieben ist, um dem Leser nicht so ohne weiteres den Einblick in seine Hilfsmittel zu gestatten. Analytische Geometrie ist in seinen Betrachtungen nur angedeutet, nicht gelehrt. Kommt doch sogar nirgends die Gleichung einer geraden Linie selbständig vor! Die für sein Beispiel aufgestellten Gleichungen ergeben nach Einführung von Abkürzungen den Ausdruck:

$$y = m - \frac{n}{z} x + \sqrt{mm + ox - \frac{p}{m} xx},$$ [482]

wo x unbestimmt gelassen wird. Diesen Ausdruck prüft DESCARTES genauer für die verschiedenen Möglichkeiten; er betrachtet auch den Sonderfall, daß die Wurzel verschwindet oder reduzierbar ist,[483] und hierbei zeigt er, daß dann der gesuchte geometrische Ort eine Gerade ist. Bei einem anderen Zahlenbeispiel[484] weist er von

$$y = 1 - \tfrac{1}{2} x + \sqrt{1 + 4x - \tfrac{3}{4} xx}$$

nach, daß sich ein Kreis ergibt.

Die Wahl der Koordinaten, die DESCARTES in dem Beispiel von PAPPOS trifft, dürfte durch das Studium der griechischen Kegelschnittlehre, in der, wie oben auseinandergesetzt (S. 93—94), eine Art schiefwinkliger Parallelkoordinaten vorkam, beeinflußt worden sein. Eine der gegebenen Geraden g_i nimmt er zur Achse. Auf sie bezieht er die der Bedingung genügenden Punkte C, indem er von dem Punkte C aus Parallele zur Richtung eines der (schiefen) Abstände d_i zieht. Die Entfernungen der Fußpunkte dieser Parallelen von einem auf g_i fest angenommenen Punkte (einem Schnittpunkte mit g_k) nennt er x, die Parallelen selbst y, wobei auch die Wahl der Buchstaben eine Neuerung bildet (vgl. Bd. II, S. 44—46, 117). Die Abstände d_i werden nun durch die Größen x und y ausgedrückt, ihre Werte in der vorgeschriebenen Weise multipliziert und so eine unbestimmte Gleichung aufgestellt, deren Wertepaare x und y Punkte C der geforderten Art ergeben. „Indem man der Strecke y der Reihe nach unendlich viele verschiedene Größen beilegt, erhält man auch unendlich viele für die Strecke x und auf diese Weise unendlich viele Punkte von der Beschaffenheit des

[482] *Géométrie, Œuvres*, éd. ADAM et TANNERY $6^{II\,64}$, Paris 1902, S. 399—401. — [483] Vgl. CL. RABUEL, *Commentaire sur la Géométrie de M. Descartes*, Lyon 1730, S. 156 f. — [484] *Œuvres*, $6^{II\,64}$, S. 405, Z. 24 bis S. 406, Z. 9.

mit C bezeichneten, mit Hilfe deren alsdann die gesuchte krumme Linie beschrieben werden kann.[485]"

Klarer kann das Prinzip der analytischen Geometrie nicht ausgesprochen werden. Man hat früher behauptet, daß APOLLONIOS bei seinen Kegelschnitten ebenfalls analytische Geometrie verwendet habe. Freilich hatte er Parallelkoordinaten, hatte auch Beziehungen in Flächensatzform aufgestellt, die seine Kurven charakterisierten; aber — ganz abgesehen davon, daß ihm die Algebra fehlte, an deren Stelle er, wie wir wissen (vgl. S. 96—97), einen geometrischen Kalkül verwendete — seine Kurven waren nur Kegelschnitte, seine Koordinaten waren fest bestimmte, von der Figur untrennbare Linien. Der Begriff der Abszisse fehlte ganz oder wenigstens ein Anfangspunkt der Abszisse (vgl. S. 93—94).

Bei DESCARTES ist die Wahl der Hauptrichtungen freier; er erkennt auch, daß Koordinatenverschiebungen den Grad der Gleichung und den durch sie festgelegten Charakter der Kurven nicht ändern.[486] Bei ihm ist auch sofort die Verallgemeinerung auf höhere Kurven da, die ihn sogar befähigt, eine Einteilung der Kurven in algebraische und transzendente oder, wie er sagt, in geometrische und mechanische[487] vorzunehmen, die ihn auch in den Stand setzt, Untersuchungen über Tangenten und Normalen für beliebige Kurven anzustellen. Ja noch mehr. Am Schluß des zweiten Buches vollzieht er die weiteste Folgerung, die der Übertragung seiner Methode auf den Raum; in einem kurzen Ausblick weist er auf die Koordinatenbestimmung einer Raumkurve hin, die dadurch erfolgen könne, daß man sie auf zwei senkrechte Grundebenen projiziere und die erhaltenen ebenen Figuren nach seiner Art und Weise behandle.

Die Wichtigkeit des Inhaltes, den die verhältnismäßig kurzen, hierher gehörigen Abschnitte der Cartesischen *Géométrie* bieten, ließ es berechtigt erscheinen, seiner Schilderung einen etwas breiteren Raum zu widmen, als es in der vorliegenden Darstellung sonst zu

485 *Géométrie*, éd. ADAM et TANNERY 6 II 64, S. 386, Z. 6 ff.: *Prenant successiuement infinies diuerses grandeurs pour la ligne y, on en trouuera aussy infinies pour la ligne x, & ainsi on aura vne infinité de diuers poins, tels que celuy qui est marqué C, par le moyen desquels on descrira la ligne courbe demandée.* SCHLESINGER[478], S. 17. — 486 Ed. ADAM et TANNERY 6, S. 393, Z. 27 f.; SCHLESINGER S. 24. — 487 Ed. ADAM et TANNERY 6, S. 390; SCHLESINGER S. 19 (vgl. Bd. II, S. 71).

geschehen pflegte. Die analytische Geometrie ist ein zu wichtiges Arbeitsmittel der Mathematik geworden, als daß man ihrer Entstehungsgeschichte nicht besondere Berücksichtigung widmen müßte. Man kann getrost behaupten, daß durch DESCARTES' Methode nicht nur die Kurvenlehre geschaffen und der späteren Infinitesimalrechnung die nötige Grundlage bereitet, sondern auch die allgemeine Funktionenlehre erst ermöglicht und sogar angeregt wurde.

Die Priorität der Veröffentlichung hat DESCARTES durch den im Jahre 1637 erfolgten Druck seiner *Géométrie* für sich.[488] Aber wie es so vielfach bei großen Entdeckungen, auf die eine Zeit gleichsam hindrängt, der Fall ist, noch ein zweiter großer Mathematiker hatte selbständig dasselbe fruchtbare Feld in Arbeit genommen und war, wie es scheint, sogar vor DESCARTES zu einem erfolgreichen Abschluß gekommen, ohne aber durch eine Veröffentlichung seinen Fachgenossen sofort von seinen Arbeiten Kunde zu geben. Dieser Gelehrte ist P. DE FERMAT (1601—1665, Toulouse), dessen Leistungen auch auf anderen Gebieten der Mathematik, besonders in der Zahlentheorie, noch heute die größte Bewunderung erregen, ja zum Teil noch nicht erreicht wurden. In einem Brief an ROBERVAL (1602 bis 1675, Paris) vom 22. September 1636, also bevor er Kenntnis der DESCARTESschen *Géométrie* haben konnte, berührte er Fragen, deren Besprechung seine Vertrautheit mit analytisch-geometrischen Betrachtungen vollständig beweisen. Eine Bemerkung in diesem Schreiben,[489] daß er eine Methode zur Auffindung der Maxima und Minima, die uns aus späteren Mitteilungen FERMATS an DESCARTES (vom Jahre 1638) bekannt ist,[518] bereits sieben Jahre vorher besessen und namhaft gemachten Bekannten, darunter mittelbar auch ROBERVAL selbst, mitgeteilt habe, führt seine erfolgreiche Beschäftigung mit analytischer Geometrie bis auf das Jahr 1629 zurück. In seinen nachgelassenen Schriften (veröffentlicht 1679) finden sich zusammenfassende Arbeiten vor; von seiner Abhandlung *Ad locos planos et solidos isagoge*[490] behauptete sogar ein Nachruf bei FERMATS

[488] DESCARTES scheint seine Hauptentdeckungen um das Jahr 1620 gemacht zu haben. Vgl. *Œuvres*, éd. ADAM et TANNERY, $10^{\text{II}\,69}$, S. 331. — [489] FERMAT, *Varia opera*[1553], 1679, S. 136, Z. 15—13 v. u.: *Sur le sujet de la méthode de maximis et minimis, vous sçavez que puisque vous avez veu celle que Monsieur Despagnet vous a donnée, vous avez veu la mienne que je luy baillay il y a environ sept ans étant à Bordeaux* . . .; *Œuvres de Fermat*, éd. TANNERY et HENRY, $2^{\text{I}\,553}$, Paris 1894, S. 71. — [490] *Varia opera*, S. 2—11; éd. TANNERY et HENRY, 1, S. 91—100. Deutsche Übers. mit Erläuterungen von H. WIELEITNER, *Ostwalds Klassiker* Nr. 208, Leipzig 1923.

Tod, daß sie vor dem Erscheinen des Cartesischen Werkes vollendet gewesen sei.[491] Diese Schrift hat den äußeren Vorzug vor der des DESCARTES, daß sie in Klarheit der Darstellung und in systematischer Zusammenfassung des Stoffes einen höheren Grad der Vollendung erreicht hat. Anderseits hängt aber FERMAT noch ganz an der VIETAschen Form der Algebra (s. Bd. II, S. 7, 39, 43).

FERMAT spricht an einer späteren Stelle klar und bündig aus,[492] daß eine bestimmte Gleichung mit einer Unbekannten einen Punkt, eine Gleichung mit zwei Unbekannten einen ebenen geometrischen Ort, eine solche mit drei Unbekannten eine Fläche im Raum darstelle. Im Anfang der *Isagoge* hebt er hervor, daß eine Gleichung ersten Grades mit zwei Unbekannten eine Gerade, eine Gleichung zweiten Grades im allgemeinen einen Kegelschnitt bestimmt. Dies zu beweisen, ist ein Hauptzweck der Abhandlung.[493] FERMAT nimmt dazu ganz systematisch eine von einem festen Punkt ausgehende Gerade für die x und trägt die y am Endpunkte der x unter festem Winkel, der wie bei DESCARTES im allgemeinen schief ist, an. Eine zweite Achse fehlt also bei beiden. Als Buchstaben hat er statt x und y die großgeschriebenen Vokale A und E, für die bekannten Größen die Konsonanten B, D, G ... (vgl. Bd. II, S. 43).

Die Gleichung einer Geraden, die wir bei DESCARTES in allgemeiner Form vermißten, lautet bei FERMAT, wenn sie durch den Nullpunkt geht:

$$DA = BE \text{ [494]} \quad [\text{modern } ax = by],$$

und allgemein:

$$D(R - A) = BE \text{ [495]} \quad [\text{modern } a(c - x) = by].$$

$B^2 - A^2 = E^2$,[496] d. i. $r^2 - x^2 = y^2$, ist FERMATs Kreisgleichung; er spricht es aus, daß allgemein jede quadratische Gleichung, in der die Koeffizienten der Quadrate der Unbekannten übereinstimmen, bei rechtwinkligen Koordinaten einen Kreis darstellt. Ist $B^2 - A^2$ dem E^2 proportional, so liefert diese Gleichung auch bei schiefem

491 Journal des Sçavans 1665, Febr. 9., abgedruckt in *Œuvres*, éd. TANNERY et HENRY, 1, S. 361, Z. 7 ff.: *Une introduction aux lieux plans et solides, qui est un traité analytique concernant la solution des problèmes plans et solides, qui avait esté veu devant que M. Descartes eust rien publié sur ce sujet* ... — 492 FERMAT, *Opera varia*[1553], *Novus secundarum et alterioris ordinis radicum in analyticis usus*, Appendix, S. 61, Z. 14 ff. *Œuvres*[1553], éd. TANNERY 3, S. 161, Z 25 ff. — 493 *Opera varia*[1553], *Ad locos planos et solidos isagoge*, S. 7, Z. 20 f.; *Œuvres* 3, S. 85, Z. 14 f. — 494 *Œuvres*, éd. TANNERY et HENRY, 1, S. 92: *D in A aequetur B in E.* — 495 Daselbst S. 93: *Ut B ad D, ita R—A ad E.* — 496 Daselbst S. 98: *Bq. — Aq. aequetur Eq.*

Winkel eine Ellipse,[497] während sich eine Hyperbel ergibt, wenn $A^2 + B^2$ in festem Verhältnis zu E^2 steht.[498] Auch die Asymptotengleichung der Hyperbel tritt uns bei FERMAT entgegen:

$$AE = Z^2 \quad [\text{modern } xy = a^2];$$ [499]

seine Parabelgleichung lautet:

$$A^2 = DE \quad [\text{modern } x^2 = ay].$$ [500]

Als allgemeinsten Kegelschnitt behandelt er das Beispiel:

$$B^2 - 2A^2 = 2AE + E^2 \quad [\text{modern } 2x + 2xy + y^2 = a^2],$$

das er durch antike Umformungen auf die oben angegebene Ellipsenbedingung zurückführt. Er weist öfters darauf hin, daß seine Methode schöne Verallgemeinerungen und Beweise der Sätze aus APOLLONIOS' ebenen Örtern ergebe, die er selbst früher in alter Form wiederherzustellen versucht hatte.

Freunde und Schüler DESCARTES' bemühten sich, seine Schrift den Zeitgenossen verständlicher zu machen. Eine nur schriftlich umgelaufene kleine anonyme Abhandlung *Calcul de Mons. Des Cartes* vom Jahre 1638[501] zeigt in knapper Form das neuartige algebraische Rechnen. 1639 verfaßt DEBEAUNE eine eingehendere Erläuterung, *Notae breves*, die DESCARTES' Beifall fand. Das größte Verdienst um die Verbreitung seiner Lehre hat aber FRANZ VAN SCHOOTEN (1615 bis 1660), der an der Universität Leiden wirkte. Eine der Vorlesungen, die er über DESCARTES' Methode hielt, gab ein Schüler, ERASMUS BARTHOLINUS, 1651 in Leiden heraus.[502] Im Jahre 1649 veröffentlichte SCHOOTEN selbst eine lateinische Übersetzung der *Géométrie* und fügte eingehende Kommentare hinzu; einen Anhang bilden die *Notae breves* von DEBEAUNE. 1659/61 (Amsterdam) mußte die lateinische Übersetzung neu aufgelegt werden[II 62]; die Kommentare wurden erheblich erweitert, die Schrift von BARTHOLINUS, sowie weitere große Zusätze von HUDDE, VAN HEURAET, DE WITT mit aufgenommen. Neue Ausgaben mit allen Zusätzen wurden 1683 (Amsterdam), dann noch 1695 (Frankfurt a. M.) mit Noten von JAKOB BERNOULLI I veranstaltet[II 62].

---

497 Daselbst S. 99: *Bq. – Aq. ad Eq habeat rationem datam, punctum I erit ad ellipsin.* — 498 Daselbst S. 99: *Si Bq. + Aq. est ad Eq. in data ratione, punctum I est ad hyperbolen.* — 499 Daselbst S. 93: *A in E aeq. Z pl. quo casu punctum I est ad hyperbolen.* — 500 Daselbst S. 96: *Si Aq. aequatur D in E, punctum I est ad parabolen.* — 501 *Œuvres de Descartes*, éd. ADAM et TANNERY[II 69], 10, S. 659—680[II 585]. — 502 *Francisci à Schooten Principia matheseos universalis seu introductio ad geometriae methodum Renati Des Cartes*, Lugd. Bat. 1651[II 63].

Dürftig, trotz ihres Umfanges, ist eine Schrift des englischen Mathematikers WALLIS (1616—1703, Oxford), die er im Jahre 1655 der Öffentlichkeit übergab.[503] Sie beschränkt sich darauf, die Archimedisch-Apollonischen Definitionsgleichungen der Kegelschnitte unter Beibehaltung der Apollonischen Koordinaten in die neue Form zu bringen. So schreibt er als erster a n a l y t i s c h die Scheitelgleichungen der Kegelschnitte hin:

$$p^2 = l\,d, \quad e^2 = l\,d - \frac{l}{t}\,d^2, \quad h^2 = l\,d - \frac{l}{t}\,d^2.$$ [504]

Dann setzt er diese Gleichungen als gegeben voraus und beweist, daß die durch sie definierten Kurven die Kegelschnitte der Alten sind. Hierzu kommen Betrachtungen über Durchmesser und Mittelpunkte, dann die Ableitung von Eigenschaften ihrer Tangenten, ohne daß die Gleichung einer Tangente aufgestellt wird. Als wichtig hervorzuheben ist der Gedanke, daß aus den gegebenen Koeffizienten einer Gleichung zweiten Grades alle dem Kegelschnitt eigentümlichen Größen, wie Achsen, Mittelpunkt usw. berechnet werden können.[505] Die weitere Durchführung fehlt aber. Das muß man der WALLISschen Arbeit lassen, daß durch sie die neue Methode infolge der großen Beliebtheit der Schriften dieses Verfassers eine weite Verbreitung auch unter anderen als den führenden Mathematikern erlangte.

Von neuem Standpunkte ging JOH. DE WITT in den *Elementa curvarum linearum* (1659) aus.[506] In dem zweiten Teil dieser, ebenfalls umfangreichen Abhandlung bespricht der Verfasser die einzelnen Gleichungen:

$$y = \frac{b\,x}{a}, \quad y = \frac{b\,x}{a} + c, \quad y = \frac{b\,x}{a} - c, \quad y = c - \frac{b\,x}{a},$$

$$y^2 = a\,x, \quad y^2 = a\,x + b^2, \quad y^2 = a\,x - b^2, \quad y^2 = -\,a\,x + b^2,$$

$$y\,x = f^2, \quad \frac{l\,y^2}{g} = x^2 - f^2, \quad y^2 - f^2 = \frac{l\,x^2}{g}, \quad \frac{l\,y^2}{g} = f^2 - x^2,$$

stellt jedesmal den Charakter der durch sie definierten Kurven fest und zeichnet sie, gibt auch Regeln, nach denen man zusammen-

503 *Tractatus de sectionibus conicis, nova methodo expositis*, Oxonii 1655; 53^II 332^; *Opera*, 1^II 430^, Oxford 1695, S. 291—354. — 504 *Opera math.* 1^II 430^, S. 310, 315, 318. — 505 Daselbst S. 315; vgl. H. WIELEITNER, Bibl. math. 14_3, 1914, S. 60. — 506 Angeschlossen der Descartesausgabe, die FRANZ v. SCHOOTEN 1659^II 62^ besorgte (Bd. II, S. 153—340). Das Vorwort ist vom Oktober 1658 datiert.

gesetztere Formen auf die angegebenen zurückführen kann. Die Gleichungen $x = c$ und $y = c$ treten bei ihm zum erstenmal auf.

In Kenntnis dieser Schrift, aber mit modernerer Durchführung, unternahm PH. DE LA HIRE in seinen *Lieux géométriques*, Paris 1679,[507] eine weitere Bearbeitung der Kegelschnittlehre nach den neuen Prinzipien. Als Grundgleichungen betrachtete er:

1. $\frac{a x}{b} = y$, gerade Linie,
2. $a x = y^2$, Parabel,
3. $x y = a^2$, Hyperbel, auf die Asymptoten bezogen,
4. $\frac{a x^2}{b} = d^2 - y^2$, Ellipse; falls $a = b$, Kreis,
5. $\frac{a x^2}{b} = y^2 - d^2$, Hyperbel; falls $a = b$, gleichseitige Hyperbel,

auf die er allgemeinere Gleichungen zurückführte; doch gab er, einen Gedanken von WALLIS fortführend, auch Vorschriften, nach denen man den Charakter vorgelegter Gleichungen ohne diese Reduktion erkennen kann, Vorschriften, die selbstverständlich nicht erschöpfend waren. Die allgemeine Gleichung zweiten Grades wurde erst von EULER betrachtet (vgl. S. 166).

Fortschritte in der Behandlung der analytischen Geometrie sind bis zum Auftreten NEWTONS und vor allem EULERS sehr gering. Nur selten, und dann nur gelegentlich, können sich die Bearbeiter, wie J. OZANAM,[508] DE L'HOSPITAL,[509] A. J. HERMANN,[510] GUISNÉE,[511] CL. RABUEL,[512] dazu verstehen, negative Abszissen und Ordinaten in voller Allgemeinheit zuzulassen, so daß ihnen die Möglichkeit entgeht, der analytischen Geometrie einen befriedigenden Aufbau zu geben. Erst in NEWTONS *Enumeratio linearum tertii ordinis* 1704[513] wurde allen vier Quadranten gleiche Berechtigung gegeben und somit die Anerkennung negativer Koordinaten vollzogen. Die meisten Lehrbuchverfasser des achtzehnten Jahrhunderts haben aber das auch nachher noch nicht erfaßt.

507 *Nouveaux élémens des sections coniques, les lieux géométriques, la construction ou effection des équations*, Paris 1679, S. 21. — 508 J. OZANAM, *Traité des lignes du premier genre, traité des lieux géométriques, traité de la construction des equations*, Paris 1687. — 509 PH. DE L'HOSPITAL, *Traité analytique des sections coniques*, Paris 1707. — 510 A. J. HERMANN, *Elementa matheseos universae*, Comm. Ac. Petrop. 1727 (1735). — 511 GUISNÉE, *Application de l'algèbre à la géométrie*, Paris 1705, 2. éd. 1753. — 512 CL. RABUEL, *Commentaires sur la géométrie de M. Descartes*, Lyon 1730. — 513 Anhang zur Optik 1704; abgedruckt wiederholt, z. B. *Opuscula Newtoni* II 229, 1744, S. 247f.

An den Übergang zu komplexen Koordinaten wagt sich erst EULER heran.[514] Die strengere Begründung verdankt man GAUSS und CAUCHY.[515]

Der Mathematik waren neue scharfe Waffen gegeben worden; der Angriff auf höhere Probleme erfolgte unmittelbar hinterher.

Die elementare Kurvenlehre, die sich nur bis zur Theorie der Kegelschnitte erstreckt, war bereits von den Alten in ihren Hauptzügen erledigt worden. Es war ein leichtes, die bekannten Resultate auf dem neuen Wege bestätigt zu finden. DESCARTES und FERMAT schwangen sich daher sofort zu Betrachtungen höherer Kurven auf. Der erste Erfolg bestand in der Lösung des Tangentenproblems, in der Angabe allgemeiner Methoden, um für vorliegende Kurven die Tangenten zu finden. DESCARTES[516] erledigte die Aufgabe durch Aufsuchen einer Normale. Er schnitt die Kurve durch einen Kreis, dessen Schnittpunkte danach sowohl der Kurve wie der Kreisgleichung genügen müssen; für ihre Koordinaten ergab sich eine quadratische Gleichung. Durch entsprechende Wahl der noch zur Verfügung stehenden Konstanten, des Radius des Kreises, konnte er bewirken, daß die beiden Wurzelwerte gleich werden. Die so berechnete Ordinate lieferte einen gewissen Kurvenpunkt, und dieser, mit dem fest angenommenen Kreismittelpunkt verbunden, die gesuchte Normale. Die allgemeinen Herleitungen wendete er dann auf die Parabel an. DESCARTES[517] ist auch der Erfinder der in den Elementen am häufigsten benutzten Methode der Tangentenkonstruktion, zunächst durch den Kurvenpunkt M eine Sekante zu legen, die für die Ordinaten des Punktes M wie für die des zweiten Schnittpunktes geltende quadratische Gleichung aufzustellen und in ihrer Lösungsformel den Radikanden der auftretenden Wurzel gleich Null zu setzen, damit beide Schnittpunkte der Sekante in M zusammenfallen und so die Sekante zur Tangente wird.

FERMATs Methode (1638 an DESCARTES geschickt[518]; vgl. S. 89, 105) griff der späteren Methode, die die Differentialrechnung einschlägt, in bewunderungswürdiger Weise vor. FERMAT nahm neben dem Berührungspunkt M der angenommenen Tangente auf der Kurve einen Nachbarpunkt M' an. Für diesen erhielt er zwei Gleichungen:

514 *Introductio*[1167], 2, § 17f, S. 9f. — 515 Vgl. A. BRILL u. M. NOETHER, Jahresb. Dtsch. Math.-Ver. 3, 1894, S. 294. — 516 *Œuvres de Descartes*, éd. ADAM et TANNERY 6[II64], S. 413ff.; SCHLESINGER, S. 42ff. — 517 Brief vom Mai 1638 an HARDY; *Œuvres*, éd ADAM et TANNERY, 2[II61], S. 172. — 518 FERMAT, *Varia opera*[1553], S. 63—73; éd. TANNERY et HENRY, S. 133—179.

einmal muß M' als Kurvenpunkt die Gleichung der Kurve befriedigen, zweitens aber muß, wenn M' nahe genug an M liegt, M' auch der Tangentengleichung genügen. Bei der Kombination der beiden aufgestellten Gleichungen dividierte er durch die Abszissendifferenz zwischen M und M'; nun konnte der Übergang von M' zu M vollzogen und die bis dahin noch unbestimmte Konstante in der Tangentengleichung bestimmt werden.

Ein dritter französischer Mathematiker, Roberval (1602—1675, Paris),[519] definierte die Tangente als jedesmalige Richtung eines sich auf der Kurve bewegenden Punktes (1644 Bekannten mitgeteilt, 1668 der Akademie vorgelegt); er wählte als Beispiel Parabel und Hyperbel. Unabhängig von Roberval, vielleicht sogar noch vor ihm, ersann der Italiener Ev. Torricelli (1608—1647, Florenz), dessen Name in der Geschichte der Mathematik einen ebenso guten Klang hat wie in der Physik, eine nur unwesentlich davon abweichende Methode mit Anwendung des Kräfteparallelogrammes, die er an der Parabel erprobte.[520]

Allen erwähnten Tangentenverfahren ist gemeinsam, daß sie sich mit der Auffindung der Richtungswinkel der Tangente oder der Größe der Strecken, die unter dem Namen Tangente, Subtangente, Normale, Subnormale bekannt sind, begnügen, nicht aber bis zur Aufstellung der geraden Linie in Gleichungsform, die die Kurven berührt, vordringen, wie es erst P. S. Laplace 1797 ganz allgemein durch das Aufstellen der Tangentengleichung:

$$y = \eta - \xi f'(\xi) + x f'(\xi)$$

für die Kurve $y = f(x)$ ausführte.[521] Die wirklichen Tangentengleichungen für Kreis, Ellipse, Hyperbel, Parabel sind nicht vor Schluß des achtzehnten Jahrhunderts zu finden (vgl. S. 150, 158, 164).

Es kann hier, bei der Schilderung der Elementarmathematik, nicht Aufgabe sein, näher auf den Ausbau der höheren Kurvenlehre, auf die Wiedergabe und Würdigung der Resultate, die sich in der nächsten Zeit Schlag auf Schlag einstellten, einzugehen. Wir weisen nur kurz auf die hohen Verdienste hin, die sich Newton (1643 bis 1727, Cambridge) in seinen *Philosophiae naturalis principia* von 1687[II 694],

519 Mém. de l'Ac. royale, Tome VI, 1666—1699, Paris 1730, S. 3—67. — 520 *Opera geometrica*, Florent. 1644. *De motu* I, 18, Scholium, *Opere*, ed. G. Loria et G. Vassura, II, Faenza 1919, S. 122—124. — 521 *Théorie des fonctions analytiques*, J. Éc. polyt. 9 III, Paris an V (1797), § 113, S. 122.

in seiner *Arithmetica universalis* von 1707[II 372], in seiner *Enumeratio linearum tertii ordinis* von 1704[522] um die neue Theorie erworben hat. Wir erwähnen noch J. STIRLING (1692—1770)[523] und J. P. DE GUA DE MALVES (1712—1785, Paris).[524] Es kann eben kaum einer der bedeutenderen Mathematiker genannt werden, der sich nicht als Mitarbeiter auf diesem Gebiete bewährt hätte. Besonders wichtig waren die zusammenfassenden, den erstaunlich angeschwollenen Stoff systematisch zusammenfassenden Werke EULERS (1748)[525] und G. CRAMERS (1750).[526]

Die elementar-systematische Behandlung der analytischen Geometrie, die unsere modernen Schulbücher wählen, erfolgte erst mit Schluß des achtzehnten Jahrhunderts. Sie wird durch S. F. LACROIX' (1765—1843, Paris) großes Elementarwerk *Cours de Mathématiques*[III 53] (1796—1799),[527] der in zahlreichen Auflagen die mathematische Entwicklung in den ersten Jahrzehnten des neunzehnten Jahrhunderts beeinflußte, begründet. LACROIX hat auch die Benennung Analytische Geometrie[528] zuerst in dem Sinne gefaßt, wie sie heute üblich ist; vorher verstand man darunter jede Verwendung der rechnenden Algebra auf die Geometrie.[529] Einige Erweiterung bietet das vorzügliche Lehrbuch von F. L. LEFRANÇAIS 1801,[530] dem sich in demselben Jahr ein wertvolles Übungsbuch *Recueil de diverses propositions de géométrie* von L. PUISSANT[IV 1145] anschloß. 1802 verfaßte auch J. B. BIOT (1774—1862) ein Elementarbuch über analytische Geometrie, *Essai de géometrie analytique*[V 264], und dieses verbreitete in vielen schnell aufeinanderfolgenden Auflagen und mehreren Übersetzungen sowohl den jungen Elementarlehrstoff wie den neu geprägten Namen. In deutschen Schriften hat MEIER HIRSCH[531] in

522 *Opuscula Newtoni*[II 229], 1744, 1, S. 247 ff. — 523 *Lineae tertii ordinis Newtonianae*, Oxonii 1717. — 524 *Usages de l'analyse de Descartes*, Paris 1740. — 525 *Introductio* 2[I 167]. — 526 *Introduction à l'analyse des lignes courbes algébriques*, Genève 1750. — 527 T. IV, *Traité élémentaire de trigonométric rectiligne et sphérique et d'application de l'algèbre à la géometrie* 1. Aufl., Paris an VII (1798/99), 2. Aufl., Paris an VIII (1799—1800). — 528 Vgl. L. PUISSANT, *Recueil*[IV 1145], Paris VIII, 1801. Avertissement S. 6: *Il existe, dit Lacroix, une manière d'envisager la Géométrie, qu'on pourroit appeler Géométrie analytique, et qui consisteroit à déduire les propriétés de l'étendu du plus petit nombre possible de principes, et par des méthodes vraiment analytiques.* In einem Buchtitel zuerst bei J. G. GARNIER, *Éléments de géométrie analytique*, Paris 1808[533]. — 529 So im Titel *Analytische Geometrie* von NIC. SCHENMARK, Kopenhagen 1779[807]. — 530 *Essai sur la ligne droite el les courbes du second degré*, Paris an IX, 1801. — 531 *Sammlung geometrischer Aufgaben*, 2[IV 925], S. 304, § 231 ff.

seine Sammlung *Geometrischer Aufgaben* zuerst die grundlegenden Aufgaben der analytischen Geometrie aufgenommen. Frankreichs glänzende Literaturentwicklung brachte noch die Lehrbücher von J. L. Boucharlat,[532] J. G. Garnier,[533] M. Bourdon,[534] denen in Deutschland J. J. Littrow[535] und J. A. Grunert[536] folgten, abgesehen von den Schullehrbüchern, wie denen von A. L. Crelle (1826)[II 485], A. Tellkampf (1829)[I, 295], E. G. Fischer (1829)[I 296] u. a., die mehr oder weniger erhebliche Teile des Stoffes ihrer Unterrichtsverteilung eingliederten.

Im vorhergehenden wurde nur die analytische Geometrie der Ebene berücksichtigt. Prophetische Blicke in das sich ihm eröffnende, unbekannte Gebiet einer analytischen Geometrie des Raumes hatten wir indes schon Descartes (1637) und Fermat (wohl etwas später) werfen sehen (vgl. S. 104, 106). Auch G. Desargues (1593—1661?; Lyon, Paris) suchte gelegentlich (1636) einen Punkt im Raum durch drei Koordinaten, allerdings nur rein zahlenmäßig, festzulegen.[537] Die Reichhaltigkeit der in der Ebene sich bietenden Ergebnisse ließ jedoch zunächst die Mathematiker keine Veranlassung nehmen, dem Winke Descartes' zu folgen. Raumkoordinaten x, y, z stellte zwar Ph. de La Hire in den *Lieux géométriques* von 1679 auf,[538] ging aber auf ihre Verwendung nicht ein, da er nur die ebenen geometrischen Örter behandeln wollte.[539] Bis zum Ende des siebzehnten Jahrhunderts ist keine Arbeit veröffentlicht worden, die die analytische Geometrie des Raumes betrifft.

Johann Bernoulli I (1667—1748, Basel) hatte sich, wie aus Briefen an Leibniz vom 4. XII. 1697[540] und 26. VIII. 1698[541] hervorgeht, um diese Zeit mit Untersuchungen über die kürzesten Linien auf Oberflächen beschäftigt. Ein Brief vom 6. II. 1715 an Leibniz beweist, daß ihm der Gebrauch räumlicher Koordinaten x, y, z

532 *Théorie des courbes et des surfaces du second ordre*, 2e éd., Paris 1810. — 533 *Élémens de géométrie analytique*, Paris 1808; *Géométrie analytique ou application de l'algèbre à la géométrie*, 2e éd., Paris 1813. — 534 *Application de l'algèbre à la géométrie*, 1e éd., Paris 1825, 3e éd., Paris 1831. — 535 *Analytische Geometrie*, Wien 1823. — 536 *Elemente der analytischen Geometrie*, 2 Bde., Leipzig 1839. — 537 *Perspective*, Paris 1636; *Œuvres*, éd. Poudra, Paris 1864, I, S. 88 f.; vgl. H. Wieleitner, *Die Anfänge der analyt. Raumgeometrie*, Z. math. nat. Unt. 49, 1918, S. 1918, S. 73—79. — 538 Daselbst[507] chap. II, am Schluß der déf. I, S. 215. — 539 Daselbst: *Mais ce n'est pas mon dessein de parler icy de ces sortes de Lieux.* — 540 Leibniz, *Math. Schriften*, ed. Gerhardt, 3. Folge, 2 Abt., III, Halle 1856 S. 470. — 541 Daselbst S. 532.

schon ganz vertraut war.[542] In seiner Antwort rühmt sich LEIBNIZ ähnlicher Gedanken. 1728 machte JOHANN BERNOULLI an EULER von seinen Resultaten brieflich Mitteilung,[543] um dieselbe Zeit auch mündlich an einen schwedischen Fachgenossen KLINGENSTIERNA, wie eine Aufzeichnung in BERNOULLIS gesammelten Werken von 1742 berichtet.[544] Seine Beschäftigung mit Flächen und Raumkoordinaten reicht also sehr wahrscheinlich noch bis ins Ende des siebzehnten Jahrhunderts hinein.

Der Ruhm, die erste Abhandlung über die analytische Geometrie des Raumes im Druck veröffentlicht zu haben, bleibt dem französischen Akademiker ANTOINE PARENT (1666—1716). Er trug Juli und August 1700 seine Forschungen der Pariser Akademie in einer Schrift *Des affections des superficies*[545] vor. Sie enthält Betrachtungen über die Tangentialebene an eine Kugel, deren Gleichung durch drei rechtwinklige Koordinaten x, y, z in bekannter Form angegeben wird. Ferner beschäftigte sich PARENT noch mit höheren Flächen von der Form:

$$\frac{y}{b+x} = \sqrt{\frac{z-x}{z}} \quad \text{und} \quad y = \frac{z^3}{x^2 + az},$$

deren Verlauf an Parallelschnitten gezeigt wird. Es scheint, als ob PARENTS Abhandlungen wenig bekannt geworden seien. In dem

542 Daselbst S. 938, Z. 3 f.: *Intelligo per superficiem curvam datam, cujus singula puncta determinantur (sic ut lineae curvae datae puncta) per ordinatas tres x, y, z, quarum relatio data aequatione exprimeretur; sunt autem tres illae coordinatae nihil aliud quam tres rectae ex quolibet superficiei curvae puncto perpendiculariter ductae in tria plana positione data, et se mutuo ad angulos rectos secantia.* (Ich verstehe unter einer gegebenen krummen Fläche eine solche, deren einzelne Punkte — wie die Punkte einer gegebenen krummen Linie — durch die Ordinaten x, y, z bestimmt werden, deren Beziehung durch eine gegebene Gleichung ausgedrückt werden muß. Die drei Koordinaten sind aber nichts anderes als drei Strecken, die von irgend einem Punkte der krummen Fläche nach gegebenen Ebenen gefällt werden, die sich rechtwinklig schneiden.) Antwort von LEIBNIZ vom 9. IV. 1715, daselbst S. 939: *Doctrinam de aequationibus localibus trium coordinatarum, seu de Locis solidis, olim aggredi coepi eorumque intersectiones seu curvas etiam non planas, sed prosequi non vacavi.* (Die Lehre von den Gleichungen mit den drei Koordinaten oder von den echten räumlichen Orten — d. h. Flächen — habe auch ich vor längerer Zeit in Angriff genommen, ferner die Untersuchung ihrer Schnitte oder Raumkurven, aber zur Fortführung fehlte die Zeit.) — 543 Brief vom 18. II. 1729. G. ENESTRÖM, Bibl. math. 4_3, 1903, S. 354 f. — 544 JOH. BERNOULLI, *Opera* II 402, IV, S. 108—111; G. ENESTRÖM, Bibl. math. 4_3, 1903, S. 411. — 545 A. PARENT, *Essais et Recherches de mathématique et de physique*, 2e éd., Paris 1713, II. S. 181—200.

oben herangezogenen Briefwechsel zwischen LEIBNIZ und JOH. BERNOULLI aus dem Jahre 1715 wird PARENTS keine Erwähnung getan.

Die erste umfassende Schrift über Raumkurven hat A. CL. CLAIRAUT (1713—1765) zum Verfasser, der sie 1729 in einem Alter von 16 Jahren der Akademie von Paris einreichte und 1731 zum Druck brachte.[546] Die Einleitung nennt wohl DESCARTES, JOH. BERNOULLI, nicht aber PARENT als Vorgänger. In systematischer Weise erörtert CLAIRAUT die Gleichungen mit mehreren Unbekannten. Eine Gleichung mit drei Unbekannten bedeute eine Oberfläche, zwei solcher Gleichungen definieren eine Raumkurve; durch eine Gleichung ersten Grades in x, y, z entstehe eine Ebene. Auch die Gleichungen der anderen bekannten Oberflächen, Kugel, Kegel, Paraboloid, Rotationsflächen, allgemeine Kegelflächen, werden aufgestellt und untersucht. Die folgenden Abschnitte seines Buches betreffen höhere Kapitel der Lehre von den Raumkurven, die Untersuchung ihrer Tangenten und Normalen, ihrer Rektifikation usw., Betrachtungen, die heute noch durchaus maßgebend sind, indes hier übergangen werden müssen, da sie allzu weit über die Elementarmathematik hinausführen. Auch EULER beteiligte sich lebhaft an dem Ausbau der höheren Kurven- und Flächentheorie; besonders viel verdankt ihm die Lehre von den geodätischen Linien. Er hatte 1728 sofort die Anregung JOHANN BERNOULLIS (vgl. S. 114) aufgegriffen, schuf sich selbständig den Raumkoordinatenbegriff und konnte schon im Februar 1729 an JOHANN BERNOULLI Mitteilungen über seine Entdeckungen machen, die er gleichzeitig in den Petersburger Berichten veröffentlichte.[547] Eine Reihe von Abhandlungen, die diesem Thema gewidmet waren, faßte EULER 1744 in einem größeren selbständigen Werk[548] zusammen, dem auch neue Untersuchungen beigefügt werden. Auch in der *Introductio* von 1748[549] ist der Stoff eingehend behandelt. Die weitere Entwicklung der Literatur ist der der ebenen analytischen Geometrie gleichlaufend (vgl. S. 120ff.). Besonderen Einfluß hatte G. MONGE durch seine *Feuilles d'analyse appliquée à la Géométrie* von 1795.[550]

546 *Recherches sur les courbes à double courbure* [anonym], Paris 1731. — 547 Comm. Ac. Petr. 3, 1728 (1732), S. 110 ff. — 548 *Methodus inveniendi lineas curvas maximi minimive proprietate gaudentes, sive solutio problematis isoperimetrici latissimo sensu accepti*, Lausannae 1744. — 549 *Introductio*[1167], II, Anhang von den Flächen, cap. 1—6. — 550 *Feuilles d'analyse appliquée à la géométrie, à l'usage de l'École polytechnique*, Paris 1795 und 1801. Spätere Auflagen unter dem Titel *Application de l'analyse à la géométrie*, Paris 1807, 1809 u. 1850.

2. Die Fachausdrücke.

Von den Fachwörtern ist der Ausdruck analytische Geometrie selbst schon besprochen (S. 112). Von einer Gleichung einer Kurve spricht zuerst G. P. de Roberval (1602—1675), indem er, in seinen Buchstaben, $ae = b^2$ gelegentlich als Gleichung einer Hyperbel bezeichnet.[551]

Die Wörter Abszisse und Ordinate hängen mit den Bezeichnungen zusammen, die Apollonios den in seiner Kegelschnittlehre benutzten Koordinaten (vgl. S. 93—94) gegeben hat. Die parallelen Sehnen heißen bei ihm: *τεταγμένως κατηγμέναι*, d. i. die geordnet gezogenen Linien,[552] die Strecken des Durchmessers zwischen ihrem Schnittpunkt mit einer der parallelen Sehnen und dem als Anfangspunkt angenommenen Berührungspunkt der Tangente, die den Sehnen parallel ist: *ἀποτεμνόμεναι ἀπὸ τῆς διαμέτρου ὑπὸ τῶν τεταγμένως κατηγμένων*,[553] d. i. die [Stücke], die von dem Durchmesser durch die geordnet gezogenen [Geraden] abgeschnitten werden. Apollonios benutzt aber dieses Fachwort *τεταγμένως κατηγμέναι* nicht einheitlich: es kann die halbe, aber auch die ganze Sehne bedeuten.[554] Dadurch wird auch der spätere Sprachgebrauch in Übersetzungen oder Bearbeitungen schwankend. Als lateinische Ersatzwörter dienen: *linea secundum ordinem* (zwölftes Jahrhundert),[555] *linea ordinis*[556] (Zeit unbekannt), *ordinatim applicata* (1566, Apolloniosübersetzung des Commandinus;[557] 1615 Kepler[558] *ordinatae* (Maurolico 1675),[559] ferner — unabhängig von Apollonios gelegentlich ähnlich gearteter graphischer Darstellungen (vgl. S. 94 f.) — bei

551 Mém. Ac. Sc. Paris 6, 1666/99, Paris 1730, S. 188: ... *fiet haec aequatio hyperbolarum generi propria seu specifica* $b^2 \propto ae$, *seu* $b^2 - ae \propto 0$. — 552 Apollonius, *Conica*, lib. I, def. 4; ed. Heiberg[659], 1, S. 6, Z. 29; *τεταγμένως* gebraucht schon Archimedes, 2^2, S. 206, Z. 10; 456, Z. 8^{17}. — 553 Apollonius I, 20; ed. Heiberg[659], 1, S. 72, Z. 8—12. — 554 Vgl. I, def. 4 mit I prop. 20[659]. — 555 Übersetzung (12. Jahrhundert n. Chr.) einer Abhandlung des Arabers Ibn Alhaiṭam über parabolische Hohlspiegel. J. L. Heiberg u. E. Wiedemann, Bibl. math. 10_3, 1909—1910, S. 222, Z. 30, 223, Z. 1. — 556 In einer mittelalterlichen Übersetzung einer anderen anonymen arabischen Schrift über die Parabel und parabolische Hohlspiegel. J. L. Heiberg und E. Wiedemann, Bibl. math. 11_3, 1910—1911, S. 204, Z. 8. — 557 Apollonius, ed. Commandinus, Bononiae 1566, Bl. 17^a, Z. 1 und öfters; auch bei Pappus, ed. Commandinus, Pisauri 1588, z. B. S. 321 in lib. VIII, prop. XIV comment. — 558 *Stereometriae Archimedeae Supplementum*, prop. 27; *Opera*, ed. Frisch[1171], 4, S. 598, Z. 33. — 559 *Maurolyci Opuscula mathematica*, Venetijs 1575 (verfaßt 1553), S. 270 Z. 6.

Oresme (1322—1382) *perpendiculariter applicatae.*[560] Für Abszissenstücke sagt Commandinus (1566) ausführlich *quae ab ipsis ex diametro ad verticem abscinduntur.*[561] In Descartes' *Géométrie* wird *appliquées par ordre* (lat. *ordinatim applicatae*) ständig benutzt,[562] desgleichen bei Wallis 1655, *De sectionibus conicis.*[563] Hieraus leitet sich einerseits die heute verschwundene Bezeichnung Applikate, andrerseits das Wort Ordinate ab. Beide Worte gebrauchten Fermat und Descartes selbst schon brieflich (Brief Descartes' von 1638).[564] Gedruckt kommt Ordinate allein zuerst im *Cursus mathematicus* (1644) des Pierre Hérigone vor;[565] in der allgemeineren Bedeutung „Parallellinien" findet sich *lineae ordinatae* allerdings schon in den spätrömischen Schriften der Agrimensoren.[566] Ganz geklärt ist der Gebrauch noch im achtzehnten Jahrhundert nicht, da Wolff in seinen *Anfangsgründen* z. B. öfters das Wort *semiordinatae*, in Hinsicht auf die Verwendung bei den Kegelschnitten benutzt.[567]

Abscissa im Sinne der analytischen Geometrie wird erst im achtzehnten Jahrhundert ein anerkannter Fachausdruck; in dem Wolffschen Lehrbuch wird es durchgängig benutzt. Es erscheint bei Cavalieri (1653),[568] dann in dem *Miscellaneum hyperbolicum et parabolicum* (Venet. 1659), das der römische Mathematiker Stephanus de Angelis verfaßt hat,[569] bei beiden immerhin nur gelegentlich und nicht im Sinne eines Fachwortes. Descartes kannte noch keinen besonderen Fachausdruck dafür; bei ihm heißt es ausführlich *les segmens de ce diamètre.*[570] Wallis sagt (1655) *intercepta*

560 H. Wieleitner, Bibl. math. 14_3, 1914, S. 201, Z. 17. — 561 Apollonius, ed. Commandinus[557], Bl. 19[a], prop. XX. Der Ausdruck *abscissa* ist nicht benutzt; das auf Bl. 10 v⁰ Z. 28 daselbst vorkommende *abscissa* ist nicht Fachausdruck; vgl. auch Anm. 569. Die neueste lateinische Ausgabe von Heiberg[659] gebraucht *abscisa.* — 562 Descartes, ed. Schooten[II 62], Lugd. Bat. 1649, S. 38. *Œuvres*, éd. Adam et Tannery, 6[II 64], S. 405, Z. 12. — 563 Wallis, *Opera*, 1[II 430], z. B. S. 310. — 564 *Œuvres de Descartes*, éd. Adam et Tannery, 2[II 61], S. 6, Z. 21 u. ö., bzw. S. 8, Z. 13 u. ö. — 565 6, S. 65 ff. (dem Verfasser nicht zugänglich gewesen); nach S. Günther[459], S. 44. — 566 *Die Schriften der römischen Feldmesser*[I 303], 1, S. 98, Z. 16 und öfters. — 567 *Anfangsgründe*, Ausgabe von 1717, 1[I 15], S. 364. *Semiordinata* findet sich schon bei Benjamin Bramer, *Apollonius Cattus* 1, Cassel 1634, S. 4; *ordinatim applicata* bedeutet dann Doppelordinate. Vgl. G. Eneström, Bibl. math. 11_3, 1910—1911, S. 241. — 568 Vgl. G. Eneström, Bibl. math. 10_3, 1910—1911, S. 68. — 569 Daselbst prop. 50, S. 179, Z. 7: ... *diameter ita producatur ut pars extra parabolen sit ad partem diametri abscissam ab ordinatim applicata versus verticem ut numerus parabolae unitate minutus ad unitatem*, und schon vorher S. 175, Z. 10—11. — 570 Descartes, éd. Adam et Tannery, 6[II 64], S. 405, Z. 13; 2, S. 171, Z. 13, lateinisch *segmenta diametri:* so auch im *Opus Geometricum* des Gregorius von St. Vincentius, 1647[II 1134].

diameter. Das Bedürfnis nach kurzen technischen Bezeichnungen stellte sich jedoch sehr bald ein. Schon 1668 bei MICHEL-ANGELO RICCI (1619—1692, Cardinal) ist *abscissae* eine Art Fachwort geworden, die Ordinaten nennt RICCI einfach *parallelae.*[571] Aber erst LEIBNIZ blieb mit der Wahl von *abscissa* (Brief an OLDENBURG vom 26. Oktober und 1. November 1875) ausschlaggebend.[572] Es findet sich sofort bei CRAIG 1685,[573] der LEIBNIZ' Infinitesimalrechnung nach England brachte, aber noch nicht in OZANAMS *Dictionnaire* von 1691. In den *Principia* (1687)[II 694] benutzte NEWTON das neue Wort auch noch nicht. Eigenartig waren DE LA HIRES Vorschläge (1679): *la tige* (= Stamm) für Abscisse, *les rameaux* (= Zweige) für die Ordinaten, *les noeuds* (= Knotenpunkte) für die Fußpunkte der Ordinaten,[574] die den Bezeichnungen von DESARGUES im *Brouillon projet*[715] (S. 142) nachgebildet sind. *Ramus* (= Zweig) war schon in der Apolloniusübersetzung[687] von ABRAHAM ECHELLENSIS und J. A. BORELLI (1661)[575] benutzt worden. Indem das Streckenstück, das den Kurvenpunkt mit einem festen Punkt der Achse verbindet, *abscissa rami* (Stück des Zweiges) heißt und zuweilen *rami* fortbleibt, bekommt hier *abscissa* sogar — ganz verkehrt — einen ordinatenartigen Sinn. DE L'HOSPITAL griff 1696 auf die alten Wörter zurück, wenn er *les appliquées* und *les coupées* (wörtlich = *abscissae*) empfahl.[576]

Eine gemeinsame Bezeichnung wurde durch PASCAL angebahnt, der *ordonnée à la base* und *ordonnée à l'axe* unterschied.[577] LEIBNIZ sprach 1694 schon von *ordonnées* schlechtweg;[578] durch ihn wird auch die heute allgemein anerkannte Bezeichnung *coordinatae* (1692) eingeführt.[579] Seit J. PLÜCKER (1835)[580] wird der Ausdruck Parallelkoordinaten gebräuchlicher.

Das Wort Anfangspunkt geht dem Sinne nach auf DESCARTES selbst zurück.[581] In DE WITTS *Elementa curvarum linearum*

---

571 *Michaelis Angeli Ricii exercitatio geometrica de maximis et minimis*, Londini 1668, S. 10, Z. 20 u. f. — 572 *Encyclopédie des sciences mathématiques*[1620a], Tome III, vol. 3, fasc. 1, p. 1. — 573 *Methodus figurarum lineis rectis ac curvis comprehensarum quadraturas determinandi*, Londini 1685, S. 4, Z. 4. — 574 DE LA HIRE, *Nouveaux élémens des sections coniques*, 1679[507], S. 216. — 575 G. ENESTRÖM, Bibl. math. 10_3, 1909/10, S. 176. — 576 DE L'HOSPITAL, *Analyse des infiniment petits*, Paris 1696, S. 1. — 577 PASCAL, *Œuvres*, éd. BOSSUT, la Haye 1779, 5, S. 276 und öfters. — 578 LEIBNIZ' *Werke*, 3. Folge, 2, S. 260 mehrmals. — 579 Acta Erud. Lips. 1692; *Ges. Werke*, ed. GERHARDT, 3. Folge, 5, Halle 1858, S. 268: *Quas et coordinatas appellare soleo, cum una sit ordinata ad unum altera ad alterum latus anguli a duabus condirectionibus comprehensi.* — 580 *System der analytischen Geometrie*, Berlin 1835. — 581 *Géométrie*, *Œuvres* 6[II 64], S. 393, Z. 25—27: . . . *et en cete ligne AB ie choisis vn point comme A pour commencer par luy ce calcul.*

(1658) ist *initium immutabile* ein regelmäßig wiederholter Terminus.[582] DE LA HIRE hat in seinen *Nouveaux Élémens* (1769) *origine* eingeführt.

Das Wort Achse läßt sich bis auf griechische Übung zurückverfolgen. APOLLONIOS hatte zwei senkrechte konjugierte Durchmesser *ἄξονες* genannt (vgl. S. 93).[583]

Das Wort Parameter wurde zuerst in der Lehre von den Kegelschnitten durch CLAUDE MYDORGE (1585—1647), einen Freund DESCARTES', in seinem Werk über Kegelschnitte (1631)[836] an Stelle des alten griechischen *ὀρθία = latus rectum* eingeführt.[584] Die bekannte Erweiterung auf beliebige Konstanten einer Gleichung geschah durch LEIBNIZ.[585] Das Wort Konstante geht auch auf LEIBNIZ zurück.[585] Der Gegensatz Konstante und Variable wird seit DE L'HOSPITAL (1696) allgemein üblich.[586] Die Verdeutschung Veränderliche wählt MICHELSEN (1788) in der Übersetzung der *Introductio* EULERS.[587]

Für das Wort Funktion vgl. Bd. II, S. 35—36.

Das Wort singulärer Punkt (*point singulier*) wird durch DE GUAS *Usages de l'analyse de Descartes* usw. (1740) gebräuchlich.[588]

Die Bezeichnung Kurven doppelter Krümmung erscheint zuerst in einer geometrischen Abhandlung des Physikers HENRI PITOT (1695—1771).[589] Zu allgemeinerer Anerkennung kam der neue Ausdruck erst durch CLAIRAUTS wichtige Schrift von 1629 (1631 gedruckt zu Paris)[546] *Recherches sur les courbes à double courbure.*

Polarkoordinaten scheint zuerst JAKOB BERNOULLI I 1694 benutzt zu haben.[590] Weiter bekannt wurde ihre Verwendung erst

---

582 DESCARTES, *Geometria*, ed. SCHOOTEN 1659[II 62], S. 244 u. ö. — 583 APOLLONIUS, *Conica* I, def. 7, ed. HEIBERG[IV 812], 1, S. 8, Z. 14. — 584 *Claudii Mydorgii Prodromus catopticorum et diopticorum*, Paris 1631, S. 3, Def. XIX. Wir bezeichnen heute die Hälfte dieser Größe als Parameter. — 585 LEIBNIZ, *Werke*, 3. Folge, 5, Halle 1858, S. 103, Z. 19: *Parameter est recta constans aequationem ingrediens* (in dem handschriftlich erhaltenen *Compendium quadraturae arithmeticae*); ferner *Werke* 5, S. 268: ... *parametri seu magnitudine constantes* ... — 586 *Analyse des infiniment petits*[576], S. 1: *Quantités constantes, quantités variables.* — 587 I[II 520], Vorwort S. XIII. — 588 S. 72, Z. 14[524]. — 589 Hist. Mém. math. phys. Ac. sc. Paris 1724 (1726), S. 113, Z. 20: *Hélice ... est bien différente de la spirale ordinaire, étant une des courbes à double courbure.* — 590 Acta eruditorum 1694, S. 264—265. Vgl. G. ENESTRÖM, Bibl. math. 13_3, 1912—1913, S. 71.

durch EULERS *Introductio*, Bd. II,[591] wenn auch J. HERMANN[592] sich ihrer, allerdings unter Ersatz von $\sin\varphi$ und $\cos\varphi$ durch die einfachen Buchstaben m und n, bereits vorher bedient hat. Auf Raumpolarkoordinaten wurde bereits in der eben angeführten Schrift CLAIRAUTS hingewiesen.[593] Die Verallgemeinerung auf krummlinige Koordinaten ist ein Fortschritt, den man erst GAUSS verdankt.[594] Das Wort Polargleichung (*équation polaire*) scheint durch LACROIX' viel gelesenen *Cours de mathématiques* (1798)[595] Verbreitung gefunden zu haben. Erstmalig scheint er bei W. KRAFFT 1732 aufzutreten.[596]

3. Der Punkt, die Gerade, der Kreis.

Die Gleichberechtigung der x- und y-Achse wurde erst spät erkannt. Dem APOLLONIOS folgend, nahmen DESCARTES (1637) und FERMAT (vielleicht 1636) nur eine feste Achse (die x-Achse) an, von deren einzelnen Punkten (ihre Abstände in lat. Übersetzungen: *abscissae*) aus die Ordinaten (*ordinatae lineae*) als parallele Strecken gingen. Diesem Verfahren schlossen sich die Nachfolger eng an. Der erste, der die beiden Koordinaten, Abszissen und Ordinaten, als gleichberechtigt ansah, war LEIBNIZ (1694); auch der gemeinsame Name *coordinatae*, bzw. *coordonnées* geht, wie wir sahen (S. 118), auf ihn zurück. Aber nur langsam setzte sich diese Neuerung durch. NEWTON zeichnet zwar in seiner *Enumeratio linearum tertii ordinis* von 1704[597] beide Hauptachsen durch und behandelt alle vier Quadranten gleichmäßig; dennoch spricht er nur von einem Anfangspunkt der Abszissen und erwähnt die Ordinatenachse als solche gar nicht. CL. RABUEL (1730)[598] berichtet in dem Kommentar zur *Géométrie* DESCARTES'

591 Cap. 17, § 391 f.; cap. 22, § 526 f.; S. 212 f., 301 f.[1167]. — 592 Comm. Ac. Petr. 1729 (1735), S. 37. — 593 CLAIRAUTS Vorrede[546], letzte Seite: *A l'égard des courbes à double courbure dont les coordonnées partent d'un point* ... — 594 Vgl. G. ENESTRÖM, Bibl. math. 10_3, 1910—1911, S. 43 ff., besonders S. 46—47. Daselbst wird auch das gelegentliche Auftreten einer krummlinigen Koordinate neben einer zweiten geradlinigen besprochen (JACOB BERNOULLI 1691, DE L'HOSPITAL 1696, EULER 1750). — 595 *Traité élémentaire de trigon.*[527], § 114, S. 157 u. — 596 Comm. Ac. Petrop. 1732/33 (1738), S. 163, Z. 3, 23: *aequatio polaris.* — 597 *Opuscula Newtoni*[II 229], I, 245—270. — 598 *Commentaire sur la Géométrie de M. Descartes*, 1730[483], S. 128, Z. 1 ff.: *Quoique les ordonnées y doivent être separées, puisqu'elles sont paralleles, on commence pourtant par les prendre sur la ligne A G, en regardant le point A comme leur origine; & l'on détermine que les valeurs vrayes y s'étendront de A vers G .... Ainsi le point A est l'origine commune des x et des y.*

von diesen Versuchen seiner Zeit, für die Ordinaten eine besondere Achse, die y-Achse, einzuführen. „Obgleich die Ordinaten getrennt sein sollten, da sie parallele Strecken sind, beginnt man damit, sie auf der Geraden AG anzunehmen, indem man den Punkt A als ihren Anfangspunkt betrachtet, und man bestimmt, daß ihre wahren Werte sich hier von A nach G erstrecken ... So ist also der Punkt A gemeinsamer Anfangspunkt der x und der y." In der Figur RABUELs, die das Achsenkreuz AB, AG zeigt, ist zu beachten, daß sich der betrachtete Quadrant nach links oben öffnet; feste Abmachungen über die Wahl seiner Lage sind noch nicht vorhanden. Die Koordinaten schmiegen sich passend der betrachteten Kurve an. Auch J. P. DE GUA (1712—1785, Paris) macht nur vorübergehend darauf aufmerksam, daß der x-Achse eine y-Achse gleich berechtigt sei (1740).[599] EULER schließt sich bei der Einführung der Koordinaten in der *Introductio* Bd. II (1748)[600] dem bisherigen Gebrauch an; er spricht nur von einer „Geraden RS, auf welcher man die Werte von x abschneidet", und erklärt die Applikaten „als senkrechte Linien PM, die aus den Endpunkten der Abszissen P nach der Kurve gezogen werden." Demnach zeichnet er auch in seinen Figuren zumeist nur eine Achse hin. Bei der Transformation der Koordinaten[601] bespricht er aber die Vertauschbarkeit der Abszisse und Ordinate und verwendet nunmehr den gemeinsamen Ausdruck Koordinaten; auch in der zugehörigen Figur[602] sind beide Achsen gezeichnet. G. CRAMER (1750)[603] führt von vornherein beide Koordinaten gleichwertig ein, zeichnet auch stets beide Achsen, bevorzugt dennoch aber unwillkürlich immer noch die x-Achse, indem er auf ihr die parallelen Senkrechten errichtet und nicht auf der y-Achse. EULER und CRAMER beginnen bei ihren Betrachtungen mit dem rechten oberen Quadranten und sind damit vorbildlich geworden.[604] Noch 1775 in BOSSUTs *Cours d. Math.* III ist Gleichberechtigung beider Achsen nicht völlig erreicht, da unter Achse schlechthin immer nur die x-Achse gemeint ist,[605] wohl aber in LACROIX' Elementarwerk (1798),[606] in dessen Einleitung vom Kurven-

599 *Usages de l'analyse de Descartes*[524], S. 366, Z. 1 v. u. f.: ... *quoique la directrice des x* (d. i. die y-Achse) *ne fût pas moins que celle des y* (d. i. die x-Achse) *une droite déterminée.* — 600 § 11[I 167]. Übersetzung v. MICHELSEN[II 520]. — 601 § 29. — 602 Nr. 9 bei MICHELSEN[II 520]. — 603 *Analyse des lignes courbes algébriques*, Genève 1750[526], Chap. I, § 5. — 604 EULER, Figur 9 zu § 29[II 520]; CRAMER[603], Figure 3, Planche I. — 605 Chap. III, § 42[V 418]. — 606 T. IV, *Traité élém. de trig. etc.*[527], 1e éd. Paris VII, 1798, S. 73, § 60; 2e éd. Paris VIII, 1799, S. 74, § 63.

punkt M, Senkrechte MP und MQ (Anfangspunkt A) auf beide Achsen gefällt werden.[607]

DESCARTES, FERMAT und deren Nachfolger sehen wie die Alten in ihren Koordinaten noch Strecken, die mit den einzelnen Punkten der betrachteten Kurven geometrischen Zusammenhang haben. Erst seit EULER, LAGRANGE und MONGE tritt der rein analytische Charakter der gewählten Koordinaten klarer hervor.

Zur Grundlegung der analytischen Geometrie gehören Untersuchungen, ob wirklich jedem Punkte einer geraden Linie eine Zahl entspricht und umgekehrt. Solche mathematisch-philosophischen Betrachtungen wurden erst in neuester Zeit in voller Allgemeinheit angestellt; an der Spitze steht B. RIEMANN (1854);[608] ihm folgten R. DEDEKIND (1872)[609] und viele andere.

Zur Bestimmung eines Punktes sind neben den Cartesischen Koordinaten noch andere neuerdings gebräuchlich geworden. Krummlinige und polare Koordinaten wurden S. 119f. besprochen. Verhältniskoordinaten $l = \frac{E_1 P}{E_2 P}$ (E_1 und E_2 Anfangspunkte) $= -\frac{q}{p}$ (p, q baryzentrische Koordinaten) hat MOEBIUS (1827)[610] eingeführt und reiche Anwendung von ihnen gemacht. Die Doppelverhältniskoordinate bei drei Anfangspunkten $E_1\ E_0\ E_2$, $\mu = \frac{E_2 E_0}{E_1 E_0} \frac{E_1 P}{E_2 P}$, bezeichnet CH. VON STAUDT (1856) geradezu als „Abszisse des Punktes P".[611] Ihre Wichtigkeit zeigen diese neuen Systeme bei der gleichmäßigen Behandlung der Punktreihen, des Strahlen- und Ebenenbüschels. Die homogenen gemeinen Koordinaten des Punktes in Ebene und Raum und die allgemeinen Dreiecks- und Tetraederkoordinaten sind eine Schöpfung J. PLÜCKERS (1801—1868, Bonn);[612] sie haben ihre Bedeutung besonders in der Anwendung der Determinanten und der homogenen Formen gefunden.

Eine analytische Geometrie des Punktes ist im siebzehnten und achtzehnten Jahrhundert ebensowenig vorhanden wie

607 Daselbst 1. Aufl. S. 73, Z. 15: *Les lignes AP et AQ ou leurs égales QM et PM, se nomment les coordonnées.* — 608 *Ges. Werke*, 2. Aufl., herausg. von R. DEDEKIND und H. WEBER, Leipzig 1892, S. 277. — 609 *Stetigkeit und irrationale Zahlen*, Braunschweig 1872; 2. Aufl. 1892, S. 5—22; O. STAUDE, *Analytische Geometrie des Punktes, der geraden Linie und der Ebene*, Leipzig-Berlin 1905, S. 422; vgl. *Encyklopädie* I[II 998], S. 53 (A. PRINGSHEIM). — 610 *Werke*[IV 278], I, S. 44, 51. — 611 *Beiträge zur Geometrie der Lage*, Nürnberg 1856, § 29, S. 261 f. — 612 J. r. ang. Math. 5, 1829, S. 1 f.; *Ges. wissenschaftliche Abhandlungen*, herausgeg. von A. SCHOENFLIES und FR. POCKELS, Bd. I, Leipzig 1895, S. 124 ff.

eine solche der geraden Linie. DESCARTES (1637) hatte wohl Kenntnis davon, daß jeder Gleichung ersten Grades zwischen x und y eine gerade Linie entspricht; bei Betrachtung eines Ausdrucks (vgl. S. 103) von der Form:

$$y = m - \frac{n}{2} x + \sqrt{mm + ox - \frac{p}{m} xx}$$

hebt er hervor, es handle sich um eine gerade Linie, wenn die Wurzel aufgeht.[613] Eine gesonderte Aufstellung der Gleichung einer geraden Linie sucht man aber vergeblich, ja auch die ausdrückliche Behauptung, daß jede Gleichung ersten Grades eine Gerade darstellt, fehlt; das spricht erst FL. DEBEAUNE (1649)[614] in einer bereits 1638 verfaßten Schrift aus. Die Form, in der FERMAT (wohl schon 1636) die Gleichung der Geraden aufstellte, lernten wir S. 106 kennen. In SCHOOTENs Kommentaren[II 62] zur *Geometria* DESCARTES' kommt in der Ausgabe von 1649 keine Gleichung einer Geraden vor; erst in der zweiten, stark vermehrten Ausgabe von 1659 erscheint gelegentlich die Ortsgleichung $y = a - x$.[615] Mehr als anderthalb Jahrhunderte kommt die Gerade aus ihrem Scheindasein nicht heraus. GUISNÉE (1705)[616] betrachtet knapp die Form $ay = bx$ und behauptet nur, daß $ax - by = a^2$ eine Gerade bedeutet.[617] Selbst der so gründliche und methodische EULER (*Introductio* 1748) bespricht nur den Verlauf einer Geraden $\alpha x + \beta y = a$ und beschränkt sich auf den Nachweis, daß einer Geraden immer eine Gleichung ersten Grades (und umgekehrt) entspricht,[618] unabhängig von der Wahl der Koordinaten; dann aber fährt er fort:[619] „Da die erste Ordnung der Linien bloß die gerade Linie in sich faßt und die Natur dieser Linie schon aus der Elementar-Geometrie hinlänglich bekannt ist, so wollen wir nun die Linien der zweiten Ordnung genauer betrachten" — und beginnt mit dem Lieblingsthema der analytischen Geometrie im siebzehnten und achtzehnten Jahrhundert, den Kegelschnitten. Ähnlich V. RICCATI und H. SALADINI (1765).[620]

Erst bei S. F. LACROIX (1798)[621] fängt die gerade Linie an zu ihrem Rechte zu kommen. Aus der allgemeinen Form $Cy = Ax + B$

613 *Géométrie*, *Œuvres*, éd. ADAM et TANNERY 6[II 64], Paris 1902, S. 400, Z. 17 bis S. 401, Z. 7. — 614 *Notae breves* in der SCHOOTENschen Ausgabe der *Geometria* von DESCARTES, 1649[II 62], S. 142, Z. 10. — 615 *Geometria*, 1659[II 62], S. 154: *Eritque summa $x + y$ aequalis a, hoc est, erit $y \propto a - x$.* — 616 *Application*[511], 1705, S. 12. — 617 Daselbst S. 139. — 618 *Introductio*[I 167], § 39—46. — 619 *Introductio* § 85; MICHELSEN[II 520], S. 62. — 620 *Institutiones analyticae*[IV 924], I, 1765, S. 117: $my + nx + p = 0$ *aequatio canonica.* — 621 Tome IV. *Traité élémentaire de trigonométrie*[527], 1e éd. Paris VII, 1798/99; 2e éd. Paris VIII, 1799/1800.

leitet LACROIX seine bis zum heutigen Tage gebliebene Normalform:[622]

$$y = ax + b$$

ab; er legt dar, daß a die Tangente des Winkels mit der x-Achse, b der Abschnitt der Ordinatenachse ist. Zum erstenmal in der gesamten Literatur findet sich bei ihm die Gleichung der Geraden, die durch zwei Punkte $(\alpha; \beta)$, $(\alpha'; \beta')$ hindurchgeht:[623]

$$y = \frac{\beta' - \beta}{\alpha' - \alpha} x + \frac{\alpha' \beta - \alpha \beta'}{\alpha' - \alpha}$$

oder kürzer:

$$y - \beta = \frac{\beta' - \beta}{\alpha' - \alpha} (x - \alpha),$$

ferner ihre Normalform für einen Punkt:

$$y - \beta = a(x - \alpha);$$

erstmalig wird eine besondere Formel für den Abstand der beiden Punkte entwickelt:[624]

$$\sqrt{(\alpha' - \alpha)^2 + (\beta' - \beta)^2}.$$

Ausdrücklich wird hervorgehoben, daß $y = ax + b$ und $y = a'x + b'$ parallel seien, wenn $a' = a$, senkrecht, wenn $a' = -\frac{1}{a}$ ist.[625] Den Schnittpunkt beider Geraden gibt LACROIX an mit[626]

$$x = \frac{b - b'}{a' - a}, \qquad y = \frac{a' b - a b'}{a' - a},$$

den Abstand der Geraden $y = ax + b$ vom Punkte $(\alpha; \beta)$ mit[627]

$$\frac{\beta - a\alpha - b}{\sqrt{1 + a^2}}$$

und den Winkel zweier Geraden ($a = \operatorname{tg} p$, $a' = \operatorname{tg} q$) mit[628]

$$\operatorname{tg}(p - q) = \frac{a' - a}{1 + aa'},$$

alles Beziehungen, die natürlich die Mathematiker seit DESCARTES auch hätten aufstellen können und implizite zuweilen verwerteten, aber niemals systematisch behandelt hatten.

Die bei graphischer Darstellung so nützliche Normalform:

$$\frac{x}{a} + \frac{y}{b} = 1$$

---

622 1e éd., § 61, S. 74. — 623 § 62, S. 77. — 624 § 62, S. 78. — 625 § 63, 64, S. 78. — 626 § 65, S. 79. — 627 § 66, S. 79. — 628 § 67, S. 81.

holt A. L. Crelle (1821) nach.[629] Sie dürfte aber nicht erstmalig bei ihm auftreten, da G. Lamé (1818)[630] schon die Ebene in der Form:

$$\frac{x}{m} + \frac{y}{n} + \frac{z}{p} = 1$$

schreibt.

Die nach O. Hesse genannte Normalform, von der dieser so umfassenden Gebrauch gemacht hat, wird erstmalig von G. A. J. L'Huilier (1809) in der Form benutzt:

$$x \cos \alpha + y \sin \alpha = d,$$

wo d der Abstand der Geraden vom Nullpunkt und $a \cos \alpha + b \sin \alpha$ der Abstand von einem Punkt (a, b) ist;[631] besondere Beachtung widmet L'Huilier dem zu wählenden Vorzeichen; endgültige Festsetzungen trifft aber erst O. Hesse selbst (1865).[632] J. Plücker (1828)[633] und L. I. Magnus (1833)[634] vervollkommnen die Verwendung der neuen Form, führen die Abkürzung $N = 0$ ein und stellen u. a. die Winkelhalbierenden zweier Geraden in der kurzen Form:

$$N_1 + N_2 = 0; \qquad N_1 - N_2 = 0$$

auf.[635] Die Bezeichnung Normalform stammt von Hesse selbst.[636]

Die Winkelhalbierende zweier Geraden $y = ax$ und $y = a'x$ berechnet erstmalig F. L. Lefrançais (1801).[637] Er findet $y = Ax$, wo:

$$A = \frac{a a' - 1 \pm \sqrt{(1 + a^2)(1 + a'^2)}}{a + a'}.$$

Den Inhalt eines Dreiecks aus den drei Punkten $(0; 0)$, $(\alpha; \beta)$, $(\alpha'; \beta')$ findet S. F. Lacroix (1798):[638]

$$\frac{\alpha \beta' - \alpha' \beta}{2}.$$

629 *Sammlung mathem. Aufsätze*$^{\text{II}\,1097}$, 1821, S. 9. — 630 G. Lamé, *Examen des différentes méthodes*$^{\text{IV}\,971}$, Paris 1818, S. 89. — 631 *Élémens d'analyse géométrique*$^{\text{IV}\,988}$, 1809, § 59—61. Die Berechnung des Abstandes eines Punktes von einer Geraden gibt schon E. Waring, *Miscellanea analytica*, Cambridge 1762, S. 100 f. — 632 *Vorlesungen aus der analytischen Geometrie*, 1. Aufl. 1865, S. 17$^{\text{IV}\,1215}$. — 633 *Analytisch-geometrische Entwicklungen*$^{\text{IV}\,1212}$, S. 14 f. — 634 *Sammlung von Aufgaben und Lehrsätzen aus der analytischen Geometrie*, Berlin 1833, § 9. — 635 *Entwicklungen*^{633}, S. 16. — 636 *Vorlesungen über anal. Geom. des Raumes*$^{\text{V}\,732}$, 1861, S. 16, Z. 1; vgl. *Ebene*$^{\text{IV}\,1215}$, 1865, S. 14, Nr. 4. — 637 *Essais*^{530}, chap. I, S. 17. — 638 *Traité élém. de trigon. etc.*^{527}, 1e éd. 1798, § 77, S. 95.

Viel umständlicher erhält L'HUILIER (1809)[639] mit seiner Winkelnormalform für drei allgemeine Gerade den Inhalt:

$$2\varDelta = \frac{[d'' \sin(\alpha - \alpha') + d' \sin(\alpha'' - \alpha) + d \sin(\alpha' - \alpha'')]^2}{\sin(\alpha - \alpha') \sin(\alpha' - \alpha'') \sin(\alpha'' - \alpha')}.$$

G. MONGE[640] erweitert 1809 die LACROIXsche Formel für drei beliebige Punkte $(a'; a'')$, $(b'; b'')$, $(c'; c'')$ zu

$$\pm \tfrac{1}{2}(a'b'' + c'a'' + b'c'' - a''b' - c''a' - b''c')$$

und erkennt, daß dieser Wert, gleich Null gesetzt, eine Bedingung dafür liefert, daß diese drei Punkte auf einer Geraden liegen. Hierbei wählt er den übersichtlicheren Ausdruck:

$$a'(b'' - c'') + b'(c'' - a'') + c'(a'' - b'') = 0.$$

Anderseits leitet er auch die Gleichung der Geraden, die durch zwei Punkte $(a'; b')$, $(a''b'')$ geht, daraus ab:

$$x(b'' - a'') + y(a' - b') = a'b'' - a''b'.$$

In allen auf S. 112, 113 aufgeführten Lehrbüchern werden nach Erledigung der Theorie Übungsbeispiele vorgeführt. Den Beweis für den gemeinsamen Schnittpunkt der drei Mittellinien geben erstmalig LEFRANÇAIS (1801)[641] und PUISSANT (1801),[642] für die Höhen ebenfalls PUISSANT (1801),[643] für die Mittelsenkrechten LEFRANÇAIS (1801),[644] für die Winkelhalbierenden J. G. GARNIER (1808).[645] Der letztere zeigt auch, daß die Schnittpunkte der Höhen, der Mittelsenkrechten und der Mittellinien auf einer Geraden liegen, was EULER auf anderem Wege 1765 gefunden hatte (vgl. Bd. IV, S. 168).

Die allgemeine Bedingung dafür, daß drei Gerade durch einen Punkt gehen, stellt erst LAMÉ (1818) auf.[646]

Die Besprechung der Formeln für Punkt und Gerade im Raum führt über das gesteckte Ziel hinaus. Die Gerade als Raumelement führt PLÜCKER ein.[647]

Die Kreisgleichung FERMATS wurde S. 106 erwähnt, ebenso S. 108 f. ihre Form bei DE WITT und DE LA HIRE. FERMAT kannte auch

639 *Élémens d'analyse géom. etc.*[IV 988], § 63, S. 117. — 640 J. École. Polyt. cah. 15, t. VIII, 1809, S. 73—74. — 641 *Essais*[580], 1801, chap. I, S. 21. — 642 *Recueil*[IV 1145], § 27, S. 28. — 643 *Recueil*[IV 1145], 1801, § 26, S. 26 f. — 644 *Essais*[580], 1801, chap. I, S. 23. — 645 *Élémens*[583], 1e éd. 1808, S. 33, Nr. 7. — 646 *Examen des différentes méthodes*[IV 971], S. 31, 32. — 647 *System der Geometrie des Raumes in neuer analytischer Behandlungsweise*, Düsseldorf 1846; *Neue Geometrie des Raumes*, Leipzig 1868.

die Gleichung des Kreises bei beliebigem Mittelpunkt und verstand, aus ihr Mittelpunkt und Radius zu konstruieren. Auch DESCARTES wußte, wann eine Gleichung einen Kreis liefert.[484]

In der Regel wird die Gleichung des Kreises ebenso wenig eingehend behandelt wie die der geraden Linie. Die meisten Mathematiker, wie auch EULER (1748) in der *Introductio*, erkennen in ihr nur den Sonderfall der Ellipsengleichung. Erst LACROIX (1798) begründet, wie bei der Geraden, eine methodische Behandlung. Er betrachtet die Mittelpunktsform $x^2 + y^2 = r^2$, kombiniert sie mit der geraden Linie $y - \beta = a(x - \alpha)$[648] und bestimmt die Schnittpunkte; indem er ihren Abstand aufstellt und dann Null werden läßt, kommt er zur Gleichung der Tangente für einen Peripheriepunkt α, β:[649]

$$y - \beta = -\frac{\alpha}{\beta}(x - \alpha).$$

Auch diese Formel scheint nirgends vorher in der Literatur vorzukommen. Die Vereinfachung zu

$$\beta y + \alpha x = r^2$$

findet erst PUISSANT (1801).[650] M. BOURDON (1825)[651] macht auf die leicht faßliche Gedächtnisregel aufmerksam, daß man in $yy + xx = rr$ nur je einen Faktor der unbekannten Quadrate durch die Koordinaten des Berührungspunktes zu ersetzen hat. LEFRANÇAIS (1801) geht über LACROIX und PUISSANT hinaus und sucht die Tangenten von einem Punkte (α, β) außerhalb der Kreisperipherie zu bestimmen;[652] es ergibt sich bei ihm:

$$y - \beta = A(x - \alpha),$$

wo A der Gleichung zu genügen hat:

$$A^2 + 2\frac{\alpha\beta}{r^2 - \alpha^2}A + \frac{r^2 - \beta^2}{r^2 - \alpha^2} = 0.$$

Die Schnittpunkte zweier Kreise behandelt L'HUILIER (1809).[653] Der Ausdruck, den er für einen Kreis durch drei gegebene Punkte aufstellt, ist sehr verwickelt.[654] Besser gelingt ihm die Formel für einen Kreis, der drei gegebene Gerade berührt;[655] er muß dabei

648 *Traité élém. de trig. etc.*[527], 1e éd. 1798, § 83. — 649 Ebendaselbst § 86, S. 108. — 650 *Recueil*[IV 1145], 1801, § 32, S. 37. — 651 *Application*[534], 1e éd. Paris 1825, § 199, S. 230. — 652 *Essais*[530], 1801, chap. II, S. 33—34. — 653 *Élémens d'analyse géométrique etc.*[IV 988], 1809, § 64, S. 118. — 654 Daselbst § 65, S. 119; § 126, S. 197. — 655 Daselbst § 65, S. 119—120; vgl. auch § 126, S. 197—198.

natürlich vier Fälle, den eingeschriebenen und die drei angeschriebenen Kreise, erhalten. Die gemeinsamen Tangenten zweier Kreise behandelten erstmalig analytisch LEFRANÇAIS (1801)[656] und PUISSANT (1801).[657] PUISSANT fügt hinzu, daß die Schnittpunkte der Tangentenpaare für drei Kreise auf einer Geraden liegen.[658]

4. Die Kegelschnitte.

a) Geschichtlicher Überblick.

Die Theorie der Kegelschnitte bildet den Gipfelpunkt der antiken Mathematik. Der gewaltige Aufschwung, den diese Wissenschaft im vierten Jahrhundert v. Chr. genommen hatte, dessen Höhe EUKLIDS großes Werk für die Elementargeometrie abschätzen läßt, hielt auch noch im dritten Jahrhundert an. Männer wie ARCHIMEDES (287 bis 212, Syrakus) und APOLLONIOS (zwischen 250 und 200 in Alexandria, später in Pergamon) waren mit erfolgreichem Eifer bemüht, auch höhere Teile der Mathematik zu erschließen. Auf Vorarbeiten des ersteren gestützt, konnte APOLLONIOS für die Kegelschnittlehre ein Werk schaffen,[659] das an Bedeutung den Elementen EUKLIDS zum mindesten ebenbürtig ist, aber in der Schwierigkeit des Stoffes und der Methoden sie weit überragt.

Das Dunkel, das die Vorgeschichte der Kegelschnittlehre umhüllt, ist noch nicht völlig aufgeklärt. Die Entwicklung der griechischen Geometrie hatte frühzeitig zu Konstruktionsaufgaben und zur Aufstellung des Begriffes der geometrischen Örter geführt. Ein Teil dieser Aufgaben ergab als geometrische Örter Gerade und Kreise (*τόποι ἐπίπεδοι*, ebene Örter, nach PAPPOS).[660] Bei einem anderen Teile versagte aber die elementare Mathematik; man stieß auf Kurven, über die man erst allmählich Klarheit gewann. Schon vor der Zeit PLATONS, besonders aber auf dessen Anregung hin, begann man sich mehr mit räumlichen Untersuchungen zu befassen (vgl. Bd. VII). Von ARCHYTAS VON TARENT (430—365) ist bekannt, daß er bereits recht hohe stereometrische Kenntnisse besaß; er hatte z. B. richtige Vorstellungen von der gegenseitigen Durch-

656 *Essais*[530], 1801, chap. II, S. 36. — 657 *Recueil*[IV 1145], 1801, § 33, S. 38. — 658 Daselbst § 40, S. 50. — 659 *Apollonii Pergaei quae graece exstant cum commentariis antiquis*, ed. HEIBERG, Leipzig, Bd. I, 1891, Bd. II, 1893; deutsche Bearbeitung v. H. BALSAM, Berlin 1861. — 660 PAPPOS, *Συναγωγή*[18], lib. VII, § 15, 22 und 29 und lib. IV, § 57—58; ed. HULTSCH, II, S. 652, 662, 672; I, S. 272.

dringung von Kegeln und Zylindern.[661] Solche räumlichen Betrachtungen wurden schließlich bei der Behandlung jener schwierigeren geometrischen Örter zu Hilfe genommen und leisteten für die Untersuchung einer gewissen Gruppe unter ihnen — gerade der Kegelschnitte — wesentliche Dienste, so daß deren Eigenschaften klarer erkannt werden konnten. So erklärt sich schon die Bezeichnung *τόποι στερεοί* (räumliche Örter),[660] die für die Kegelschnitte üblich wurde, eine Benennung, die auf den ersten Blick ihrer Eigenschaft, ebene Kurven zu sein, zu widersprechen scheint. Gewisse Probleme deren Inhalt uns unbekannt ist, die sich vielleicht später einmal dem Geschichtsforscher durch rückwärts zu verfolgende Schlüsse wieder eröffnen lassen, müssen die griechischen Mathematiker darauf geführt haben, die erwähnte Gruppe geometrischer Örter als Schnitte eines geraden Kreiskegels zu erkennen und zwar — das muß auffallen und ist vielleicht für die untersuchten, uns unbekannten geometrischen Probleme charakteristisch — als Schnitte, die stets senkrecht zur Kegelkante genommen wurden. Hierdurch werden die umständlichen altertümlichen Benennungen der Kegelschnitte, die sich bis nach Archimedes hartnäckig erhalten haben, verständlich.[662] Die Parabel hieß *ἡ τοῦ ὀρθογωνίου κώνου τομή*, Schnitt eines rechtwinkligen Kegels, d. h. eines Kegels, dessen Achsenschnitt an der Spitze rechtwinklig ist, die Hyperbel, bzw. Ellipse *ἡ τοῦ ἀμβλυγωνίου*, bzw. *ὀξυγωνίου τομή*, Schnitt eines stumpfwinkligen, bzw. spitzwinkligen Kegels. Wären die griechischen Geometer von der Betrachtung des Kegels selbst ausgegangen, so läge gar kein Grund vor, die senkrechten Schnitte so zu bevorzugen, wie es die alten Definitionen tun, und die einzelnen Formen der Kegelschnitte stets nur in Verbindung mit einer bestimmten Kegelform zu untersuchen, während man doch an einem beliebigen Kegel durch verschieden geneigte Schnitte sämtliche drei Kurvenformen sich herstellen kann. Dabei ist noch zu beachten, daß man anderseits schon in sehr früher Zeit wirklich räumliche Überlegungen am Kegel anstellte, ja Schnitte ausführte, die nicht senkrecht zur Kante liefen, wie dies Demokritos (460 bis etwa 370 v. Chr.) tat,

661 Vgl. den Kommentar des Eutokios (geb. 480 n. Chr. zu Askalon) zu den Werken des Archimedes; *Archimedes*, ed. Heiberg[17], 3[2], S. 84 ff. — 662 Vgl. den Bericht des Eutokios im Kommentar zu den ersten vier Büchern der *Conica* des Apollonios, den er dem Geschichtsschreiber Geminos (um 77 v. Chr.) entlehnt hat. Apollonius, *Conica*, ed. Heiberg[659], 2, S. 168, Z. 17 bis S. 170, Z. 18. Ferner Pappos, *Συναγωγή*[18], lib. VII, § 30, ed. Hultsch, II, S. 672, Z. 20 ff.

als er die zur Grundfläche parallelen Schnittkreise untersuchte;[663] sonderbarerweise aber blieben solche Untersuchungen auf den einmal eingeschlagenen Entwicklungsgang der Kegelschnittlehre, soweit wenigstens die Überlieferung reicht, ohne Einfluß.

Als Entdecker der Kegelschnitte wird MENAICHMOS (um 350 v. Chr.), ein Schüler PLATONS, genannt. Berichterstatter hierfür ist PROKLOS (410—485 n. Chr., Byzanz, Leiter der Philosophenschule zu Athen), der in seinem Kommentar zum ersten Buche der Elemente EUKLIDS[664] die leider verloren gegangene Geschichte der Mathemathik des GEMINOS (Rhodus 100 — Rom 40 v. Chr.) ausgiebig benutzt hatte. Was wir weiter von den Leistungen des MENAICHMOS wissen, bestätigt die Vermutung, daß er von höheren Problemen ausgegangen ist. Dem MENAICHMOS werden nämlich zwei Lösungen der damals von allen Seiten in Angriff genommenen Würfelverdoppelungsaufgabe (vgl. Bd. III, S. 66) zugeschrieben; EUTOKIOS teilt sie im Kommentar zu ARCHIMEDES' Schriften mit.[665] Der Charakter dieser Aufgabe, die, wie wir jetzt sagen, auf eine kubische Gleichung führt, bedingt ihre Unlösbarkeit durch geometrische Örter, die Kreise oder gerade Linien sind. MENAICHMOS war gezwungen, seine Untersuchungen auf höhere geometrische Örter auszudehnen, mit deren Hilfe er erst die Schwierigkeiten des Problems zu zwingen vermochte. In der einen seiner Lösungen verband er eine Parabel mit einer Hyperbel, in der anderen zwei Parabeln miteinander. Aus den von ihm benutzten Eigenschaften dieser Kurven sehen wir, daß er eine punktweise Konstruktion der Parabel auf Grund eines Flächensatzes, den wir heute $y^2 = ax$ schreiben, gekannt hat und ferner eine solche für die Hyperbel mittels einer Beziehung, die mit $xy = b^2$ übereinstimmt. Die Versuche anderer Mathematiker, dasselbe Problem oder ähnliche geometrische Konstruktionsaufgaben (wie die Dreiteilung eines Winkels) zu lösen, führten übrigens auch noch zur Entdeckung weiterer höherer Kurven, bei denen sich freilich hinterher nicht so einfache räumliche Erklärungen, wie bei den Linien des MENAICHMOS finden ließen; hierzu gehören die Quadratrix[666] des HIPPIAS VON ELIS (um 420 v. Chr.) — vgl. Bd. IV, S. 200 — die Hippopede[667] und die Bogenlinien[668]

663 PLUTARCHUS, *De communibus notitiis adversus Stoicos*, cap. 39, § 3; ed. DIDOT-DÜBNER, *Moralia*, Bd. 2, S. 1321, Z. 9 ff. — **664** PROCLUS, ed. FRIEDLEIN[IV 5], S. 111, Z. 20—22. — **665** ARCHIMEDES, ed. HEIBERG[17] 3^2, S. 78—81. — **666** PROCLUS[IV 5], S. 272, Z. 7—8, S. 356, Z. 11; PAPPUS, *Συναγωγή*[18], 4, § 45—50; ed. HULTSCH, 1, S. 250—258. — **667** PROCLUS, S. 112, Z. 5, S. 127, Z. 1, S. 128, Z. 5. — **668** ARCHIMEDES, 3^2, S. 56, Z. 4 ff. u. S. 106, Z. 4—5.

(*καμπύλαι γραμμαί*) des Eudoxos von Knidos (408—355 v. Chr.), die Schneckenlinien[669] des Archimedes, die Konchoide[670] des Nikomedes (um 180 v. Chr.) — vgl. Bd. III, S. 65 — die Kissoide[671] des Diokles (um 180 v. Chr.), Kurven, die im Gegensatz zu den Kegelschnitten unter dem Namen *τόποι γραμμικοί*[660] zusammengefaßt wurden. Daß Menaichmos den Zusammenhang seiner Kurven mit der Kegeloberfläche schon kannte, ist nicht anzunehmen, da die Aufstellung jener altertümlichen Namen, *Schnitt eines stumpf-, spitz- oder rechtwinkligen Kegels* (vgl. S. 129), mit der die Entdeckung jenes Zusammenhanges naturgemäß verbunden sein muß, nach dem Berichte des Pappos[672] erst einem jüngeren Zeitgenossen des Menaichmos, dem Aristaios (um 320 v. Chr., Athen), zuzuschreiben ist. Aber auch Aristaios wird bei seinen Untersuchungen von den geometrischen Örtern ausgegangen sein; er wird wenigstens von Pappos als Verfasser einer größeren Schrift genannt, die fünf Bücher über *τόποι στερεοί* umfaßte und die damaligen Kenntnisse über die Kegelschnitte enthielt.

Der erste Verfasser von Elementen der Kegelschnittlehre soll Euklid (um 325 v. Chr., Alexandria) gewesen sein. Den großen Erfolg, der ihm auf dem Gebiete der Elementarmathematik beschieden war, hatte er mit diesem neuen Lehrbuche nicht. Wie seine *στοιχεῖα* alle gleichartigen Arbeiten seiner Vorgänger so verdrängten, daß nicht mehr als deren Name auf uns gekommen ist (vgl. Bd. IV, S. 7), so geriet seine Kegelschnittlehre in Vergessenheit, als das Werk des Apollonios[659] erschien. Würde Pappos[673] uns nicht erzählen, daß Euklid auch Elemente über die Kegelschnitte geschrieben und daß Apollonios sich in seinen vier ersten Büchern im wesentlichen an Euklid angeschlossen habe, so hätten wir gar keine Kenntnis dieser ältesten *Κωνικά* und ihres Inhaltes. Nur ganz gelegentlich beruft sich Archimedes in seinen Untersuchungen über die Parabel[674] und über die Sphäroide und Konoide[675] auf Sätze aus ihm vor-

669 Archimedes, *Περὶ ἑλίκων*; ed. Heiberg, 2², S. 3—121; Nizze, S. 116—150. — 670 Archimedes, 3², S. 98—105; Proclus, S. 111, Z. 8, S. 113, Z. 5, S. 177, Z. 5, 16, S. 272, Z. 3 ff., S. 356, Z. 10; Pappus, 4, § 39—41, ed. Hultsch, 1, S. 242—246. — 671 Archimedes, 3², S. 66—70; Proclus, S. 111, Z. 6, 15, S. 113, Z. 5, S. 126, Z. 24 u. ö. — 672 Pappos, VII, 30¹⁸, II, S. 672, Z. 20—21: *Ἀρισταῖος δέ, ὃς γέγραφε τὰ μέχρι τοῦ νῦν ἀναδιδόμενα στερεῶν τόπων τεύχη ε' συνεχῆ τοῖς κωνικοῖς ...* — 673 Daselbst S. 672, Z. 18 f.: *Τὰ Εὐκλείδου βιβλία δ' κωνικῶν Ἀπολλώνιος ἀναπληρώσας καὶ προσθεὶς ἕτερα δ' παρέδωκεν ἡ κωνικῶν τεύχη.* — 674 Archimedes, ed. Heiberg, 2², S. 268, Z. 3; Nizze, S. 13. — 675 Daselbst 1², S. 270, Z. 24; Nizze, S. 158.

liegenden Elementen, die, wenn auch EUKLID nicht genannt ist, von uns auf ihn nur bezogen werden können; gerade die von ARCHIMEDES angeführten Sätze befinden sich nämlich auch in den ersten Büchern des APOLLONIOS, die sich ja, nach PAPPOS, eng an EUKLIDS Schrift anschließen.

Aus den erhaltenen Schriften EUKLIDS gibt nur eine Stelle der *Φαινόμενα*[676] unmittelbare Auskunft über seine Kenntnisse in der Kegelschnittlehre. Bei gewissen Herleitungen beruft sich EUKLID darauf, daß, wenn ein gerader Kreiskegel von einer Ebene nicht parallel zur Basis geschnitten wird, dann eine Ellipse entstehe. Ein dabei gebrauchtes Wort *θυρεός* (länglicher Schild) wird von neueren Geschichtsforschern als ein altertümlicher Fachausdruck für Ellipse, der vielleicht vor ARISTAIOS im Gebrauch war, gedeutet.[677]

Durch genaues Studium der Archimedischen Schriften kann man aber noch eine Reihe von Sätzen zusammenstellen, die ARCHIMEDES als bekannt voraussetzt und die daher als Euklidisch in Anspruch genommen werden könnten. Neben dem Flächensatz, den MENAICHMOS für die Parabel kennt (vgl. S. 130), verwertet ARCHIMEDES zwei weitere, die bei ihm geradezu die Stelle von Definitionsbeziehungen, der eine für die Ellipse, der andere für die Hyperbel, einzunehmen scheinen, daß nämlich das Quadrat eines auf der Hauptachse bis zum Kurvenschnittpunkt gezogenen Lotes in einem bestimmten, für jede Kurve konstanten Verhältnis zu dem Rechtecke steht, das aus den Entfernungen seines Fußpunktes von den beiden Scheitelpunkten (Endpunkten der Hauptachse) gebildet wird (vgl. S. 153, 161).[678] EUKLID oder seine Zeitgenossen müssen aus demselben Grunde auch in dem Besitz der für alle Kegelschnitte geltenden Sätze gewesen sein, daß die Mittelpunkte einer parallelen Sehnenschar eine gerade Linie bilden, die auch durch die Berührungspunkte der parallelen Tangenten geht.[679] Ferner gehören einige Tangentensätze, die zu einer

---

676 EUKLID, ed. GREGORIUS, Oxoniae 1703[IV 911], S. 561, Z. 9—12: *Ἐὰν γὰρ κῶνος ἢ κύλινδρος ἐπιπέδῳ τμηθῇ μὴ παρὰ τὴν βάσιν, ἡ τομὴ γίγνεται ὀξυγωνίου κώνου τομή, ἥτις ἐστὶν ὁμοία θυρεῷ.* — 677 HEIBERG, *Euklidstudien*[IV 15], S. 88. Übrigens gebraucht auch HERON einmal ein ähnliches Wort, *θυρεοειδές*, ed. HEIBERG, 4[I 488], S. 60, Z. 3: *Ὀξυγώνιος μὲν οὖν ἡ αὐτῇ συνάπτουσα καὶ ποιοῦσα σχῆμα θυρεοειδές· καλεῖται δὲ ὑπό τινων καὶ ἔλλειψις* . . . — 678 ARCHIMEDES, *Περὶ κων. καὶ σφαιρ.* 8 und an anderen Stellen (f. d. Ellipse), 31 (allgemein), ed. HEIBERG[I 7], 1², S. 294, Z. 14 ff., bzw. S. 416, Z. 11 ff.; vgl. HEIBERG, Z. Math. Phys. 25, 1880, litt.-hist. Abt., S. 48 ff. — 679 ARCHIMEDES, *Περὶ κων. κ. σφ.* 3 (f. d. Parabel), 20 (f. d. Ellipse und Hyperbel); ed. HEIBERG, 1², S. 272, Z. 19 ff., bzw. S. 340, Z. 22 ff.

Konstruktion der Tangente, wenigstens für die Parabel, führen,[680] der vor-Archimedischen Periode an; ebenso die Ableitung von Sätzen über die Produkte der Abschnitte zweier sich schneidender Sehnen eines Kegelschnittes.[681] Da ARCHIMEDES häufig von ähnlichen Kegelschnitten und ähnlichen Kegelschnittsegmenten spricht, muß die Lehre von diesen auch bereits zu seiner Zeit in Angriff genommen worden sein.

ARCHIMEDES selbst hat nicht im Zusammenhange über die Kegelschnitte geschrieben, jedoch wertvolle Einzelbeiträge zu der neuen Lehre geliefert. Sehen wir von kleinen Sätzen ab, die im Buche von den Konoiden und Sphäroiden nebenbei abgeleitet werden, so haben wir sein Hauptverdienst in der Quadratur der Parabel und der der Ellipse zu erkennen. Diese ist in einer Einschaltung der eben erwähnten Schrift enthalten,[682] jener wird eine besondere Abhandlung gewidmet, der später die Überschrift *Τετραγωνισμὸς παραβολῆς* gegeben wurde.[683] Unter Anwendung der Exhaustionsmethode weist ARCHIMEDES nach, daß ein Parabelsegment $\frac{4}{3}$ von einem Dreiecke mit gleicher Grundlinie und Höhe beträgt; an der anderen Stelle zeigt er, daß sich die Fläche der Ellipse zu einem über ihrer großen Achse konstruierten Kreise wie die kleine Achse zur großen verhält[684] und daß allgemein zwei Ellipsen im Verhältnis der Rechtecke aus ihren beiden Achsen stehen.[685] Die Größe des Verhältnisses der Ellipsenfläche zu diesem Rechteck ergibt sich ihm als dasselbe wie das eines Kreises zum Quadrat eines Durchmessers.[686]

Erheblich jünger als ARCHIMEDES, aber vielleicht noch zu dessen Lebzeiten schon ein bedeutender Mathematiker, war APOLLONIOS VON PERGE (zwischen 250 und 200 in Alexandria, dann in Pergamon). Seine acht[687] Bücher über die Kegelschnitte[659] sind in Inhalt und Darstellung ein so vorzügliches Lehrbuch, daß es erklärlich ist,

680 ARCHIMEDES, *Τετραγ. παραβ.*, prop. 2, ed. HEIBERG, 2^2, S. 266, Z. 13 ff. — **681** ARCHIMEDES, *Περὶ κων. κ. σφ.* 3, ed. HEIBERG, 1^2, S. 270, Z. 15 ff. — **682** ARCHIMEDES, ed. HEIBERG, 1^2, S. 276—285; NIZZE, S. 160—162. — **683** ARCHIMEDES, ed. HEIBERG, 2^2, S. 262—315; NIZZE, S. 12—25. — **684** ARCHIMEDES, *Περὶ κων. κ. σφ.*, IV, ed. HEIBERG, 1^2, S. 276, Z. 2 ff.; NIZZE, Satz 5, S. 160. — **685** Daselbst VI, ed. HEIBERG, 1^2, S. 282, Z. 13 ff.; NIZZE, Satz 7, S. 162. — **686** Daselbst V, ed. HEIBERG, 1^2, S. 280, Z. 17 ff.; NIZZE, S. 161. — **687** Von den acht Büchern kannte man bis zur Mitte des siebzehnten Jahrhunderts nur vier (erste Ausgabe von MEMMIOS 1537, zweite von COMMANDINUS 1566[557]). Buch 5—8 wurde aus nachträglich aufgefundenen arabischen Übersetzungen (erste Notiz darüber 1644 beim Pater MERSENNE) bekannt; 1661 veröffentlichte BORELLI diese sieben Bücher in lateinischer Übersetzung. 1710 (Oxford) besorgte HALLEY die erste griechische Ausgabe und versuchte, das achte Buch zu rekonstruieren. Dieses achte Buch

wenn die Schriften der Vorgänger verloren gegangen sind. Diese Vorarbeiten liegen natürlich seinem Werke zugrunde; vieles wird, soweit es wenigstens die Bücher I—IV betrifft, auf EUKLID, Erhebliches auf ARCHIMEDES zurückzuführen sein. Indes darf man nicht so weit gehen, wie es ein sonst unbekannter Biograph des ARCHIMEDES, HERAKLEIDES[688], getan hat, der den APOLLONIOS geradezu des Ausschreibens verloren gegangener Archimedischer Schriften beschuldigt; im Gegenteil müßte den APOLLONIOS ein Vorwurf treffen, wenn er die Vorarbeiten nicht in gebührender Weise berücksichtigt hätte.

Die Originalität des APOLLONIOS tritt in der Behandlung des Stoffes nach großen Gesichtspunkten hervor. Er hat auch den vorhandenen Bestand an Sätzen vervollständigt; besonders kann der Inhalt des fünften bis achten Buches fast als sein ausschließliches Eigentum angesehen werden. Zum erstenmal ist bei ihm die Entstehung aller Kegelschnittgattungen an einem einzigen Kegel, der nicht einmal ein gerader Kegel zu sein braucht, gezeigt worden;[689] dabei wird jene allgemeine Kegeldefinition zugrunde gelegt,[690] nach der eine Gerade in einem ihrer Punkte festgehalten und um einen Kreis herumgeführt wird. An die Spitze seiner Untersuchungen stellte APOLLONIOS für die einzelnen Kegelschnitte ganz neue Definitionen (*τὰ ἐν αὐταῖς ἀρχικὰ συμπτώματα*)[691] diese Hauptsätze erscheinen bei ihm in Form von Flächenbeziehungen[457] und natürlich in ausführlicher Wortdarstellung, stimmen jedoch inhaltlich ganz mit den sogenannten Scheitelgleichungen der modernen analytischen Geometrie überein (vgl. S. 153, 161, 169):

1. Parabel:	$y^2 = lx$,	APOLLONIUS, *Conica*,	I, 11.
2. Ellipse:	$y^2 = lx - x \cdot \frac{xl}{t}$,	„ „	I, 13,
3. Hyperbel:	$y^2 = lx + x \cdot \frac{xl}{t}$,	„ „	I, 12

(l = *latus rectum* = doppelter Parameter; t = *latus transversum* = große Achse). Die erste Gleichung entspricht der Definitionseigenschaft,

der Kegelschnitte scheint vollständig verloren zu sein, wenigstens ist seit EUTOKIOS (geb. 480 n. Chr.) niemand bekannt geworden, der es zu sehen bekommen hätte. (Nach BALSAM[659], Einleitung). — 688 CANTOR, 1^3, S. 334. — 689 Vgl. PAPPUS, *Συναγωγή*[18], VII, § 30, ed. HULTSCH, 2, S. 672, Z. 24 f.; auch in *Eutocii comment. in Conica*[632], wo der Bericht des GEMINOS wiedergegeben wird, vgl. APOLLONIUS, ed. HEIBERG[659], 2, S. 170, Z. 19—26. — 690 APOLLONIUS, *Conica*, lib. I, def. 1, ed. HEIBERG[659], 1, S. 6. — 691 APOLLONIOS, *Conica*, I, ed. HEIBERG[659], 1, S. 4, Z. 3.

die schon MENAICHMOS für die Parabel kannte; die beiden letzten sind aber als definierende Sätze durchaus neu, wenn auch die in ihnen liegenden Beziehungen ARCHIMEDES nicht unbekannt waren.[692]

Eng verbunden mit diesen Definitionen sind die neuen Namen, die nach übereinstimmender Überlieferung der alten Gewährsmänner[693] ebenfalls Eigentum des APOLLONIOS sind. ARCHIMEDES gebraucht noch jene alten Benennungen, *Schnitt des recht-, stumpf- oder spitzwinkligen Kegels* (vgl. S. 129). Wo in seinen Schriften, wie im Titel der Abhandlung über die Parabelquadratur, die neuen Namen verkommen,[694] muß spätere Interpolation angenommen werden. Die von APOLLONIOS gewählten neuen Wörter *Parabel*, *Ellipse*, *Hyperbel* stehen im Zusammenhang mit alten geometrischen Flächenkonstruktionen der Pythagoreer, die EUKLID, *Elemente* I, 44 und VI, 28, 29 (vgl. Bd. III, S. 37—38, IV, S. 153), überliefert. Ihre tiefere Bedeutung erkannten wir in ihrer Verwendung bei der Auflösung quadratischer Gleichungen. Ersetzen wir die Parallelogramme, mit denen EUKLID die Aufgabe ausführt, durch Rechtecke, eine Sonderannahme, die, ohne Wesentliches zu ändern, die Wiedergabe vereinfacht, so verlangt EUKLID I, 44 das Antragen (*παραβολή*, *aequalitas*) eines Rechteckes von vorgeschriebener Fläche an eine gegebene Strecke. Passen wir die Buchstaben unserem Zwecke an, so soll bei gegebenem $AB = l$ ein Rechteck $ABCD$ konstruiert werden (Fig. 1), das einer gegebenen Fläche, etwa dem Quadrat über ED, flächengleich ist, so daß:

$$4. \qquad \overline{ED}^2 = AB \cdot AD.$$

Schwieriger ist die Aufgabe EUKLIDs in VI, 28 (Fig. 2). Wiederum ist eine Fläche, das Quadrat über ED, und eine Strecke AB gegeben; hinzu kommt noch die Strecke AF, die mit AB ein bestimmtes Rechteck $ABGF$ bildet. Es soll ein Rechteck $ABCD$

692 Vgl. H. G. ZEUTHEN, *Die Lehre von den Kegelschnitten*[III 195], 1886, S. 59. — 693 Hauptstelle; PAPPUS, *Συναγωγή*, lib. VII, § 30, ed. HULTSCH[18], Bd. II, S. 674, Z. 5ff. — 694 Daß der Titel *Τετραγωνισμὸς παραβολῆς* späterer Zusatz ist, geht schon daraus hervor, daß EUTOKIOS, der sonst immer *παραβολή* gebraucht, in der Anführung dieser Schrift bei anderen Auseinandersetzungen sagt: *Δέδεικται γὰρ ὑπ' αὐτοῦ ἐν τῷ περὶ τῆς τοῦ ὀρθογωνίου κώνου τομῆς* (Es ist von ihm in der Abhandlung über den Schnitt des rechtwinkligen Kegels bewiesen worden), ARCHIMEDES, ed. HEIBERG, 3², S. 292, Z. 28f. An der zweiten Stelle, die *παραβολή* aufweist, *Περὶ κων. κ. σφαιρ.*, prop. 9, ed. TORELLIUS, Oxford 1792, S. 270 letzte Zeile, nimmt HEIBERG ohne weiteres späteren Zusatz an (ed. HEIBERG, 1², S. 293, Anm. 2).

konstruiert werden, das erst um ein dem Rechteck $ABGF$ ähnliches Stück BCC_1B_1 vermindert werden muß, um ein dem Quadrat $\overline{DE}^2$ flächengleiches Stück ADC_1B_1 zu liefern. Beachtet man, daß die Ähnlichkeit von BCC_1B_1 und $BGFA$ darin besteht, daß C_1 auf der Diagonale BF liegt, so wird sein:

$$CC_1 : BC = FG : BG,$$

$$CC_1 = \frac{BC \cdot FG}{BG} = \frac{AD \cdot AB}{AF},$$

also

5. $$\overline{ED}^2 = AB \cdot AD - AD \cdot \frac{AD \cdot AB}{AF}.$$

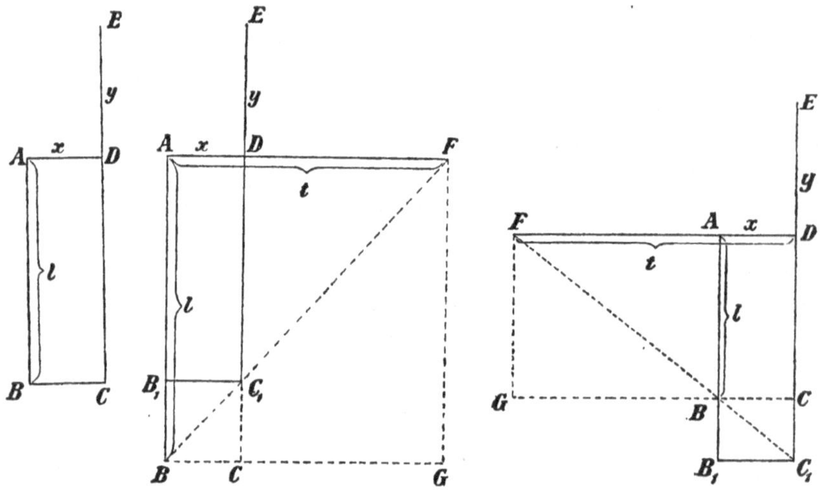

Fig. 1. Fig. 2. Fig. 3.

Für dieses Zurückbleiben des Rechteckes ADC_1B_1 hinter der vorgeschriebenen Flächengröße um ein der Form nach bestimmtes Stück bestand der Fachausdruck ἔλλειψις (*defectus*), ein Wort, das bereits PLATON in seinem Dialog *Menon*[695] verwendet.

Muß zu dem Rechteck $ABCD$ (Fig. 3) erst ein dem gegebenen Rechteck $ABGF$ ähnliches Stück BCC_1B_1 hinzugefügt werden, damit ein Rechteck AB_1C_1D von der vorgeschriebenen Größe $(=\overline{ED}^2)$ herauskomme (EUKLID, VI, 29), so ändert sich in der

695 PLATON, *Menon* 87, ed. STALLBAUM, 6, sect. II, Göttingen u. Erfurt 1836, S. 83, Z. 2.

Gleichung 5. nur das Vorzeichen auf der rechten Seite. Wir haben demnach:

$$6. \qquad \overline{ED}^2 = AB \cdot AD + AD \cdot \frac{AD \cdot AB}{AF}.$$

Dieses Überschießen des Rechteckes ADC_1B_1 hieß ὑπερβολή (*excessus*). Alle drei Wörter παραβολή, ἔλλειψις, ὑπερβολή sind von PROKLOS als Pythagoreisch überliefert.[696] Das Anlegen von Flächen (παραβάλλειν τοῦ χωρίου) führt PLUTARCH[697] sogar auf PYTHAGORAS selbst zurück.

Ersetzen wir in 4.—6. AB durch l, AD durch x, DE durch y, AF durch t, so gehen die vorgeschriebenen Beziehungen über in

$$4\text{a.} \qquad y^2 = lx,$$

$$5\text{a.} \qquad y^2 = lx - x\frac{xl}{t},$$

$$6\text{a.} \qquad y^2 = lx + x\frac{xl}{t},$$

und diese Formen stimmen mit 1.—3. genau überein.

Ist, wie bei EUKLID, y bekannt und x gesucht, so liegt auf der Hand, daß die Euklidischen Konstruktionen durch das Auffinden von AD die Lösung der quadratischen Gleichungen:

$$x^2 + q = px, \quad x^2 + px = q$$

ermöglichen. Wir wissen, daß diese geometrische Auflösungsmethode frühzeitig in ein rechnerisches Verfahren umgesetzt wurde (vgl. Bd. III, S. 38f.). Läßt man y, das im Endpunkt der jedesmal bestimmbaren Strecke $AD = x$ senkrecht aufgetragen wird, sich verändern, so liefert Punkt E einen geometrischen Ort, der sich als Kegelschnitt herausstellt. Diese Erweiterung der Euklidischen Aufgabe vorgenommen zu haben, oder besser, den Zusammenhang der schon ARCHIMEDES bekannten Flächenbeziehungen 1.—3. mit den Euklidischen Aufgaben erkannt zu haben, ist das große Verdienst des APOLLONIOS. Und in Verbindung hiermit steht die Wahl der neuen Namen Parabel, Ellipse, Hyperbel,[698] die nunmehr vollständig charakteristisch er-

696 PROCLUS, ed. FRIEDLEIN, S. 419, Z. 15—18. — 697 PLUTARCHUS, *Non posse suaviter vivi secundum Epicurum*, cap. 11, § 4, ed DÜBNER-DIDOT, *Moralia*, II, Paris 1890, S. 1338, Z. 30—31. — 698 PAPPUS, VII, 30, ed. HULTSCH[18], 2, S. 674, Z. 5f. berichtet ausdrücklich, daß diese Namen dem APOLLONIOS zukommen. Kenntnis dieser richtigen Erklärung haben nur wenige spätere Schriftsteller; erst KÄSTNER macht (1759) wieder darauf aufmerksam, z. B. *Anfangsgründ.* III, 1 (*Analysis endlicher Größen*)[III 255], 1759; 3. Aufl., Gött. 1794, S. 226, 231, 250. Die oft wiederholte Erklärung des Wortes Ellipse, daß die Ellipse eine Kurve sei, der

scheinen. Die Kürze und Klarheit dieser Bezeichnungen verschaffte ihnen sofortige Anerkennung; schon in HERONS Schriften erscheinen sie neben den älteren Ausdrücken.[699]

Einzelheiten aus der Apollonischen Kegelschnittlehre werden später im besonderen Teil zu behandeln sein. Hier genügt es, eine kurze Übersicht über das große Werk zu geben, und dieses geschieht am besten mit den eigenen Worten des APOLLONIOS:[700] „Von den acht Büchern enthalten die vier ersten die Elemente der Lehre; es umfaßt das erste die Entstehung der drei Kegelschnitte und der Gegenschnitte (d. i. der zweiten Hyperbeläste), ihre Haupteigenschaften, vollständiger und allgemeiner behandelt als in den Schriften der Vorgänger — das zweite die auf die Durchmesser, die Achsen der Schnitte, die Asymptoten bezüglichen Sätze und andere, die für die Determination von Konstruktionsaufgaben von wesentlichem Nutzen sind, unter Benutzung neuer Definitionen für Durchmesser und Achsen. Das dritte enthält viele merkwürdige Theoreme, die bei Konstruktionen mittels der Kegelschnitte und ihren Determinationen nützlich sind. (Hieran schließt sich die Erörterung des von EUKLID bereits in Angriff genommenen Problems des PAPPOS; vgl. S. 102.) Das vierte lehrt, auf wieviel Arten sich Kegelschnitte unter sich und mit einem Kreise schneiden, und ferner, was beides von den Vorgängern außer acht gelassen war, in wieviel Punkten

etwas am Kreise fehle (*ἐλλείπει*), geht auf EUTOKIOS zurück, APOLLONIUS, *Opera* ed. HEIBERG[659], 2, Leipzig 1893, S. 174, Z. 8—10: *Ἔλλειψις, οὕτω κληθεῖσα ... διὰ τὸ τὴν ἔλλειψιν κύκλον εἶναι ἐλλιπῆ.* — 699 *Geometrica*, def. 94, ed. HEIBERG, 4[I 483], S. 60, Z. 3 f. Diese Zeilen als späteren Zusatz aufzufassen, wie es HULTSCH (*Heronis Opera*, ed. HULTSCH, Berlin 1864, S. 27, Z. 1 ff.) tut, dürfte unnötig sein. Daß HERON die Apollonische Schrift kennt, geht daraus hervor, daß bei ihm auch die allgemeine Kegeldefinition des APOLLONIOS Aufnahme gefunden hat, und zwar an einer Stelle, die HULTSCH nicht beanstandet. Wäre diese Kegeldefinition Eigentum HERONS, so ist nicht einzusehen, warum in seinen Definitionen nicht auch die entsprechende Zylinderdefinition (Bewegung einer Geraden parallel mit sich längs der Peripherie eines Kreises) aufgenommen ist. Daß diese bei ihm fehlt und jene vorhanden ist, verrät die enge Anlehnung an APOLLONIOS, in dessen Kegelschnittlehre die Zylinderdefinition gänzlich überflüssig, die Kegeldefinition aber Hauptsache ist. Die älteren Bezeichnungen der Kegelschnitte scheinen jedoch HERON noch geläufiger gewesen zu sein; er benutzt sie def. 95, ed. HEIBERG, 4[I 483], S. 60, Z. 15: *Τομαὶ δὲ κυλίνδρου αἱ μὲν παραλληλόγραμμοι, αἱ δὲ ὀξυγωνίων κώνων* (sc. *τομαί*), ferner Def. 135, § 13, ed. HEIBERG, 4, S. 108, Z. 1. Hieraus könnte man schließen, daß die Abfassung der Heronischen Schriften nicht allzu lange nach dem Erscheinen der *Κωνικά* des APOLLONIOS erfolgte. Vgl. auch Bd. V, S. 14. — 700 Vorwort zu den *Κωνικά*, ed. HEIBERG[628], 1, S. 4.

sich ein Kegelschnitt oder ein Kreis mit den Gegenschnitten trifft. Die übrigen vier Bücher gehen über die Elemente hinaus. Das fünfte gibt ausführliche Untersuchungen über Maxima und Minima, das sechste solche über kongruente und ähnliche Kegelschnitte, das siebente betrifft Determinationsbestimmungen, das letzte bringt bestimmte Aufgaben über Kegelschnitte."

Betrachten wir die Geschichte der Kegelschnitte weiter, so folgt nunmehr eine länger als ein Jahrtausend dauernde unfruchtbare Periode. Die späteren griechischen Mathematiker beschränken sich wie in allen Disziplinen lediglich auf die Kommentierung der vorhandenen klassischen Werke. PAPPOS (um 295 n. Chr., Alexandria) gibt in seiner Συναγωγή (*Collectiones*, lib. VIII)[701] einen Auszug aus dem Apollonischen Werk. Kleine erläuternde Beweise oder weiterführende Sätze, die APOLLONIOS als leicht auffindbar dem Leser überlassen hatte, werden von PAPPOS selbständig hinzugefügt, ebenso mehr oder weniger gut angebrachte Übungsbeispiele angegeben, von denen manche in nur sehr losem Zusammenhange mit dem gerade vorliegenden Thema stehen; unter anderem gibt er die allgemeine Definition durch das Verhältnis der Abstände von einem festen Punkte und der Leitlinie[760] und zeigt, wie ein Kegelschnitt aus fünf Punkten gefunden werden kann.[702] Ferner ist SERENOS VON ANTINOEIA (viertes Jahrhundert n. Chr.) zu erwähnen; seine Schrift über den Zylinderschnitt,[703] der als Ellipse nachgewiesen wird, legt Zeugnis ab, wie schnell die Schriften des ARCHIMEDES, in denen dasselbe stand,[704] in Vergessenheit geraten waren. Die berühmte Mathematikerin HYPATIA (um 398 n. Chr., Tochter des THEON VON ALEXANDRIA) soll einen Kommentar zu APOLLONIOS geschrieben haben.[705] Erhalten ist uns ein solcher von EUTOKIOS (geb. zu Askalon 480 n. Chr.),[706] der aus Anmerkungen zu den einzelnen Apollonischen Sätzen, teils Unterscheidungen verschiedener möglicher

701 Lib. VII, § 30—42, 233—311, ed. HULTSCH[18], II, S. 672—682, 918—1004; APOLLONIUS, ed. HEIBERG[659], 2, S. 143—165. — 702 VIII, 29, ed. HULTSCH[18], 3, S. 1076, Z. 12 f. — 703 Ed. lat. COMMANDINUS, Bononiae 1566 (speziell Theorema XVI, S. 7b), ed. HALLEY, Ausgabe der *Κωνικά*, Anhang (Oxon. 1710); neueste Ausgabe von HEIBERG, Leipzig 1896 (speziell Theorem XVII, S. 52—53), deutsch von NIZZE, 1860, Programm des Stralsunder Gymnasiums. — 704 ARCHIMEDES, ed. HEIBERG[17], 1^2, S. 258, Z. 20f.; NIZZE S. 154. — 705 Nach SUIDAS, ed. BERNHARDY, Halle 1853, S. 1313, Z. 3; APOLLONIUS, ed. HEIBERG[659], 2, S. 167. — 706 APOLLONIUS, ed. HEIBERG[659], 2, S. 166—361.

Fälle, teils anderen Beweisen, teils Hilfsaufgaben, besteht. Ihm verdanken wir auch manche wichtige historische Mitteilung.

Während bei den Indern kaum eine Spur irgendeiner Bekanntschaft mit den Kegelschnitten nachzuweisen ist,[707] brachten die arabischen Mathematiker, angeregt durch aufgefundene griechische Manuskripte, den Kegelschnitten hohes Interesse entgegen. Nicht nur, daß sie das Werk des APOLLONIOS übersetzten, eifrig studierten und kommentierten — durch ihre Übertragungen sind wir überhaupt erst wieder in den Besitz des vierten bis siebenten Buches der *Κωνικά* gelangt[687] —, sie benutzten auch die Kegelschnittlehre zu schwierigeren Konstruktionen von der Art, wie sie MENAICHMOS, ARCHIMEDES, APOLLONIOS zu bearbeiten angefangen hatten, ja konnten mit ihrer Hilfe die Lösung der kubischen Gleichungen allgemein geometrisch durchführen (vgl. Bd. III, S. 68).

Im christlichen Mittelalter ist die Kenntnis der Kegelschnitte so gut wie verschollen. Höchstens die Gestalt der Ellipse kennt man. Die erste abendländische Abhandlung über Kegelschnitte hat den italienischen Philologen und Mathematiker GEORG VALLA (aus Piacenza, um 1492) zum Verfasser; sie ist in seiner großen Enzyklopädie *De rebus expetendis et fugiendis* (gedruckt 1501 nach seinem Tode) enthalten, stellt aber eine so dürftige Zusammenstellung zumeist aus PAPPOS und PROKLOS entlehnter Kenntnisse dar, daß man sicher ist, VALLA hat die Originalschriften der Alten überhaupt nicht durchgearbeitet.[708] Eine durchaus selbständige Behandlung muß an dem *Libellus super viginti duobus elementis conicis* des begabten Theologen JOHANNES WERNER (1468—1528, Nürnberg)[709] gerühmt werden. Während APOLLONIOS nur eingangs sich mit stereometrischen Betrachtungen abgibt, dann aber, nachdem fundamentale Eigenschaften der Schnitte abgeleitet waren, diese als ebene Kurven weiter untersucht, führt WERNER seine sämtlichen Untersuchungen räumlich am Kegel durch. Im ganzen stellt er 22 Sätze über Parabel und Hyperbel, mit Beweisen zusammen. Aus zeichnerischem Interesse betrachtete ALBRECHT DÜRER 1525 in seiner Underweysung der messung

707 Diese Behauptung bleibt bestehen, auch wenn MAHĀVĪRA (neuntes Jahrh. n. Chr.) Regeln für die Berechnung von Umfang und Inhalt einer Ellipse, natürlich ungenaue, gibt. Vgl. KAYE, *Indian mathematics*[195], Calcutta 1915, S. 21. — 708 Lib. XIII, cap. 3. U. a. erklärt sich VALLA das Wort Ellipse damit, *quod ellipsis sit circulus imminutus*, daß die Ellipse ein verminderter Kreis ist, vgl. EUTOKIOS[698]. — 709 Sammelband WERNERscher Schriften, Nürnberg 1522. Vgl. CANTOR 2[2], S. 456.

mit dem zirckel und richtscheyt[II 334] die Kegelschnitte und gab damit die älteste Behandlung in deutscher Sprache; er lehrte ihre Aufzeichnung als Schnitt des spitzen Kegels aus Grund- und Aufriß. Eigentümlich ist sein Irrtum, daß die Ellipse nur zur Längsachse symmetrisch ist, an dem Scheitel aber, der beim Schnitt des Kegels dessen Grundfläche näher liegt, stumpfer sei als an dem entgegengesetzten.[710] Durch diese falsche Auffassung ist seine Verdeutschung Eilini verständlich. Die Parabel nennt er Brennlini, die Hyperbel Gabellini.[711] Mathematische Erörterungen werden nicht gegeben; nur bei der Parabel knüpft er an den Brennspiegel an.

KEPLER, der die elliptische Form der Planetenbahnen erkannte,[712] brachte den Kegelschnitten besonderes Interesse entgegen; ein Abschnitt seiner Schrift *Ad Vitellionem paralipomena* (1609)[713] behandelt ihre Brennpunktseigenschaften. Eine Kegelschnittlehre von ziemlicher Ausführlichkeit verfaßte 1631 CLAUDE MYDORGE,[584] eine kleinere schon vorher 1553 MAUROLICO[714] zur Konstruktion von Sonnenuhren. Annehmbar ist die Behandlung der Kegelschnittlehre im *Opus geometricum* (1647) des GREGORIUS A ST. VINCENTIO[II 1134].

Wirklich neue Prinzipien brachte erst das siebzehnte Jahrhundert, und zwar sogleich in zwei neuen, grundverschiedenen Betrachtungsweisen.

Die Entdeckung der analytisch-geometrischen Behandlungsart durch DESCARTES und FERMAT haben wir eingehend kennen gelernt (vgl. S. 101—107). Die erste umfassende und allseitige Erörterung der Kurven, die durch die allgemeine Gleichung zweiten Grades definiert werden, ist in EULERS *Introductio* von 1748 (Bd. II) zu finden.

Die zweite Methode ist von G. DESARGUES (1593—1662; Paris, Lyon, Kriegsbaumeister), einem Zeitgenossen DESCARTES' und FERMATS, begründet worden; das neue Hilfsmittel war die Zentralprojektion, aus deren Verwendung sich allmählich die heutige projektive Geometrie entwickelte. Der wesentliche Vorzug dieser Behandlungsart lag darin, daß die einzelnen Sätze von den Kegelschnitten

[710] Dagegen wendet sich schon D. SCHWENTER 1618, *Geometria practica*, Ausgabe von 1641[III 85], S. 169. Der DÜRERschen Anschauung folgt aber noch MAROLOYS, *Geometria*, deutsch von ALBRECHT GERHARDT (ALBERT GIRARD) 1629[IV 384], Fig. 35, 36. — [711] Bl. $\mathfrak{C}_{III}$ v⁰ und Fig. 34[II 384]. — [712] *Astronomia nova*, Heidelberg 1609. — [713] Frankfurt a. M. 1604. Deutsch von F. PLEHN und M. VON ROHR, OSTWALDS Klassiker Nr. 198, Leipzig 1922, besonders S. 74—78. — [714] *Opuscula mathematica*, 1575[V 606].

nunmehr in allgemeinerer Zusammenfassung ausgesprochen werden konnten. Es war nicht mehr nötig, die Sätze für jede der vier Gattungen, Kreis, Parabel, Ellipse, Hyperbel, gesondert zu beweisen, sondern es genügte der Nachweis am Kreise, von dem aus durch perspektivische Betrachtungen das erhaltene Theorem sofort als eine für alle Kegelschnitte gültige Wahrheit ausgesprochen werden konnte. Niedergelegt waren diese Gedanken in DESARGUES' *Brouillon proiect*[715] von 1639, einem Werke, dessen Verständnis seinen Zeitgenossen sehr viel Schwierigkeiten bereitete und daher bei ihnen so wenig Würdigung fand, daß die gedruckten Exemplare ohne Absatz blieben und schließlich als wertloses Papier wieder eingestampft wurden. Die Kenntnis seines Inhalts ist uns allein durch eine sorgsame Abschrift, die sich DE LA HIRE (1614—1718, Paris) im Jahre 1679 von einem ihm zugänglich gewordenen Exemplar machte, übermittelt worden.[716] Tiefer war die Wirkung nur auf B. PASCAL. Eine der ersten Früchte der in DESARGUES' Sinne vorgenommenen Untersuchungen war z. B. jener Satz PASCALs, der für jedes einem Kegelschnitte eingeschriebene Sechseck besteht und unter seinem Namen noch heute bekannt ist (vgl. Bd. IV, S. 313—315).

Zu hoher Vollendung gelangte die projektive Geometrie mit dem Beginn des neunzehnten Jahrhunderts. Sehr bedeutenden Anteil hatte hieran J. V. PONCELET (1788—1867, Paris), der in seinem *Traité des propriétés projectives des figures* (1822)[IV 373] eine erste zusammenfassende Bearbeitung des neuen Stoffes vornahm.

Anderseits fehlte es aber auch nicht an solchen Mathematikern, die mit den Mitteln der Alten weiterzuarbeiten suchten. Mit gutem Beispiele ging hier NEWTON vorauf, der im ersten Buche seiner *Principia*[717] eine Reihe von Kegelschnittsätzen im unmittelbaren Anschluß an APOLLONIOS ableitete; teils sind dies Sätze, die sich bei der mathematischen Untersuchung der KEPLERschen Gesetze gelegentlich ergaben, teils Konstruktionsaufgaben, die aus der gegebenen Lage eines Brennpunktes die parabolischen, elliptischen oder hyperbolischen Bahnen wiederherstellen wollen oder allgemeine Kegelschnitte mit vorgeschriebenen festen Punkten oder Tangenten

715 *Brouillon proiect d'une atteinte aux éuénemens des rencontres d'un cone auec un plan* (Erster Entwurf eines Versuchs über die Ergebnisse der Schnitte eines Kegels mit einer Ebene)[II 328]. Deutsche Ausgabe durch M. ZACHARIAS, OSTWALDs Klassiker Nr. 197, Leipzig 1922. — 716 CANTOR, 2², S. 674 ff. — 717 *Principia philosophiae naturalis*[II 694], 1687, lib. I, z. B. Lemma 14, S. 53, Probl. 19, S. 95 usw.

zu zeichnen suchen. In der Neuzeit war es besonders M. CHASLES (1793—1880, Paris), der das Studium der alten Methode mit Erfolg wieder aufgenommen hat.[IV 683]

b) Besonderer Teil.

Im Verhältnis zu dem vorangeschickten zusammenhängenden historischen Teil wird die Besprechung der Einzelheiten aus der Kegelschnittlehre zurücktreten, auch schon deshalb, weil die modernen Schulordnungen diese Lehre in recht enge Grenzen eingeschränkt haben. Es sollen zunächst Fachwörter und einige allgemeinere Begriffe behandelt werden. Dann folgt die Geschichte der Polarentheorie und hierauf werden die einzelnen Kegelschnittarten betrachtet.

Die Fachausdrücke.

Das deutsche Wort Kegelschnitt kommt zuerst in KEPLERS Messe-Kunst von 1616 vor,[718] nachdem vorher DÜRER (1525)[719] schnydt durch ein kegel gesagt hatte. Von den Fremdwörtern Ellipse, Parabel, Hyperbel haben wir S. 135—138 gesprochen. Verdeutschungen, wie Eilinie, Brennlinie, Gabellinie, die DÜRER 1525 (vgl. S. 141) vorschlägt, drangen nicht durch. Angenommen wurden aber sofort Ausdrücke, wie Durchmesser, Scheitelpunkt, die J. CHR. STURM im Vorbericht seiner Archimedesübersetzung (1670)[720] angibt; sein Mitmesser für Parameter fand hinwiederum keinen Anklang. Das Wort Brennpunkt soll erst durch CHR. VON WOLFF, der es in sein *Mathematisches Lexicon* (1716)[I 63] aufnahm, Verbreitung gefunden haben.[721]

Unter Durchmesser (*διάμετρος*) verstand ARCHIMEDES bei der Ellipse die beiden Achsen und unterschied demnach *ἁ μείζων διάμετρος* und *ἁ ἐλάσσων διάμετρος*.[722] Auch bei der Parabel war ihm *διάμετρος* bzw. *ἁ ἀρχικὰ διάμετρος* nur die Achse;[723] die zu der Achse parallelen Geraden nannte er *αἱ παρὰ τὰν διάμετρον*.[724] Bei der Hyperbel kannte ARCHIMEDES den Begriff Durchmesser über-

718 S. 25[I 783], Kegelschnitt. — 719 Vnderweysung[II 334], C iiiij v°, Z. 1: Die alten haben angetzeigt / das man dreyerley schnydt durch ein kegel mag thun. — 720 Vgl. daselbst S. 198[II 585]. — 721 P. PIUR, *Sprachliche Würdigung Chr. v. Wolffs*[II 274], S. 39. — 722 ARCHIMEDES, ed. HEIBERG[I 7], 1^2, S. 27, Z. 4—5 u. ö. — 723 Daselbst 2^2, S. 206, Z. 8, vgl. S. 207, Anm. 1 (ed. TORELLIUS, *ἁ ἀρχά διάμετρος*). — 724 Daselbst 2^2, S. 266, Z. 7; vgl. T. KIERBOE, Bibl. math. 14_3, 1914, S. 35.

haupt nicht, da er ihn sich immer nur innerhalb einer Kurve vorstellen konnte. Erst APOLLONIOS stellte die allgemeinere Definition des Durchmessers, die bis zur Gegenwart blieb, auf und bezeichnete demgemäß diejenigen Geraden als Durchmesser, die eine Schar paralleler Sehnen halbieren.[725] Daß es solche Geraden überhaupt gibt, wußte freilich schon ARCHIMEDES, wahrscheinlich bereits EUKLID;[678] aber sie hatten deren Sonderstellung noch nicht beachtet. Daß APOLLONIOS die Richtungen zweier konjugierter Durchmesser zu einer Art Koordinatenbestimmung der Kurvenpunkte ausnutzte, haben wir an früherer Stelle (S. 93—94) erörtert. Der hierbei als Hauptrichtung auftretende Durchmesser führte den besonderen Namen *πλευρὰ πλαγία* (*latus transversum*).[726]

Den Namen Mittelpunkt (*τὸ κέντρον*) kannte ARCHIMEDES, abgesehen vom Kreise, nur für die Ellipse. Er wußte, daß alle durch ihn hindurchgehenden Sehnen halbiert werden;[727] die kürzeste dieser Sehnen ist eben *ἁ ἐλάσσων διάμετρος*. Für die Hyperbel wird derselbe Begriff erst durch APOLLONIOS eingeführt.[728]

Das Wort Scheitel (*κορυφή*) geht auf ARCHIMEDES zurück,[729] der damit den Endpunkt eines Durchmessers bezeichnet. Da er immer nur ein Kegelschnittsegment betrachtet, faßt er noch nicht den anderen Durchmesserendpunkt, der außerhalb des Segments liegt, als Scheitel auf. Erst in neuerer Zeit nennt man die beiden Endpunkte der Hauptachsen an der Ellipse oder Hyperbel im besonderen die „Scheitel der Kurve".[730]

An einer Stelle benutzte ARCHIMEDES auch gelegentlich das Wort *συζυγής* für konjugierte Durchmesser, aber er meinte damit nur zwei senkrechte Durchmesser.[731] Wahrscheinlich begann dies Wort schon zu seiner Zeit einen erweiterten Sinn zu erhalten und ein Fachausdruck für solche Geraden zu werden, von denen jede die zur andern parallelen Sehnen halbiert. Der Begriff Durchmesser war zunächst hiermit noch nicht verbunden; die Zusammenstellung

725 APOLLONIUS, *Conica*, I, def. 4; ed. HEIBERG[659], 1, S. 6, Z. 23—26. — 726 Daselbst, ed. HEIBERG, 1, S. 46, Z. 27; S. 52, Z. 18. — 727 ARCHIMEDES, *Περὶ κων. καὶ σφ.* 14; ed. HEIBERG, 1^2, S. 318, Z. 13; vgl. S. 319, Anm. 1. — 728 APOLLONIUS, *Conica* I, ed. HEIBERG 1, S. 66, Z. 16—22. — 729 ARCHIMEDES, *Περὶ σφαιρ. κ. κυλ.*, ed. HEIBERG, 1^2, S. 6, Z. 21 und öfter, *Περὶ κων.* Vgl. T. KIERBOE, Bibl. math. 14_3, 1914, S. 34. — 730 T. KIERBOE, Bibl. math. 14_3, 1914, S. 37. — 731 ARCHIMEDES, *Περὶ κων. κ. σφ.* 8; ed. HEIBERG, 1^2, S. 292, Z. 5.

συζυγεῖς διάμετροι erhielt erst durch Apollonios Bürgerrecht.[732] Für die senkrechten konjugierten Durchmesser wurde von nun ab ausschließlich *ἄξονες* üblich.[733] In seiner Archimedesübersetzung gibt F. Commandinus (1508) *διάμετρος συζυγής* mit *diametrus conjuncta* wieder,[734] in der Apolloniosübersetzung verwendet er aber *conjugata*.[735] Dadurch, daß Wallis (1655)[736] das letztere Wort annahm, wurde es zu dem heute üblichen Fachwort. Jan de Witt (1625—1672, holländischer Staatsmann) schloß sich 1658 in den *Elementa curvarum linearum* sofort an Wallis an.[737]

Das Wort *ἀσύμπτωτος* (Asymptote) kommt schon bei Autolykos (um 320 v. Chr.) vor,[738] hat aber hier noch nicht den Wert eines Terminus technicus. Als solcher kann es auch nicht bei Menaichmos und Aristaios Anerkennung gefunden haben, obgleich ihnen die Asymptoten bei der Hyperbel bekannt waren; denn Archimedes bediente sich noch der umständlichen Umschreibung *αἱ ἔγγιστα εὐθεῖαι τᾶς τοῦ ἀμβλυγωνίου κώνου* (die der Hyperbel am nächsten liegenden Geraden).[739] Erst Apollonios machte aus *ἀσύμπτωτοι* einen Fachausdruck.[740] Asymptoten kannten übrigens die Alten auch bei anderen, höheren Kurven, so bei der Konchoide des Nikomedes.[741] Das Wort ging unverändert in die deutsche Sprache ein.[742]

Die Konstante l in den Gleichungen 1—3 (S. 134), deren Hälfte wir jetzt Parameter nennen, trug Apollonios als Strecke auf einem Lote ab, das in dem einen Eckpunkte des als Abszissenachse angenommenen Durchmessers, und zwar im Nullpunkt, senkrecht zur Kegelschnittebene errichtet wurde. Hierdurch erklärt sich die Bezeichnung *πλευρὰ ὀρθία*[743] (*latus rectum*, eigentlich *erectum*). Über das Wort Parameter vgl. S. 119.

Die Brennpunkte kannte Apollonios allein an der Ellipse und der vollständigen Hyperbel, und auch hier immer nur, wenn

732 Apollonius, *Conica* I, ed. Heiberg, 1, S. 8, Z. 11—13. — 733 Daselbst S. 8, Z. 14—20. — 734 *Archimedis opera nonnulla*, Venet. 1508, S. 32, Z. 30. — 735 *Apollonii Pergaei conicorum libri quattuor* . . ., Bononiae 1556, Bl. 6 v⁰, Def. 17. — 736 *De sectionibus conicis* 1655[II 332], prop. XXIX; *Opera* 1[II 430], S. 330 unten. — 737 Anhang in Schootens Ausgabe der *Geometrie* des Descartes, Lugd. 1659[II 62], S. 208. — 738 Autolycus, *De sphaera*, ed. Hultsch[IV 478], S. 30, Z. 8 u. ö. — 739 Archimedes, *Περὶ κων. κ. σφ.*, ed. Heiberg[I 7], 1^2, S. 248, Z. 21; S. 248, Z. 25 u. S. 250, Z. 5; kurz *αἱ ἔγγιστα*, 1_1, S. 248, Z. 27; S. 388, Z. 23. — 740 *Conica*, II, prop. 2, ed. Heiberg[659], 1, S. 194, Z. 15. — 741 Proclus, ed. Friedlein[IV 5], S. 177, Z. 16. — 742 Vgl. von Wolffs *Math. Lexicon*, 1716[163], S. 213. — 743 *Conica* I, prop. 11, ed. Heiberg[659], 1, S. 42, Z. 3, ferner S. 46, Z. 27; S. 52, Z. 18.

sie paarweise auftreten. Unklar ist der von ihm gewählte Name *τὰ ἐκ τῆς παραβολῆς γενόμενα σημεῖα*[744] (*puncta ex comparatione*), sehr umständlich die von ihm angegebene Konstruktionsmethode: In den Endpunkten der großen Achse werden Lote errichtet, die auf einer beliebigen Tangente eine bestimmte Strecke begrenzen; der Kreis, der über dieser Strecke als Durchmesser errichtet werden kann, schneidet alsdann die große Achse in den Brennpunkten. Den Brennpunkt einer Parabel kennt APOLLONIOS nicht, wenigstens findet sich in den *Κωνικά* nirgends dessen Erwähnung; möglich, daß in einer verloren gegangenen Schrift *Περὶ τοῦ πυρίου* (Über den Brennspiegel)[745] etwas von diesem nicht paarweise auftretenden Punkt gesagt ist. Erwähnt wird der Parabelbrennpunkt zum erstenmal bei PAPPOS (um 295 n. Chr.).[746] Ob die optische Eigenschaft des Parabelbrennpunktes im Altertum bekannt gewesen ist, läßt sich nicht nachweisen; ihre Kenntnis erscheint in der erhaltenen Literatur nicht vor dem sechsten Jahrhundert n. Chr. Aus dieser Zeit ist ein Fragment eines Byzantiners ANTHEMIOS (bei der Erbauung der Sophienkirche tätig) erhalten, in dem diese Eigenschaft behandelt und geometrisch abgeleitet wird.[747] Auch in dem sogenannten *Fragmentum Bobiense*, das für älter gehalten wird als das des ANTHEMIOS, ist der Hauptsatz vom Parabelbrennpunkt erwähnt.[748] IBN ALHAIṬAM († 1039) stellt ihn an die Spitze seiner Schrift über parabolische Hohlspiegel und gibt zwei Beweise. Seine Darstellung stützt sich auf griechische Quellen.[749] Übersetzungen dieser Abhandlung brachten erst dem Abendland Kenntnis des Parabelbrennpunktes; Hinweise auf ihn gaben J. PECKHAM (1228—1291, Canterbury),[750] CARDANO (1560),[751] REGIOMONTAN (1471)[752] und dessen geistiger Erbe, der Nürnberger Pfarrer JOHANNES WERNER (1468 bis 1528).[753]

744 *Conica*, III, 45; ed. HEIBERG[659], 1, S. 424, Z. 11. — 745 CHR. BELGER, Hermes, Berlin 1881, Bd. 16, S. 272. — 746 PAPPUS, *Συναγωγή*, VII, § 318, prop. 238; ed. HULTSCH[18], 2, S. 1012, Z. 24 bis S. 1014, Z. 24, ohne besonderen Namen. — 747 Vgl. HEIBERG, Z. Math. Phys., 28, 1888, Hist.-lit. Abt. S. 121. — 748 Daselbst S. 122. — 749 J. L. HEIBERG u E. WIEDEMANN, Bibl. math. 10_3, 1909—1910, S. 206, 271—72, 280 f. — 750 In einer Schrift *Perspectiva communis* (lib. II, prop. 54). Vgl. A. G. KÄSTNER, *Geschichte d. Math.* 2, Göttingen 1797, S. 264—274; HEIBERG und WIEDEMANN, Bibl. math. 10, 1909—1910, S. 237. — 751 *De subtilitate*[IV 1242], Basileae 1560, lib. 4, S. 295. — 752 Brief vom 4. VII. 1471. Vgl. M. CURTZE, Abh. Gesch. Math. 12, 1902, S. 335. — 753 KÄSTNER, *Geschichte der Mathematik*, 2, Göttingen 1797, S. 56.

Bei KEPLER (1571—1630) erscheint zum erstenmal (1609) die Benennung *focus*,[754] die dann bei DESCARTES (1628—29) schon ganz gebräuchlich ist.[755] GREGORIUS A ST. VINCENTIO (1647)[756] benutzte daneben auch noch *polus*. Andere nannten die Brennpunkte *nombrils* (*umbilici*,[757] Nabelpunkte). DESARGUES (1593—1662) sagte (1639) *points brûlants* oder auch *foyers*.[758] Über das Wort Brennpunkt vgl. S. 143.

Die stereometrische Konstruktion der Brennpunkte eines beliebigen Kegelschnittes durch zwei Kugeln, die dem Rotationskegel eingeschrieben sind und die Schnittebene berühren, ist erst in der neuesten Zeit (1822) angegeben worden und zwar von dem belgischen Mathematiker DANDELIN,[759] der durch einen Satz von A. QUETELET angeregt war.

Die Leitlinie (*directrix*) eines Kegelschnittes wurde von PAPPOS drittes Jahrh. n. Chr.) im Zusammenhang mit den Brennpunkten eingeführt, indem er die bekannte Definition der Kegelschnitte aufstellte, nach der die Abstände ihrer Punkte von einem gegebenen Punkte (dem Brennpunkt) und einer gegebenen Geraden (eben der Leitlinie) in einem konstanten Verhältnis stehen.[760] Der Name Directrix für diese Gerade stammt von JOHANNES DE WITT (1625 bis 1672, holl. Staatsmann), der ihn in seinen *Elementa curvarum linearum* 1658 benutzte;[761] ihn übernahm DE LA HIRE (1640—1718, Paris) in seinen *Sectiones conicae* (1685).[762]

Die Bezeichnung Exzentrizität geht auf KEPLER zurück, der damit das Verhältnis des Abstandes der beiden Brennpunkte zur großen Achse bezeichnete.[763] Er verwendete den Ausdruck zum erstenmal bei Betrachtung der Kegelschnitte in Polargleichungsform.[764]

---

754 *Ad Vitellionem paralipomena*[458], cap. IV, 4. *De coni sectionibus; Opera Kepleri*, 2[I 171], S. 186, Z. 30—31. — 755 *Œuvres de Descartes*, éd. ADAM et TANNERY, 10[II 69], S. 344 XI, Z. 8 f. — 756 *Opus geometricum*[II 1134], S. 243. — 757 So im *Mundus mathematicus* von DECHALES[III 376] (1674 und 1690), nach CANTOR, 3[1], S. 17. — 758 *Brouillon project*[715], éd. POUDRA, Paris 1864, S. 210. — 759 Nouv. mém. de Bruxelles, 2, 1822, S. 171—172, Nr. I, *Détermination des foyers dans une section conique.* Vgl. dazu CHASLES-SOHNCKE[IV 683], Note IV, bes. S. 289. — 760 PAPPUS, *Συναγωγή*[18], lib. VII, § 318, prop. 238, ed. HULTSCH, 2, S. 1012—1014: Beweis nur für die Parabel. — 761 Lib. I, cap. I, def. II; DESCARTES, *Geometria*, Ausgabe von SCHOOTEN, 1659[II 62], II, S. 159. — 762 DE LA HIRE, *Sectiones conicae*[IV 839], lib. II, def. XI, S. 15. — 763 *Epitome Astronomiae*, Frankfurt 1621, lib. V, pars 2. *Ges. Werke*, ed. FRISCH, 6, S. 417, Z. 3. 764 Vgl. R. BALTZER, *Analytische Geometrie*, Leipzig 1882, S. 118.

Polarentheorie.

Die Haupteigenschaften der Polare eines Kegelschnittes kannte bereits APOLLONIOS VON PERGE (um 265—170 v. Chr.; Alexandria, Pergamon, Ephesos); er zeigte,[765] daß, wenn Geraden, die durch einen Punkt P gehen, einen Kegelschnitt in den Punkten A_1, A_2; B_1, B_2; C_1, C_2 ... schneiden und auf jeder der zu P gehörende harmonische Punkt A, B, C ... konstruiert wird, dann diese Punkte A, B, C ... auf einer Geraden liegen. Er benutzte diesen Satz zu einer Tangentenkonstruktion.[766] PAPPOS (Ende des dritten Jahrhunderts n. Chr.) teilt uns den Sonderfall für den Kreis mit.[767]

Erst über ein Jahrtausend später wurde das Problem wieder angefaßt. DESARGUES (1593—1662; Paris, Lyon)[768] gelangte auf allgemeinem Wege mit Hilfe des Involutionssatzes zu den Polaren, die er *traversales* nennt. Er leitet besonders ab,[769] daß der Schnittpunkt der Diagonalen im eingeschriebenen Viereck und die Schnittpunkte je zweier Gegenseiten ein Poldreieck, wie wir jetzt sagen, bilden, so daß jede Ecke der Pol zu der Verbindungslinie der beiden anderen ist, und weiß ferner, daß die Schnittpunkte einer Polaren mit einem Kegelschnitt die Berührungspunkte der durch den Pol gehenden Tangenten sind[770] (vgl. Bd. IV, S. 117). DE LA HIRE (1640—1718) geht in seinen *Sectiones conicae* (1685) vom Kreis aus,[771] in einem Beweisgang, der dem des PAPPOS ähnelt, und überträgt dann die gewonnenen Resultate durch Projektion auf allgemeine Kegelschnitte.[772] Zum erstenmal seit dem Altertum wird dabei die Lehre von den Brennpunktseigenschaften fortgeführt; DE LA HIRE erkennt nämlich, daß die Direktrix die Polare des Brennpunktes ist.[773] Nicht ganz so ausführlich sind die Herleitungen, die DE LA HIRE in der *Nouvelle méthode en géométrie* 1673[774] gegeben hatte.

Wiederum allgemeiner geht G. MONGE (1746—1818) 1799 und 1801 vor,[775] indem er die Polarentheorie auf Sätze über Oberflächen

[765] *Conica*, Buch III, prop. 37, ed. HEIBERG[659], 1, S. 402; vgl. H. G. ZEUTHEN, *Die Lehre von den Kegelschnitten*[III 195], S. 119. — [766] Vgl. *Con.* I, 34; ed. HEIBERG 1, S. 100. — [767] VII, 222, prop. 154, ed. HULTSCH[14], II, S. 904, Z. 1 f. — [768] *Brouillon proiect*[715], *Œuvres de Desargues*[II 328], 1, S. 162 f., 263 f. — [769] Daselbst S. 186 f. — [770] Für den Kreis schon 1647 bei GREGORIUS A ST. VINCENTIO; vgl. Bd. IV, S. 180. — [771] Lib. I[IV 839], pars III, prop. 21 f., S. 9 f. — [772] Lib. II, prop. 6 f., S. 20 f. — [773] Lib. VIII, prop. 23, S. 189. — [774] *Nouvelle méthode en géométrie pour les sections des superficies coniques et cylindriques*, Paris 1673. — [775] *Géométrie descriptive*, Paris 1799. *Feuilles d'analyse*[550], 1801.

zweiter Ordnung stützt. Die Namen Pol und Polare, die SERVOIS 1810 und GERGONNE 1813 (vgl. Bd. IV, S. 180) einführten, wurden nicht sogleich in Übung genommen; LAMÉ z. B. benutzte sie 1818 noch nicht.[776]

Auf Grund der Erkenntnis, daß die Polare ein Strahlenbüschel beschreibt, wenn ihr Pol auf einer Geraden entlang läuft (DE LA HIRE, 1685),[777] wird weiter untersucht, welche Kurve die Polaren umhüllen, deren Pol auf einer gegebenen Kurve geführt wird. Einige Sonderfälle dieser Art hatte DE L'HOSPITAL 1707[778] behandelt; das allgemeine Problem greift PONCELET 1817 an.[779]

Der Satz vom eingeschriebenen und umgeschriebenen Vierseit findet sich zuerst bei R. SIMSON (1735),[780] die vollständige Figur mit allen drei Diagonalen bei MACLAURIN (1748).[781] CARNOT (1803)[782] leitete ihn aus dem PASCALschen Sechsecksatz (vgl. Bd. IV, S. 173 bis 174) durch Verschwindenlassen einzelner Seiten ab. Beweise wurden danach noch in großer Anzahl gegeben.

Der Satz, daß die Verbindungslinien der Ecken eines Dreiecks mit den gegenüberliegenden Berührungspunkten eines dem Dreieck eingeschriebenen Kegelschnittes durch einen Punkt gehen, wurde zuerst von MACLAURIN 1748[783] ausgesprochen und von CARNOT bewiesen.[784]

Die Gleichung der Polaren eines Kegelschnittes gab zuerst GERGONNE 1812.[785]

Die Parabel.

Von MENAICHMOS, ARCHIMEDES und auch von APOLLONIOS wird die Parabel durch eine Flächenbeziehung definiert, die unserer Gleichung $y^2 = 2px$ durchaus entspricht (vgl. S. 134 f.). In der Zeit zwischen MENAICHMOS und ARCHIMEDES entdeckte man die stereometrische Entstehung der Parabel am rechtwinkligen Kegel als Schnitt, der senkrecht zur Seitenkante verläuft. Erst APOLLONIOS zeigte, daß man die Parabel auch an jedem anderen Kegel durch Schnitte parallel zur Kante erhalten könne. Bei APOLLONIOS findet

776 *Examen*[IV 971], 1818. — 777 *Sectiones conicae*[IV 839], I, 26, 28; II, 23—27, 30; analytisch durch PUISSANT 1801, *Recueil*[IV 1145], § 41, S. 56 ff. — 778 *Sections coniques*[IV 1336], Nr. 363. S. 275. — 779 Ann. math. p. appl. 9, 1817—18, S. 209 f.; *Applications d'analyse et de géométrie* (I, Paris 1862), II, Paris 1864, S. 483 f. — 780 *Sectionum conicarum libri V*[IV 1338], S. 195 f. — 781 *Appendix zur Algebra*[II 434], S. 31, Fig. 24. — 782 *Géométrie de position*[IV 279], Th. 48, S. 454. — 783 *Appendix zur Algebra*[II 434], S. 33, Fig. 25. — 784 *Géométrie de position*[IV 279], § 236, S. 293; § 399, Th. 46, S. 453. — 785 Ann. math. p. appl. 3, 1812—1813, S. 296.

man auch die erste Spur der neueren Erzeugungsart, nach der die Parabel durch eine Schar einhüllender Geraden, die an der erzeugten Kurve Tangenten sind, gebildet wird.[786] Pappos[760] erklärte die Parabel auch als die Kurve, deren Punkte von einem gegebenen Punkt und von einer gegebenen Geraden gleich weit entfernt sind.

Die Hauptachsengleichung $y^2 = 2px$ stellt Fermat (vgl. S. 107) zuerst auf. In der analytischen Geometrie wird vielfach von der Definition des Pappos ausgegangen, so in dem Lehrbuch von Lacroix (1799),[787] das die erste methodische Behandlung der analytischen Geometrie bringt. Das Tangentenproblem ist oft behandelt worden (vgl. S. 110 f.); die besondere Tangentengleichungsform:

$$y - y_1 = \frac{p}{y_1}(x - x_1)$$

lehrt erst Biot 1802;[788] er hat sie auch in der vereinfachten Gestalt:

$$y y_1 = p(x + x_1).$$

Von den Tangenteneigenschaften der Parabel setzte Archimedes einige schon als bekannt voraus; vielleicht waren sie in den verloren gegangenen Kegelschnittelementen Euklids (vgl. S. 131) bereits enthalten. So machte Archimedes ohne weiteren Beweis davon Gebrauch, daß die durch den Halbierungspunkt einer Sehne zur Achse gezogene Parallele alle anderen parallelen Sehnen halbiert und die Parabel im Berührungspunkt derjenigen Tangente trifft, die ebenfalls der Sehnenschar parallel ist,[789] ferner, daß auf der Geraden, die durch den Schnittpunkt zweier Tangenten parallel zur Achse gezogen wird, die Strecken zwischen dem Schnittpunkt und der Parabel einerseits und der Parabel und der Berührungssehne anderseits gleich lang sind.[790] Diese Sätze werden gewiß schon in sehr früher Zeit zu Tangentenkonstruktionen geführt haben.

Von den Normalen weiß Apollonios, daß sie die kürzesten Linien sind, die von einem Punkte außerhalb zur Kurve gezogen werden können (*Conica* V). Bei diesem Nachweis entdeckte er die Konstanz der Subnormalen.

---

786 Apollonius, *Conica*, lib. III, 41, ed. Heiberg[659], 1, S. 412—416. — 787 *Cours d. math.* IV, *Traité etc.*[527], 1. Aufl. 1798, § 118, S. 161; 2. Aufl. 1799, § 124. — 788 *Essai*[V 264], Ausgabe 1805, § 166. — 789 Archimedes, *Περὶ κων κ. σφ.* 3, ed. Heiberg, 1[217], S. 272, Z. 19 ff. Apollonius, *Conica*, I, 46, ed. Heiberg[659], 1, S. 140. — 790 Archimedes, *Τετραγ. παραβ.*, prop. 2, ed. Heiberg, 2[217], S. 266, Z. 13 ff., Apollonius, I, 33, 35, S. 98, 104[659].

Daß ein Brennstrahl und die in seinem Kurvenpunkt zur Achse gezogene Parallele mit der Normalen bzw. der Tangente gleiche Winkel bilden, scheint im Altertum nicht bekannt gewesen zu sein. Die älteste Überlieferung geht auf den Byzantiner ANTHEMIOS (sechstes Jahrh. n. Chr.) zurück (vgl. S. 146).[747]

Die Quadratur eines Parabelsegmentes fand zuerst ARCHIMEDES.[683] Er bewies, daß es gleich vier Drittel eines Dreiecks von gleicher Grundlinie und Höhe ist (vgl. S. 133); danach rechnete auch HERON (um 100 n. Chr.) in seiner Vermessungslehre.[791]

KEPLER hatte die Parabel als Übergangsform zwischen Ellipse und Hyperbel erkannt;[792] er schreibt ihr geradezu einen zweiten, unendlich fernen oder blinden Brennpunkt zu;[793] von unendlich fernen Elementen der Parabel spricht auch GREGORIUS A ST. VINCENTIO (1647).[794] EULER läßt die Hauptachse der Ellipse unendlich groß werden,[795] um eine Parabel zu erhalten. Die unendlich ferne Gerade erkennt PONCELET (1822) als Tangente der Parabel.[796]

Daß die Parabel die Wurflinie ist, wußte weder das Altertum noch das Mittelalter bis zur Mitte des siebzehnten Jahrhunderts. TARTAGLIA hatte zwar 1537 versucht,[797] eine Lehre des Wurfes theoretisch zu entwickeln; doch beschränkten sich seine Ergebnisse über die Bahn des Wurfes auf die Angabe, daß die Wurflinie in jedem Punkte gekrümmt sei, während man bis dahin geglaubt hatte, daß sie wenigstens am Anfang und am Ende einen geradlinigen Verlauf nähme; ferner hatte TARTAGLIA beobachtet, daß sie bei einem Anfangswinkel von 45° die größte Höhe erreicht. Erst GALILEI (1564—1642, Padua, Florenz) blieb die Lösung des Problems vorbehalten (1638);[798] aus den Fallgesetzen vermochte er nachzuweisen, daß, wenn vom Luftwiderstand abgesehen wird, die Bahn eine Parabel darstellt, und er konnte nun, unter Zugrundelegung der bekannten Parabeleigenschaften, die üblichen Aufgaben über Wurfhöhe und Wurfweite behandeln. Die Entdeckung GALILEIS

791 HERON, *Opera* 3, ed. SCHÖNE[I 205], S. 80. — 792 *In Vitellionem paralipomena* IV, 4[458]. *Opera Kepleri*, ed. FRISCH[I 171], 2, 1859, S. 186. — 793 Daselbst Z. 37f. — 794 Vgl. K. BOPP, *Die Kegelschnitte des Gregorius a St. Vincentio*, Leipzig 1907, S. 234. — 795 *Introductio*[I 167], II, § 149. — 796 *Traité des propriétés projectives des figures*[IV 373], § 132, S. 65, Z. 32. — 797 *Della nova scientia*, abgedruckt in den *Opera del famosissimo Nicolo Tartaglia*, Venedig 1606[III 821]; dritte Abhandlung. Vgl. R. WOLF, *Handbuch der Astronomie*, 1[I 163], S. 268. — 798 *Discorsi e dimostrazioni matematiche intorno a due nuove scienze*, Leiden 1638, viertes Gespräch; vgl. E. WOHLWILL, Abh. Gesch. Math. 9, 1899, S. 579 ff.

hatte schon 1632 sein Schüler CAVALIERI unter Hinweis auf ihn, allerdings ohne seine Genehmigung, veröffentlicht.[799]

Eine Fadenkonstruktion der Parabel, die die beistehende Abbildung (*A*, *B* feste Punkte, *C* beweglicher Farbstift) erläutert, wird von FRANCISCUS VAN SCHOOTEN in einer Abhandlung *De organica conicarum sectionum in plano descriptione tractatus* (1646) auseinandergesetzt;[800] ohne Zuhilfenahme eines beweglichen Rechtecks, wodurch sie weniger zuverlässig wird, hatte sie KEPLER schon 1604 beschrieben.[801] J. H. LAMBERT zeigt 1787 eine Umhüllungskonstruktion, indem er den Scheitelpunkt eines festen Winkels auf einer Geraden entlang und gleichzeitig den einen Schenkel durch einen festen Punkt führt. Der andere Schenkel bildet dann die Tangenten der Parabel.[802]

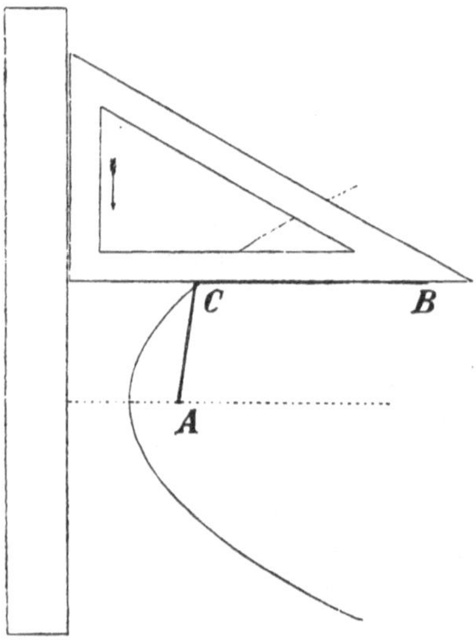

Fig. 4.

Die Ellipse.

Wenn wir auch nur von der Parabel und Hyperbel genau wissen, daß sie um die Mitte des vierten Jahrhunderts vor Chr. (MENAICHMOS, vgl. S. 130) den griechischen Mathematikern bekannt waren, so liegt doch auf der Hand, daß dasselbe, von vornherein vielleicht mit noch größerem Rechte, auch von der Ellipse behauptet werden kann. Bei den griechischen Bauten, zu denen die runde Säule sehr häufig Verwendung fand, müssen den Technikern sich jene länglich geschlossenen Kurven an schrägen Schnitten schon in recht früher Zeit bemerkbar gemacht haben. Vielleicht hatte man für sie in dem schon einmal erwähnten ϑυρεός (vgl. S. 132) einen Fachausdruck gehabt.

799 H. G. ZEUTHEN, *Gesch. d. Math. im 16. u. 17. Jahrh.*, 1903 II 871, S. 10. — 800 Lugd. Bat. 1646, caput XIV, S. 78—79. — 801 *In Vitellionem paralipomena* 1604; *Opera Kepleri*, ed. FRISCH I 171, 2, S. 188. — 802 *Lamberts deutscher gelehrter Briefwechsel* V, 2, Berlin 1787, S. 326—327. Vgl. E. KOETTER, *Die Entwicklung der synthetischen Geometrie*, 1901 IV 1385, S. 56.

Die älteste Literaturstelle, die von der Ellipse spricht, ist jene Bemerkung EUKLIDS in den *Φαινόμενα*[676] (vgl. S. 132), daß man die Ellipse durch einen schrägen Schnitt eines geraden Kreiskegels oder Zylinders erhalten könne. Von späteren Berichterstattern erfahren wir, daß seit ARISTAIOS die Bezeichnung Schnitt eines spitzwinkligen Kegels (vgl. S. 129, 135f.) üblich gewesen war. Daß die Neigung des Schnittes an einem beliebigen Kegel eine gewisse Grenze nicht überschreiten darf, ist weder in den Schriften des EUKLID noch in denen des ARCHIMEDES irgendwo erwähnt. Die genauere Bestimmung erfolgte erst durch APOLLONIOS.

Die Definition der Ellipse beruhte bei ARCHIMEDES auf dem Flächensatze[678] (vgl. S. 132):

$$\frac{\overline{PQ}^2}{A_1Q\cdot QA} = \frac{\overline{P_1Q_1}^2}{A_1Q_1\cdot Q_1A} = \frac{\overline{MB}^2}{\overline{MA}^2};$$

bei APOLLONIOS tritt dafür eine andere Beziehung ein, die ihrem Inhalt nach mit der modernen Scheitelgleichung übereinstimmt:[457]

$$\overline{PQ}^2 = AR\cdot AQ - AQ\,\frac{AQ\cdot AR}{AA_1}\quad \text{(vgl. S. 134, Nr. 2 und S. 136, Nr. 5)},$$

wo AR (der doppelte Parameter) eine konstante Strecke ist, die mit dem Durchmesser AA_1 und BB_1 durch die Beziehung:

$$AA_1\cdot AR = \overline{BB_1}^2$$

verbunden ist.

PAPPOS[760] kannte die Ellipse als Ort der Punkte, deren Abstände von einem Brennpunkt und der Direktrix in einem konstanten Verhältnis, das kleiner als Eins ist, stehen (vgl. S. 147).

Die Hauptachsengleichung der Ellipse kennt FERMAT, wenn er sagt, daß $(a^2 - x^2)$ proportional dem y^2 sein müsse, damit die entstehende unbestimmte Gleichung mit zwei Unbekannten Punkte einer Ellipse liefern (vgl. S. 106 f.). Die bei den einzelnen Schriftstellern übliche Normalform (vgl. S. 108f.) erkennt man aus den folgenden Beispielen:

1. DE WITT (1659):[803]

$$\frac{lyy}{g} = ff - xx;$$

803 DESCARTES, *Geometria* 1659[II 62], II, S. 279.

2. GUISNÉE (1705):[804]

$$aa - xx = \frac{aayy}{bb} \text{ (Mittelpunktsgleichung);}$$

$$2ax - xx = \frac{aayy}{bb} \text{ (Scheitelgleichung);}$$

3. EULER (1748):[805]

$$yy = \frac{bb}{aa}(aa - xx);$$

4. RICCATI und SALADINI (1765):[806]

$$y = \pm \frac{c}{b}\sqrt{b^2 - x^2};$$

5. SCHENMARK (1779):[807]

$$y^2 = b^2 - \frac{b^2 x^2}{a^2};$$

6. LACROIX (1798)[808] und dann fast ständig:

$$a^2 y^2 + b^2 x^2 = a^2 b^2.$$

Bei LAMÉ (1818)[809] scheint erstmalig die Form:

$$\frac{x^2}{a^2} + \frac{y^2}{b^2} = 1$$

bevorzugt zu sein.

Die oben erwähnte Brennpunktseigenschaft $PF_1 + PF = 2a$ gibt APOLLONIOS in Satz 52 des dritten Buches der *Conica*. Die darauf gegründete Fadenkonstruktion hat der Byzantiner ANTHEMIOS (sechstes Jahrhundert n. Chr.) zuerst angegeben.[810] Sie wird von den Arabern verwendet. Nach dem Bericht des ALSIĠZĪ (um 972 n. Chr.) war sie den sogenannten „drei Brüdern" (BANŪ MŪSĀ = Söhne des MUSA), MUḤAMMED, AḤMED und ḤASAN, drei tüchtigen Mathematikern aus der Zeit des sich neigenden zehnten Jahrhunderts, bekannt.[811] Im Mittelalter erscheint sie erst wieder bei GUIDOBALDO DEL MONTE (1545—1607; *Theoria planisphaeriorum* 1579),[812]

804 *Application de l'algèbre à la géométrie*[511], S. 91, 97. — 805 *Introductio*[I 167], 2, § 138. — 806 *Institutiones analyticae*[IV 924], S. 125. — 807 NIELS SCHENMARK, *Analytische Geometrie*. Aus dem Schwedischen, Kopenhagen 1779 (Schwed. Original erst 1785), S. 107. — 808 *Cours d. math.* 4[527], 1. Aufl. 1798, § 112, S. 154. — 809 *Examen*[IV 971], S. 59. — 810 Vgl. T. L. HEATH, Bibl. math. 7_3, 1906—1907, S. 228, Nr. 4. — 811 CANTOR, 1^3, S. 733; vielleicht stammt die Konstruktion sogar erst von ALSIĠZĪ selbst her. Vgl. E. WIEDEMANN, Z. math. nat. Unterricht 50, 1919, S. 178. — 812 W. WEINREICH, Jhrsb. Dtsch. Math.-Ver. 26, 1918, S. 286; für die Hyperbel S. 288.

dem sie STEVIN (1548, Brügge — 1620 Leiden) entlehnt (1634).[813] KEPLER, der sie in den *In Vitellionem paralipomena* 1604,[814] 1616 in der Messekunst[815] ebenfalls beschreibt, scheint selbständig auf sie gekommen zu sein. Auch D. SCHWENTER reiht sie 1636 seiner Sammlung merkwürdiger Aufgaben ein.[816] Die Bezeichnung Gärtnerkonstruktion geht auf DESCARTES (1637) zurück.[817]

Analytisch behandelt zuerst DE WITT (um 1649) die Aufgabe, den Ort eines Punktes zu suchen, für den die Summe, bzw. Differenz

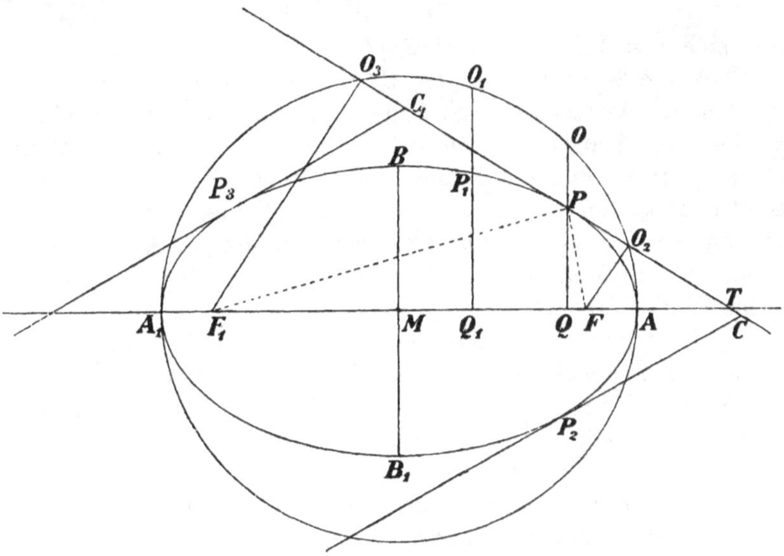

Fig. 5.

der Abstände von zwei gegebenen Punkten konstant ist.[818] In der Neuzeit ist diese Brennstrahleneigenschaft der am meisten beliebte Ausgangspunkt für die Betrachtung der Ellipse geworden. DE LA HIRE (1640—1718, Paris) stellte sie (1679) zum erstenmal als Definition der Ellipse[819] an die Spitze einer Behandlung der Kegel-

813 *Œuvres*[I 235] 1634, 2, S. 348, Livre I de la Géométrie. — 814 IV, 4[458], *Opera Kepleri*[I 171], 2, S. 187. — 815 S. 27, Nr. 31[I 783]. — 816 Mathem. u. philosoph. Erquickstunden[V 649], II, Aufg. 20. — 817 In der *Dioptrique*, Anhang zum *Discours de la méthode* (1637), *Œuvres* 6[II 64], S. 166, Z. 8 f.: *Que i'ay vu aussy quelquefois employer par des jardiniers dans les compartiments de leurs parterres.* Vgl. auch W. WEINREICH, Jhrsb. Dtsch. Math.-Ver. 26, 1918, S. 284—291. — 818 DESCARTES, *Geometria*, ed. SCHOOTEN, 1659[II 62], Anhang S. 291 (Hyperbel), S. 300 (Ellipse). — 819 *Nouveaux élémens*[III 50], S. 36.

schnittlehre (ähnlich bei der Parabel[820] und Hyperbel[821]). LACROIX (1798) benützt sie in seiner analytischen Behandlung.[822] Den Brennstrahlsatz:

$$r = a \pm \frac{e}{a} x$$

lernen wir zuerst bei EULER (1748) kennen;[823] die Beziehung zwischen beiden Strahlen:

$$\frac{1}{r_1^2} + \frac{1}{r_2^2} = \frac{1}{a^2} + \frac{1}{b^2}$$

findet sich erst bei CAUCHY (1826).[824]

Über die Konstruktion der Brennpunkte einer Ellipse, bzw. Hyperbel bei APOLLONIOS vgl. S. 146. Mit ihren Eigenschaften beschäftigt sich APOLLONIOS merkwürdigerweise sehr wenig. Bekannt ist ihm jedoch, daß die Fußpunkte O_2 und O_3 der Lote, die von den Brennpunkten F und F_1 auf eine beliebige Tangente gefällt sind, immer auf dem Halbkreis über der großen Achse liegen,[825] daß ferner die Brennstrahlen FP und F_1P mit der Tangente in P gleiche Winkel bilden.[826]

Die Erzeugung einer Ellipse durch den Endpunkt einer Strecke, von der zwei beliebige, fest gedachte Punkte auf den Schenkeln eines rechten Winkels entlang gleiten, tritt uns zum erstenmal bei PROKLOS (412—485 n. Chr.; Byzanz, Athen) in seinem Kommentar zum ersten Buch EUKLIDS (Elemente I, def. 4) entgegen.[827] Im Anfang der Neuzeit brachte sie der oben genannte GUIDOBALDO DEL MONTE.[828] Eine Erweiterung dieser Konstruktion gab im siebzehnten Jahrhundert FRANZ VAN SCHOOTEN (1615—1660, Prof. in Leiden); er nahm die drei festen Punkte nicht auf einer Geraden an, sondern dachte sie sich als Ecken eines starren Dreiecks und lehrte nun, daß der dritte Eckpunkt eine Ellipse beschreibt,[829] wenn zwei Ecken auf je einem Schenkel eines beliebigen Winkels entlang geführt werden.

Die Lehre von den konjugierten Durchmessern ist zu ARCHIMEDES' Zeit, wenn nicht schon vorher, ausgebildet worden.

820 Daselbst S. 1. — **821** Daselbst S. 95. — **822** *Cours d. math.* 4[527], 1. Aufl., § 112. — **823** *Introductio*[1167], 2, § 128. — **824** *Leçons sur les applications du calcul infinitésimal*, Paris 1826, S. 273, Nr. 155. — **825** APOLLONIUS, *Conica* III, Satz 49 u. 50, ed. HEIBERG[659], 1, S. 430—432. — **826** Daselbst III, Satz 48, ed. HEIBERG, 1, S. 430. — **827** PROCLUS, ed. FRIEDLEIN[IV 5], S. 106, Z. 12—15. — **828** CHASLES-SOHNCKE[IV 683], S. 95. — **829** *Organica conicorum descriptio*, Lugd. Bat. 1646, cap. 3, S. 14 ff.

Die Bezeichnung *διάμετροι συζυγεῖς* stammt erst von Apollonios (vgl. S. 145). Archimedes weiß, daß die Mitten paralleler Sehnen auf einer durch den Mittelpunkt gehenden Geraden liegen, die die Berührungspunkte der beiden ebenfalls parallelen Tangenten verbindet (vgl. S. 132).[830] Hieraus fließen andere Sätze, die Archimedes ebenfalls als bekannt voraussetzt: Zieht man durch die Endpunkte derjenigen der parallelen Sehnen, die durch den Mittelpunkt geht, Parallele zu der eben definierten Mittelpunktsgeraden, so sind dies Tangenten an die Ellipse;[831] die Verbindungslinie der Berührungspunkte zweier paralleler Tangenten geht durch den Mittelpunkt der Ellipse.[832] Eine Ergänzung durch Apollonios ist jedoch der Satz, daß die in den Endpunkten einer dieser parallelen Sehnen konstruierten Tangenten sich auf der konjugierten Mittelpunktsgeraden schneiden.[833]

Von Archimedes war auch schon gefunden worden, daß, wenn eine Ellipse und ein Kreis auf demselben (großen) Durchmesser stehen, dann die auf diesem Durchmesser senkrecht errichteten Halbsehnen in konstantem Verhältnis:

$$QP : PO = Q_1 P_1 : P_1 O_1$$

stehen.[834]

Hierin liegt eine affine Beziehung zwischen Kreis und Ellipse. Sind die Koordinaten eines Kreispunktes x', y', die eines zugeordneten Ellipsenpunktes x, y, so besteht die Beziehung:

$$x = x', \qquad y = \frac{b}{a} y',$$

ein Zusammenhang, auf den man erst wieder bei Ceva (1678) stößt.[835] Die zugehörige bekannte Ellipsenkonstruktion mit zwei Kreisen, die die Radien a und b haben, gibt 1631 Mydorge (1585—1647; Freund von Descartes);[836] sie ist zweifellos älter. Auf die obige Proportion stützt Archimedes auch die Quadratur der Ellipse (vgl. S. 133). Seine Berechnungsvorschrift:

$$J = \pi a b$$

benutzte Heron (um 100 v. Chr.) in seiner Vermessungslehre.[837]

---

830 Archimedes, *Περὶ κων. κ. σφ.* 20, ed. Heiberg[I 7], 1^2, S. 340, Z. 22 ff. — 831 Daselbst 17, S. 330, Z. 16 ff. — 832 Daselbst 16, S. 328, Z. 20 f. — 833 Apollonius, *Conica*, II, 29, ed. Heiberg[659], 1, S. 242. — 834 Archimedes, *Περὶ κων. κ. σφ.* 4, ed. Heiberg[I 7], 1^2, S. 276, Z. 12 ff. — 835 *De lineis rectis*[IV 923], S. 35 unten u. folg. — 836 *Claudii Mydorgii prodromi catoptricorum et dioptricorum etc.*, Paris 1631, prop. 38, S. 110. — 837 Heron (*Μετρικά*, I, 34, *Opera*, 3, ed. Schöne[I 205], S. 82) rechnet das Beispiel $2a = 16$, $2b = 12$ nach $\frac{11}{14}(2a)(2b)$. —

Ein Näherungswert für die Berechnung des Ellipseninhalts:

$$J = \left(\frac{a+b}{2}\right)^2 \pi,$$

die in Schriften des zwölften Jahrhunderts auftaucht (SAVASORDA, *Liber embadorum*, **1116** von PLATO VON TIVOLI übersetzt),[838] erinnert stark an ägyptisch-griechische Methoden (vgl. Bd. IV, S. 127—128). Auch der indische Mathematiker MAHĀVĪRA (neuntes Jahrhundert) kennt solche ungenaue Regeln für Inhalt und Umfang.[839]

Die Tangente in einem Punkt P der Ellipse (Hyperbel) ist bei APOLLONIOS durch die Eigenschaft charakterisiert, daß der Fußpunkt Q des von P auf die große Achse gefällten Lotes und der Durchschnittspunkt T der Tangente auf dieser Achse mit den Scheitelpunkten A und A_1 eine harmonische Punktgruppe bilden.[840] Zwei parallele Tangenten, z. B. in P_2 und P_3, schneiden — wieder nach APOLLONIOS, III, 42 — jede andere Tangente (z. B. in P) so, daß das Produkt:

$$P_2 C \cdot P_3 C_1$$

gleich dem Quadrat desjenigen halben Durchmessers ist, der den beiden festen Tangenten parallel läuft. Dasselbe gilt für die Hyperbel. Mehr als zweifelhaft ist, ob APOLLONIOS die tiefere Bedeutung dieses Satzes erkannt hat, in dem die Entstehungsart einer Ellipse aus einer Schar einhüllender Geraden CC_1, die der Bedingung:

$$P_2 C \cdot P_3 C_1 = \text{const.}$$

genügen, verborgen liegt.

Die Geschichte der besonderen Gleichung der Ellipsentangente ist dieselbe wie bei der Parabel. Erst BIOT (1802)[841] hat beide Formen:

$$y - y_1 = -\frac{b^2}{a^2}(x - x_1)$$

und

$$\frac{x x_1}{a^2} + \frac{y y_1}{b^2} = 1\,.$$

Auf die Gedächtnisregel für diese Form (vgl. Kreis, S. 127) macht wiederum erst BOURDON (1825)[842] aufmerksam.

838 M. CURTZE, Bibl. math. 1_3, Leipzig 1900, S. 329. — 839 KAYE, *Indian Mathematics*[195], S. 21, Z. 10. — 840 APOLLONIUS, *Conica* I, 34, bzw. 36; ed. HEIBERG[659], 1, S. 100, bzw. 106. — 841 *Essai*[V 264], éd. 1805, § 126. — 842 *Application*[584], § 284, S. 336.

Das siebente Buch der *Conica* des APOLLONIOS bringt den Satz von der Konstanz des Inhalts desjenigen Parallelogramms, das durch zwei Paar paralleler Tangenten einer Ellipse gebildet wird,[843] ebenso auch den Satz von der konstanten Summe der Quadrate zweier konjugierter Durchmesser.[844]

Die analytische Behandlung der konjugierten Durchmesser für die allgemeinen Kegelschnitte wird in zusammenhängender Darstellung erst durch EULER in der *Introductio* (1748) geleistet.[845] Er geht von der allgemeinen Gleichung zweiten Grades aus, transformiert das Koordinatensystem so, daß nur die quadratischen Glieder übrig bleiben, leitet dann die aus APOLLONIOS' *Conica* soeben erwähnten Sätze ab,[846] zeigt ferner, wie man bei zwei gegebenen konjugierten Durchmessern den zu einem beliebigen andern gehörenden konjugierten Durchmesser finden kann,[847] insbesondere zwei aufeinander senkrechte Durchmesser dieser Art.[848] Für den Elementarunterricht geeigneter ist der von LACROIX (1798) eingeschlagene Weg.[849] Hier wird die in rechtwinkligen Koordinaten angenommene Normalform:

$$1.\qquad a^2 y^2 + b^2 x^2 = a^2 b^2$$

unter Beibehaltung des Anfangspunktes durch

$$2.\qquad \begin{cases} x = m u + p t, \\ y = n u + q t \end{cases}$$

in ein schiefwinkliges System transformiert, dessen Bestimmungsgrößen LACROIX so wählt, daß durch

$$3.\qquad a^2 n q + b^2 m p = 0$$

eine der gegebenen Normalform ähnliche Gleichung:

$$4.\qquad a'^2 t^2 + b'^2 u^2 = a'^2 b'^2$$

entsteht. Die Strecken a', b' ergeben sich dann als konjugierte Durchmesser. Ihr Zusammenhang mit den a, b wird aufgestellt, daraus die Formeln:

$$a^2 - b^2 = a'^2 - b'^2 \text{ [850]} \qquad \text{und} \qquad a b = a' b' \sin \omega, \text{ [851]}$$

wo ω der Winkel zwischen a' und b' ist, abgeleitet. An LACROIX lehnen sich die späteren Autoren eng an (LEFRANÇAIS 1801,[852]

843 *Conica* VII, 31. — 844 Daselbst VII, 30. — 845 *Introductio*[1167], 2, cap. 5, § 111 ff. — 846 § 109, 116. — 847 § 120. — 848 § 125. — 849 *Traité élém. d. trig.*[527], 1. Aufl., § 125 f., S. 168 f. — 850 § 130. — 851 § 131. — 852 *Essais*[580], S. 65.

PUISSANT 1801,[853] BIOT 1805[854] usw.). BIOT gibt zuerst die Bestimmungsgleichung 4. in der Form:

$$4\text{a.} \qquad \operatorname{tg}\alpha \operatorname{tg}\alpha' = -\frac{b^2}{a^2},$$

wo α und α' die Winkel der konjugierten Durchmesser mit der Hauptachse sind.

Die Hyperbel.

Die alten Mathematiker bis APOLLONIOS kannten nur einen Hyperbelast; selbst APOLLONIOS benutzte für den zweiten Hyperbel-

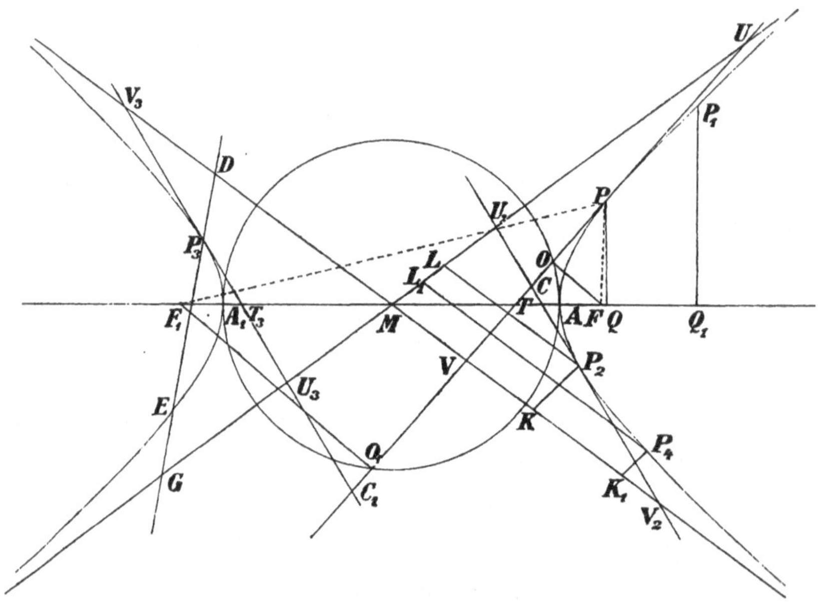

Fig. 6.

ast einen besonderen Namen ἡ τομὴ ἀντικειμένη (Gegenschnitt, *sectio opposita*; J. C. STURM, 1670, Archimedesübersetzung: entgegengesetzte Kegelschnitte[855]). Dem APOLLONIOS ging somit die gemeinsame Auffassung der beiden Zweige als einer einzigen Kurve im allgemeinen noch ab. Aus seiner ganzen Darstellungsart in den *Conica* geht hervor, daß er überhaupt der erste ist, der die Aufmerksamkeit auf den zweiten Ast lenkt. Nachdem er seine Sätze

853 *Recueil*[IV 1145], § 59, S. 99. — 854 *Essai*[V 264], 2. Aufl. 1805, § 137, S. 135 f. — 855 Z. B. S. 204[1423].

für den Kreis, die Ellipse und einen Hyperbelzweig ausgesprochen hat, wird stets ein Satz gleichen Inhalts noch für den Gegenschnitt aufgestellt. Oft gelingt es ihm jedoch auch, alle vier Sätze in einen allgemeinen Kegelschnittsatz zusammenzufassen. Erst bei NEWTON (1642—1727)[856] und STIRLING (1692—1770)[857] wurden mit *hyperbola* beide Zweige zugleich bezeichnet.

Eine sehr große Anzahl der für die Hyperbel gültigen Sätze deckt sich mit solchen für die Ellipse. So ist die vor APOLLONIOS verwertete Definitionsgleichung der Hyperbel ebenfalls durch die Formel:[678]

$$\frac{\overline{PQ}^2}{AQ \cdot A_1 Q} = \frac{\overline{P_1 Q_1}^2}{AQ_1 \cdot A_1 Q_1} \quad \text{(vgl. S. 132, 161)}$$

wiederzugeben, während die in den *Conica* zugrunde gelegte Haupteigenschaft:[457]

$$\overline{PQ}^2 = AR \cdot AQ + AQ \frac{AQ \cdot AR}{AA_1} \quad \text{(vgl. S. 134 Nr. 3, S. 137 Nr. 6)}$$

sich nur durch das Vorzeichen unterscheidet. An die letztere schließt sich die Definition der ἀντικείμεναι an.[858]

Die Definition mit Hilfe der Direktrix und der Brennpunkte rührt von PAPPOS her[760] (vgl. S. 147).

Bei APOLLONIOS findet sich zum erstenmal die Brennpunktseigenschaft $F_1P - FP = AA_1 = \text{const.}$, die heute meistens als Definitionsbeziehung den Ausgang bei den Hyperbeluntersuchungen bildet (zuerst 1679 DE LA HIRE),[821] so in analytischer Herleitung bei LACROIX (1799).[859] Vgl. S. 159 f. Über die Konstruktion der Brennpunkte vgl. S. 156.

Die analytische Form der Hyperbelgleichung ersehe man auf S. 153—154. In DESCARTES' *Géométrie* kommt sie noch nicht vor; sie wird nachgeholt von DEBEAUNE (1638).[860]

Eine Fadenkonstruktion geben GUIDOBALDO DEL MONTE (um 1600)[812] und J. KEPLER (1604).[814]

Wie bei der Ellipse, kennt ARCHIMEDES auch bei der Hyperbel die Sätze von den konjugierten Durchmessern (vgl. S. 156f.).

---

856 *Enumeratio linearum tertii ordinis*, Londini 1704, Nr. 3, 5. *Opuscula*[II 229], 1744, S. 249, 250. — 857 *Lineae tertii ordinis Newtonianae*[523], S. 121, 122. — 858 *Conica* I, 14, ed. HEIBERG[650], 1, S. 52. — 859 *Cours d. math.* 4[527], § 121. — 860 *Notae breves.* Ausgabe der *Geometria* des DESCARTES von SCHOOTEN, 1649[II 62], S. 145.

Durch die Beziehung:

$$x = \frac{a^2}{x'}, \qquad y = \frac{b\,y'}{x'}$$

zwischen einem Hyperbelpunkt (x, y) und einem Punkte des zwischen den Scheiteln über der großen Achse gezeichneten Kreises wird, ähnlich wie bei der Ellipse, eine Kollinearverwandtschaft festgelegt, die man zuerst bei NEWTON (1687) findet.[861]

Die Tangente in einem Hyperbelpunkt (P) wird bei APOLLONIOS durch eine Proportion bestimmt, nach der die beiden Scheitelpunkte, der Fußpunkt der Ordinate Q und der Tangentenschnittpunkt auf der Achse T vier harmonische Punkte sind.[840] Auch die übrigen für die Ellipse angeführten Sätze wurden von APOLLONIOS zugleich für die Hyperbel ausgesprochen, daß nämlich, wenn die Tangenten in P_2 und P_3 parallel sind, die Schnittstrecken mit einer dritten Tangente CC_1 stets das konstante Produkt:

$$P_2C \cdot P_3C_1$$

liefern, daß ferner ein Tangentenparallelogramm eine konstante Fläche besitzt, und schließlich, daß die Differenz der Quadrate zweier konjugierter Durchmesser konstant ist (vgl. S. 159). Zu diesen Übereinstimmungen gehören auch die Brennpunktseigenschaften. Die Fußpunkte der von den Brennpunkten auf irgendeine Tangente gefällten Lote liegen wiederum auf einem Kreise, der die große Achse als Durchmesser hat $(FO \perp OO_1 \perp O_1F_1)$; ebenso bilden auch die Brennstrahlen FP und F_1P mit der Tangente in P gleiche Winkel.

Charakteristisch für die Hyperbel sind die Sätze von den Asymptoten. Die Asymptoten waren wohl schon seit MENAICHMOS (vgl. S. 130) bekannt. Dieser benutzte z. B. die Flächenbeziehung, die wir heute durch $xy = a^2$ ausdrücken. Doch wußte ARCHIMEDES noch nicht, daß ihr Durchschnittspunkt mit dem Mittelpunkt der Hyperbel zusammenfällt;[862] er benutzte aber schon den Satz, daß

$$P_2L \cdot P_2K = P_4L_1 \cdot P_4K_1\,,$$ [863]

wenn von zwei Hyperbelpunkten P_2, P_4 je zwei unter sich parallele Strecken nach den Asymptoten gezogen werden $(P_2L,\ P_2K, P_4L, P_4K_1)$,

861 *Philosophiae naturalis principia mathematica* II 694, Lemma 22, S. 85—87. — 862 Vgl. HEIBERG, Z. Math. Phys. 25, 1880, Hist.-lit. Abt. S. 55. — 863 ARCHIMEDES, ed. HEIBERG[17], 3², S. 138, Z. 28 ff.; APOLLONIUS, II, 12, ed. HEIBERG[659], 1, S. 212.

ferner daß auf jeder Tangente der Berührungspunkt von den Asymptoten gleich weit entfernt ist ($PU = PV$, $P_2U_2 = P_2V_2$, $P_3U_3 = P_3V_3$),[864] und daß die Verbindungslinie des Berührungspunktes mit dem Asymptotenschnittpunkt alle Sehnen, die zur Tangente parallel sind, halbiert.[865] Auch das weiß ARCHIMEDES, daß eine Parallele zur Asymptote die Hyperbel nur in einem Punkte trifft, während für jede andere Schnittgerade sich immer deren zwei ergeben.[866]

Durch APOLLONIOS kommen als neue Sätze, von deren früherem Auftreten wir jedenfalls nichts wissen, hinzu, daß auf jeder Sekante einer Hyperbel die Abschnitte zwischen Kurve und Asymptote stets einander gleich sind ($P_3D = EG$)[867] und daß das Produkt der von einer Tangente auf den Asymptoten abgeschnittenen Strecken, vom Mittelpunkt aus genommen, eine konstante Größe hat ($MU \cdot MV = MU_2 \cdot MV_2 = MU_3 \cdot MV_3$).[868]

APOLLONIOS führte auch zum erstenmal die Betrachtung konjugierter Hyperbeln (*ἀντικείμεναι κατὰ συζυγίαν*) ein.[869]

Die Asymptotengleichung der analytischen Geometrie schreibt erstmalig FERMAT (1601—1665) hin (S. 107); EULER (1748) gibt ihr die genauere Form:[870]

$$xy = \frac{aa + bb}{4}\,.$$

DESARGUES (1593—1662) sieht die Asymptoten erstmalig als Tangenten an, deren Berührungspunkt im Unendlichen liegt (1639).[871]

Eine Fadenkonstruktion der Hyperbel lehrt 1609 KEPLER in den *Paralipomena*.[872]

Die gleichseitige Hyperbel wird von dem Araber ALSIǴZĪ (um 972 n. Chr.) zur Dreiteilung des Winkels gebraucht.[873] Ihre Gleichung findet sich bei DE LA HIRE (1679, *Les lieux géométriques*[874]) und EULER (1748, *Introductio*).[875]

864 *Opera* 3^2, S. 144, Z. 1 f.; APOLLONIUS, II, 3, S. 196. — 865 ARCHIMEDES, *Περὶ κων. κ. σφ.* 20, ed. HEIBERG, 1^2, S. 340, Z. 29 ff. — 866 ARCHIMEDES, ed. HEIBERG, 3^2, S. 146, Z. 5—6; APOLLONIUS, II, 13, ed. HEIBERG, S. 214. — 867 APOLLONIUS, II, 8, ed. HEIBERG, 1, S. 206. — 868 Daselbst III, 43, ed. HEIBERG, 1, S. 420. — 869 Daselbst I, 60 und II, 17 ff., ed. HEIBERG, 1, S. 186 ff. und 220 ff. — 870 *Introductio*[I 167], 2, § 161. — 871 *Œuvres de Desargues*, éd. POUDRA[II 328], 1, S. 197—210, *Traité de coniques.* — 872 *Opera*, ed. FRISCH 2, S. 187. — 873 CANTOR 1^3, S. 751. — 874 Chap. II, *Formules des équations des lieux du premier genre*, Nr. 5, S. 218[III 50]. — 875 II, § 159[I 167].

Die Tangentengleichung der analytischen Geometrie findet sich in beiden Formen:

$$y - y_1 = \frac{b^2}{a^2}(x - x_1), \qquad \frac{x x_1}{a^2} - \frac{y y_1}{b^2} = 1$$

erst bei BIOT (1802).[876]

Die Quadratur der Hyperbel konnte erst mit Hilfe der Infinitesimalrechnung geleistet werden; bei der gleichseitigen Hyperbel wurde sie im siebzehnten Jahrhundert durch die Logarithmen ausgeführt (vgl. Bd. II, S. 216 ff.).

5. Koordinatentransformation und Reduktion der allgemeinen Gleichung zweiten Grades.

Koordinatenverschiebungen sind DESCARTES und FERMAT nicht fremd; dieser sucht mit ihrer Hilfe vorgelegte Gleichungen, die lineare Glieder enthalten, so umzuwandeln, daß nur die quadratischen Glieder übrig bleiben, jener sagt ausdrücklich bei einem Beispiel, das auf eine Hyperbel führt, daß man die Bezugsgerade und auf ihr den Anfangspunkt auch so wählen könne, daß die Gleichung eine möglichst einfache Form erhalte. Es sei dies aber für das *genre* der Kurve gleichgültig, wie man leicht beweisen könne.[877] F. VAN SCHOOTEN führt Andeutungen DESCARTES' über die Verschiebung des Anfangspunktes rechnerisch durch.[878] DE GUA spricht 1740 ausdrücklich den Satz aus, daß bei einem Übergang von einem rechtwinkligen System in ein anderes der Grad einer Gleichung nicht geändert wird.[879] Dasselbe betont EULER in der *Introductio* von 1748[880] und begründet damit die Einteilung höherer Kurven nach dem Grade ihrer Gleichungen, die bereits NEWTON gegeben hatte;[881] ebenso CRAMER (1750).[882] EULER (1748) ist der erste, der die möglichen Koordinatentransformationen methodisch behandelt,[883] unter Benutzung von trigonometrischen Funktionen, die bis dahin

---

876 *Essai*[V 264], 2e éd. 1805, § 192. — 877 *Géométrie, Œuvres*, éd. ADAM et TANNERY 6[II 64], S. 393, Z. 27 f. SCHLESINGER[478], S. 24 oben. — 878 DESCARTES, *Geometria*, Lugd. Bat. 1649[II 62], S. 192. — 879 DE GUA, *Usages*[524], S. 350, *remarque première.* — 880 II, 2. Kap., § 37, 3. Kap., § 51[I 167]. — 881 1704, *Enumeratio linearum tertii ordinis* § 1; *Opuscula Newtoni*[II 229], I, S. 247. — 882 *Analyse des lignes courbes*[526], S. 54. — 883 *Introductio*[I 167], II, 2. Kap., § 23–46.

stets vermieden worden waren. Eine Verschiebung wird vorgenommen durch

$$x = t - f, \qquad y = u - g,$$

die Drehung eines rechtwinkligen Systems um den Winkel q durch

$$x = nt + mu,$$
$$y = nu - mt,$$

wo $m = \sin q$, $n = \cos q$, Formeln, die auch zu

$$x = mu + nt - f,$$
$$y = nu - mt - q$$

für irgendeine Verwandlung eines rechtwinkligen Systems in ein anderes vereinigt werden können.[884] Weiter wird ein rechtwinkliges System in ein schiefwinkliges verwandelt, zunächst mit Beibehaltung der x-Achse, dann in ein beliebiges. An EULER halten sich LACROIX,[527] LEFRANÇAIS,[530] BIOT[V 264] u. a.

Mit Hilfe dieser Transformationen untersuchen die modernen Schullehrbücher die Formen der Kurven, die durch die allgemeine Gleichung zweiten Grades dargestellt werden, die Lage ihrer Mittelpunkte, Größe ihrer Achsen usw.; sie finden, nachdem sie auf die kanonischen Formen der Kegelschnitte gekommen sind, rückwärtsgehend Ausdrücke der Koeffizienten der ursprünglichen Gleichung, die die gewünschten Angaben liefern.

Dieses Verfahren bildet sich erst im neunzehnten Jahrhundert aus. Die älteren Verfasser begnügen sich damit, vorgelegte Beispiele auf die bekannten Normalformen zu bringen und so individuell den Charakter der Kurve zu erkennen. WALLIS (vgl. S. 108) ist der erste, der verlangt, schon aus den Koeffizienten der ursprünglichen Gleichung den Charakter der Kurve und die ihr zukommenden Größen, wie Achsen, Mittelpunkt usw. angeben zu können; die Durchführung bringt er nicht. DE WITT (1661) (vgl. S. 108f.) hatte solche Regeln gegeben, aber mit geometrischer Grundlage. DE L'HOSPITAL (1707)[IV 1336] legt mehr Wert darauf, die einer gegebenen Gleichung entsprechende Kurve zu zeichnen. Eine analytische Durchführung unternimmt erst STIRLING (1717).[885] Er legt die allgemeine Form:

$$y^2 + Axy + By + Cx^2 + Dx + E = 0$$

zugrunde und verwandelt sie durch Transformation in

$$y = \sqrt{A_1 x^2 + B_1 x + C_1}\,.$$

884 Daselbst § 34. — 885 *Lineae tertii ordinis Newtonianae*[523], S. 120—128.

Ist $A_1 > 0$, so wird sowohl für negatives wie positives unendlich großes x der Wert von y unendlich, und zwar positiv und negativ gleichwertig, so daß eine Hyperbel gefunden wird. Ist $A_1 = 0$, so wird y nur für positive unendlich große x reell unendlich, also hat man es mit einer Parabel zu tun. Ist $A_1 < 0$, so darf x überhaupt nicht unendlich werden; es ergibt sich eine Ellipse. Hyperbel und Ellipse werden dann weiter transformiert zu $y^2 = B_2 + A_2 x^2$, bzw. $y^2 = B_2 - A_2 x^2$, so daß die Bezugsachsen konjugierte Durchmesser werden. EULER (1748, *Introductio*) legt seinen Betrachtungen zunächst die allgemeinste Form:

$$0 = \alpha + \beta x + \gamma y + \delta x^2 + \varepsilon xy + \zeta y^2$$

unter und leitet durch geschickte Überlegungen aus ihr die wichtigsten Eigenschaften der Kegelschnitte ab, wie die Sätze vom Durchmesser, Mittelpunkt, den Tangenten, von unendlichen Zweigen, Asymptoten usw.[886] Dann beschränkt er sich auf Behandlung der einfacheren Form $y^2 = \alpha + \beta x + x^2$,[887] ähnlich wie DE GUA und spezialisiert sich weiter auf die einzelnen Kurvenarten. Allgemeine Koeffizientenkriterien stellt auch EULER nicht auf; nur einmal gibt er ein solches, indem er gelegentlich bei Betrachtung ganz allgemeiner Kurven mit unendlichen Zweigen auf

$$\alpha y^2 + \beta xy + \gamma x^2 + \delta y + \varepsilon x + \zeta = 0$$

zurückgeht und feststellt, daß bei $\beta^2 - 4\alpha\gamma > 0$ eine Hyperbel vorliegen müsse.[888] Scharf hervorzuheben ist, daß EULER zum erstenmal die Kegelschnittslehre rein analytisch abhandelt, ohne Zuhilfenahme irgendwelcher geometrischer Sätze, die seine Vorgänger noch benutzen zu müssen glaubten.

Wir verzichten von jetzt ab darauf, die Originalformen der einzelnen Autoren wiederzugeben, und legen die allgemeine Form:

$$Ax^2 + 2Bxy + Cy^2 + 2Dx + 2Ey + F = 0$$ [889]

886 *Introductio*[I 168], II, Kap. 5. — 887 *Introductio*[I 167], II, Kap. 6. — 888 II, Kap. 7, § 177[I 167]. — 889 Die Halbierung der Koeffizienten von xy, x und y in der Normalform, die gelegentlich schon von A. J. HERMANN, Comm. Ac. Petr. 1729 (1735) vorgeschlagen war, empfiehlt CAUCHY, vgl. z. B. *Exercices de mathématiques*, III, Paris 1828, S. 65. Die obige Anordnung der Buchstaben hat MAGNUS, *Sammlung von Aufgaben und Lehrsätzen*[634], 1833, S. 101. Doppelindices führt JACOBI 1834, J. r. angew. Math., ein.

zugrunde. Der EULERsche Ausdruck wird dann zu $AC - B^2$. LACROIX (1799)[890] gelangt sehr einfach zu ihm. Er löst die Gleichung nach y auf:

$$Cy = -(Bx + E) \pm \sqrt{(E^2 - FC) + 2(BE - DC)x - (AC - B^2)x^2},$$

transformiert das System, um die lineare Funktion vor der Wurzel zu entfernen, und beobachtet, daß in der neuen Form:

$$u = \pm \tfrac{1}{2}\sqrt{(E^2 - FC) + 2(BE - DC)\gamma t - (AC - B^2)\gamma^2 t^2},$$

wo γ ein gewisser Faktor ist, das Vorzeichen des quadratischen Gliedes unter der Wurzel wiederum von $AC - B^2$ abhängt. Nach den Betrachtungen, die schon STIRLING anstellte, die aber ohne Bezugnahme auf ihn durch schwülstige Rechnungen ersetzt werden, entscheidet LACROIX also:[891]

$AC - B^2 > 0$ gibt eine Ellipse,
$AC - B^2 = 0$ gibt eine Parabel,
$AC - B^2 < 0$ gibt eine Hyperbel.

Er erkennt aber, daß die erhaltenen Kurvengleichungen auf konjugierte Durchmesser, die nicht rechtwinklig zueinander stehen, bezogen sind, also nicht die einfachste Form haben.

Daher fängt er noch einmal von vorn an,[892] transformiert die Hauptgleichung, die er im rechtwinkligen System annimmt:

$$Ax^2 + 2Bxy + Cy^2 + 2Dx + 2Ey + F = 0$$

erst durch Verschiebung:

$$x = x' + a, \qquad y = y' + b,$$

so daß die linearen Glieder fortfallen, dann durch Drehung:

$$x' = mt - nu, \qquad m = \cos\alpha,$$
$$y' = nt + mu \qquad n = \sin\alpha$$

um das Glied mit dem Produkt der Unbekannten verschwinden zu lassen, und erhält:

$$A_1 x^2 + C_1 y^2 = P^2.$$

890 *Traité él. de trig.* etc [527], 1. Aufl. 1798, § 99 f., S. 125 f.; 2. Aufl. § 103f. — 891 Daselbst 2. Aufl., § 110, S. 138—139. In der 1. Aufl. sind diese Kriterien weniger scharf herausgearbeitet. — 892 1. Aufl. § 109 f.; 2. Aufl. § 114.

Die Größen A_1 und B_1 bestimmt er durch die Hauptkoeffizienten:[893]

$$A_1 = \tfrac{1}{2}(A + C) + \tfrac{1}{2}\sqrt{(A - C)^2 + 4B^2},$$
$$C_1 = \tfrac{1}{2}(A + C) - \tfrac{1}{2}\sqrt{(A - C)^2 + 4B^2},$$

die a und b durch[894]

$$a = \frac{AE - BD}{B^2 - AC}, \qquad b = \frac{CD - BE}{B^2 - AC}.$$

Mit den letzten beiden Formeln ist die Lage des Mittelpunkts gefunden. Die Vorzeichen von A_1 und C_1 erschließt er aus

$$A + C \gtreqless \sqrt{(A - C)^2 + 4B^2},$$

einer Ungleichung, die durch Quadrieren zu $AC \gtreqless B^2$ umgewandelt wird, so daß zur Feststellung der Kurvenart, die durch das Vorzeichen von A_1 und C_1 bestimmt wird, wiederum das Vorzeichen von $AC - B^2$ ausschlaggebend ist. Den Drehungswinkel selbst findet er nur durch eine sehr umständliche Formel.[895]

Lefrançais (1801), der, wie wir es heute im Schulunterricht machen, erst die Drehung, dann die Verschiebung vornimmt, gibt für tg α die Gleichung:[896]

$$(\operatorname{tg}\alpha)^2 + \frac{A - C}{B}(\operatorname{tg}\alpha) - 1 = 0,$$

ohne sie weiter zu lösen. Biot (1802) findet den bekannten Wert:[897]

$$\operatorname{tg} 2\alpha = \frac{2B}{A - C}.$$

Auch die Diskriminante:

$$F(AC - B^2) + E(BD - AE) + D(BE - CD),$$

allerdings in abweichender Anordnung,[898] tritt bei Biot auf, ohne daß er aber in ihr die besondere Wichtigkeit klar vor Augen sieht oder sie erschöpfend zur Kurvencharakterisierung heranzieht. Hier setzen die *Élémens de géométrie analytique* von Garnier (1808) ein.[899]

In den *Erläuterungen der Kästnerischen Analysis*, die K. Chr. Langsdorf 1776 zu Mannheim herausgab, werden Ausdrücke für die Größe der Halbachsen, der Ellipse und Hyperbel entwickelt, mit ausschließlicher Verwendung der Koeffizienten der ursprünglichen Gleichung.[900]

893 1. Aufl. 1798, § 110, S. 149. — 894 1. Aufl. S. 150. — 895 1. Aufl. S. 149. 896 *Essais*[530], chap. III, S. 50. — 897 *Essai de Géométrie analytique*[V 264], 2e éd. 1805, § 251, S. 224. — 898 *Essai*[V 264], 2e éd. 1805, S. 207, 210 f., 216, 221. — 899 Paris 1808[533], chap. VII, § 32 u. 33, S. 104 ff. — 900 S. 176—181. Rochat fand sie 1811 noch einmal und fügt eine ebensolche Formel für den Parameter der Parabel hinzu. Ann. math. p. appl. 2, 1811—1812, S. 333.

Erschöpfend ist die systematische Behandlung der Fälle, in denen die Kurve zweiter Ordnung in Gerade und Punkte ausartet oder überhaupt kein reelles Gebilde darstellt, in der verdienstvollen *Sammlung* von L. J. MAGNUS (1833);[901] seine Darstellung ist auch im übrigen, so bei der Berechnung der Konstanten P^2 in der reduzierten Form,[902] für viele heutige Schulbücher maßgebend.

Ihren Abschluß fand die Untersuchung der allgemeinen Gleichung zweiten Grades mit zwei Unbekannten nach Einführung der homogenen Koordinaten, zweckentsprechender Koeffizientenbezeichnung durch Buchstaben mit Doppelindizes und Verwendung von Determinanten durch J. PLÜCKER, *System der analytischen Geometrie* (Berlin 1835).

Die Polargleichungen der Kegelschnitte finden sich bereits bei LACROIX (1798), wo sie in seiner Bezeichnungsart lauten:[903]

$$z = \frac{b^2}{a - c\cos\varphi} \quad \text{für die Ellipse,}$$

$$z = \frac{b^2}{a + c\cos\varphi} \quad \text{für die Hyperbel,}$$

$$z = \frac{2c'}{1 + \cos\varphi} \quad \text{für die Parabel.}$$

Auch die Scheitelgleichungen stellt LACROIX zusammen[904] in

$$y^2 = \frac{p}{a}(2ax - x^2).$$

Sie finden sich in algebraischer Form erstmalig bei WALLIS (S. 108).

Die Aufgabe, einen allgemeinen Kegelschnitt durch fünf gegebene Punkte zu legen, hatte bereits PAPPOS (vgl. S. 139) mit den Mitteln der alten Mathematik gelöst. Gegen Ende des siebzehnten Jahrhunderts nahm NEWTON sie wieder auf; er führte sie auf rein geometrischem Wege[905] wie auch mit den Mitteln der analytischen Geometrie[906] durch, erweiterte sie dabei außerdem dahin, daß statt der Punkte auch Tangenten gegeben sein können.

---

901 Daselbst[634], S. 104. — 902 S. 110. — 903 *Traité élém. de trig. etc.*[527], 1e éd. 1798, § 114, 117 (mit einem Rechenfehler in der Schlußformel), 120; 2e éd. 1799, § 120, 123, 126. — 904 Daselbst 1e éd. § 122, 2e éd. § 128. — 905 *Philosophiae naturalis principia mathematica*[II 694], I, prop. XXII, S. 79. — 906 *Arithmetica universalis*[II 372], probl. 55, S. 211 ff.

FSC
www.fsc.org
MIX
Papier | Fördert gute Waldnutzung
FSC® C083411

Zeitfracht Medien GmbH
Ferdinand-Jühlke-Straße 7
99095 Erfurt, Deutschland
produktsicherheit@kolibri360.de